21世纪高等学校计算机类课程创新规划教材 · 微课版

Android Studio 移动应用开发从入门到实战

微课版

◎ 兰红 李淑芝 编著

清華大学出版社

北京

内 容 简 介

本书是根据教育部高等院校计算机专业教学改革的需要，结合作者讲授“Android平台开发基础”课程的教学经验编写而成的。全书共分11章，详细介绍了Android 5.0的基本知识和新特性，为学生学习和掌握Android开发打下基础。另外，每章均配有精心安排的实验和习题，书后还给出了习题参考答案。

本书内容丰富，实用性强，侧重案例教学和计算机程序设计的基本知识，帮助读者掌握Android的核心内容及Android App设计的基本方法和编程技巧，了解进行科学计算的一般思路与方法，适合具有Java基础的本专科学生学习使用。本书针对知识点还提供了微课视频讲解。

本书可以作为高等学校相关专业相关课程的教学用书，也可作为Android应用的社会培训教材及计算机爱好者的参考书籍。

图书在版编目(CIP)数据

Android Studio 移动应用开发从入门到实战：微课版/兰红，李淑芝编著. —北京：清华大学出版社，2018(2020.1重印)
(21世纪高等学校计算机类课程创新规划教材·微课版)
ISBN 978-7-302-50899-1

Ⅰ. ①A… Ⅱ. ①兰… ②李… Ⅲ. ①移动终端—应用程序—程序设计—高等学校—教材 Ⅳ. ①TN929.53

中国版本图书馆CIP数据核字(2018)第190018号

责任编辑：魏江江 李 晔
封面设计：刘 键
责任校对：焦丽丽
责任印制：丛怀宇

出版发行：清华大学出版社
网 址：http://www.tup.com.cn，http://www.wqbook.com
地 址：北京清华大学学研大厦A座 **邮 编**：100084
社 总 机：010-62770175 **邮 购**：010-62786544
投稿与读者服务：010-62776969，c-service@tup.tsinghua.edu.cn
质量反馈：010-62772015，zhiliang@tup.tsinghua.edu.cn
课件下载：http://www.tup.com.cn，010-62795954
印 装 者：三河市少明印务有限公司
经 销：全国新华书店
开 本：185mm×260mm **印 张**：17 **字 数**：414千字
版 次：2018年11月第1版 **印 次**：2020年1月第5次印刷
印 数：7501～10500
定 价：49.50元

产品编号：080164-01

前言

FOREWORD

Android 的发展趋势

Android(安卓)是一种基于 Linux 的自由及开放源代码的操作系统，由 Google 公司和开放手机联盟领导及开发，主要用于移动终端设备，如市场上的智能手机和平板电脑。Android 系统平台以开源性和丰富的扩展性受到用户好评，国内拥有数量庞大的智能 Android 手机用户群，手机管理软件凭借丰富的 App 应用资源下载和便捷的管理功能，成为 Android 手机用户的装机必备选择。

大量的用户需求使得 Android App 开发仍然以源源不断的上线方式来展现。从普通大众的消费水平以及使用习惯上看，Android App 开发的市场还是很广阔的。不少游戏平台都转向 Android 手机，对 Android 游戏 App 开发将会持续增多。放眼应用市场，不难发现 Android App 开发所涵盖的类型和领域非常多，游戏、社交、旅游、工具等类型的应用都有大量的 Android 系统开发。Android 开发的数量会增加，质量也会不断改进。

本书的编写安排

本书可以作为 Android 开发入门的一本书籍，通过理论知识与大量的案例来介绍 Android 应用开发的各方面知识。在学习本书之前，需要读者具备 Java 基础知识，因为 Android 开发使用的是 Java 语言，建议读者先了解理论知识，掌握组件的使用方式，然后通过具体的例子来达到熟练应用。

本书共分为 11 章节，具体如下：

第 1 章主要介绍 Android 的基础知识，包括 Android 的发展史、Android 的系统架构、开发环境的搭建、第一个 Android 项目的创建、项目的文件结构。通过这些基础知识让开发者对 Android 项目的创建及目录有一个简单的了解。

第 2、3 章主要介绍 Android 的布局以及 Activity，包括 Android 的 5 大布局、各种控件的使用、AdapterView 及其子类的使用、Intent 的使用方式。通过这部分讲解可以让开发者实现简单的用户注册。

第 4、5 章主要介绍 Android 的事件处理机制和 Fragment，讲述 Android 事件处理机制的方式、异步类的使用、Fragment 的生命周期以及 Fragment 与 Activity 之间的通信。

第 6～8 章主要介绍 Android 的数据存储、内容提供者以及服务和广播的使用。在这几个章节中，针对每个知识点都通过具体的案例来讲解，让开发者快速地掌握 Android 开发的几大组件。

第 9、10 章主要介绍 Android 的网络通信编程，包括 HTTP 通信、Socket 通信、数据的提交方式以及 Android + PHP 开发。通过从网络下载图片在应用程序中的显示来讲解 HTTP 通信，通过搭建本地 PHP 开发环境来讲解 Android 和本地服务器的通信，让开发者对 Android 的网络编程有基本的了解。

第 11 章主要通过具体的案例（“倾心家教”应用案例开发）来讲解 Android + PHP + MySQL 的使用。从项目的需求分析、界面设计、数据库的设计、功能的实现来完整地讲解 Android 项目的开发流程。

致谢

本书的编写由兰红和李淑芝教授共同完成。感谢研究生李志军、方治屿、朱合隆，“倾心家教”应用案例为三位同学的大学生创新项目作品，目前已投入使用。感谢徐民霖、李浩瀚、王坤、朱纯煜等同学对文稿的校对，衷心感谢支持本书出版的各位领导和同事，感谢为本书顺利出版做出努力的清华大学出版社。

意见反馈

本书代码基于 Android 6.0 版本，在 Android Studio 上验证通过。由于水平有限，书中不可避免存在不足，还望读者批评指正。

编　者

2018 年 4 月

目录
CONTENTS

第1章

Android入门

学习目标

- 了解1G、2G、3G、4G无线通信技术。
- 掌握开发环境的搭建。
- 动手开发第一个Android HelloWorld程序。

Android是基于Linux开放性内核的操作系统，是Google公司在2007年11月5日公布的手机操作系统。自问世以来，Android就受到了众多关注，并成为移动平台最受欢迎的操作系统之一。本章将针对Android的入门知识进行详细讲解。

1.1 Android概述

1.1.1 无线通信技术

在学习Android系统之前需要先了解通信技术方面的知识，随着智能手机的发展，通信技术也从最开始的1G、2G发展到现在的3G、4G，接下来将详细讲解这4种技术。

- 1G：1G的移动通信电话用的是模拟蜂窝通信技术，这种技术只能提供区域性语音业务，而且通话效果差，保密性能也不好，用户的接听范围也很有限。
- 2G：指第二代通信技术，2G技术分为窄带TDMA、GSM和CDMA共3种。TDMA是欧洲标准，允许在一个射频同时进行8组通话。GSM具有较强的保密性和抗干扰性、音质清晰、通话稳定等优点。CDMA多址技术完全适应现代移动通信网所要求的大容量、高质量、综合业务等。
- 3G：3G是3rd-Generation的简称，是无线通信与互联网结合的移动通信系统，如视频聊天、语音聊天、在线购物、网游等。3G技术在传输声音和数据的速度上有很大的提升。
- 4G：LTE(Long Term Evolution，长期演进技术)是3G的演进，就在3G通信技术正处在酝酿之中时，更高级的技术应用已经在实验室进行研发。4G通信提供了一个比3G通信更完美的无线世界,它可以创造出许多消费者难以想象的应用。4G手机可以提供高性能的流媒体内容,并通过ID应用程序成为个人身份鉴定设备。

1.1.2 Android基本介绍

Android一词的本义指“机器人”,同时也是Google公司于2007年11月5日发布的基于Linux平台的开源手机操作系统的名称,该平台由操作系统、中间件、用户界面和应用软件组成。

Android一词最早出现于法国作家利尔亚当在1886年发表的科幻小说《未来夏娃》中。他将外表像人的机器起名为Android。

Android的Logo是由Ascender公司设计的,诞生于2010年,其设计灵感源于男女厕所门上的图形符号,于是伊琳娜·布洛芬(Erina Blok)绘制了一个简单的机器人,它的躯干就像锡罐的形状,头上还有两根天线,Android小机器人便诞生了。其中的文字使用了Ascender公司专门制作的称为Droid的字体。Android是一个全身绿色的机器人,绿色也是Android的标志。颜色采用了PMS376C和RGB中十六进制的#A4C639来绘制,这是Android操作系统的品牌象征。有时候,它们还会使用纯文字的Logo。Android图标如图1-1所示。

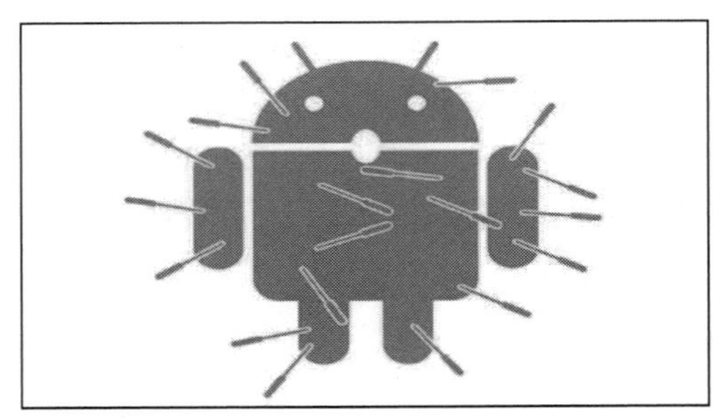

图1-1 Android图标

2012年7月美国科技博客网站BusinessInsider评选出21世纪十款最重要的电子产品,Android操作系统和iPhone等榜上有名。

系统版本

- Android 1.1 发布时间:2008年9月
- Android 1.5 Cupcake纸杯蛋糕 发布时间:2009年4月
- Android 1.6 Donut甜甜圈 发布时间:2009年9月
- Android 2.0/2.1 Eclair松饼 发布时间:2009年10月26日
- Android 2.2 Froyo冻酸奶 发布时间:2010年5月20日
- Android 3.0 Honeycomb蜂巢 发布时间:2011年2月20日
- Android 4.0 Ice Cream SandWich冰激凌三明治 发布时间:2011年10月
- Android 4.4 KitKat奇巧 发布时间:2013年9月4日
- Android 5.0 Lollipop棒棒糖 发布时间:2014年10月15日

目前移动市场的智能机使用的大部分为Android 5.0操作系统,对比以往的版本,该版本在系统界面上进行了大幅度的调整,包括应用图标、部件的透明度以及文件夹存储图标的方式，开发者可以下载 Android 5.0 Platform 来开发和测试。

1.1.3 Android 系统架构

Android 的系统架构与其操作系统一样，采用了分层的架构。从架构图看，Android 分为 4 个层，从高层到低层分别是应用程序层(Application)、应用程序框架层(Application Framework)、系统运行库层(Libraries)和 Linux 内核层(Linux Kernel)。具体如图 1-2 所示。

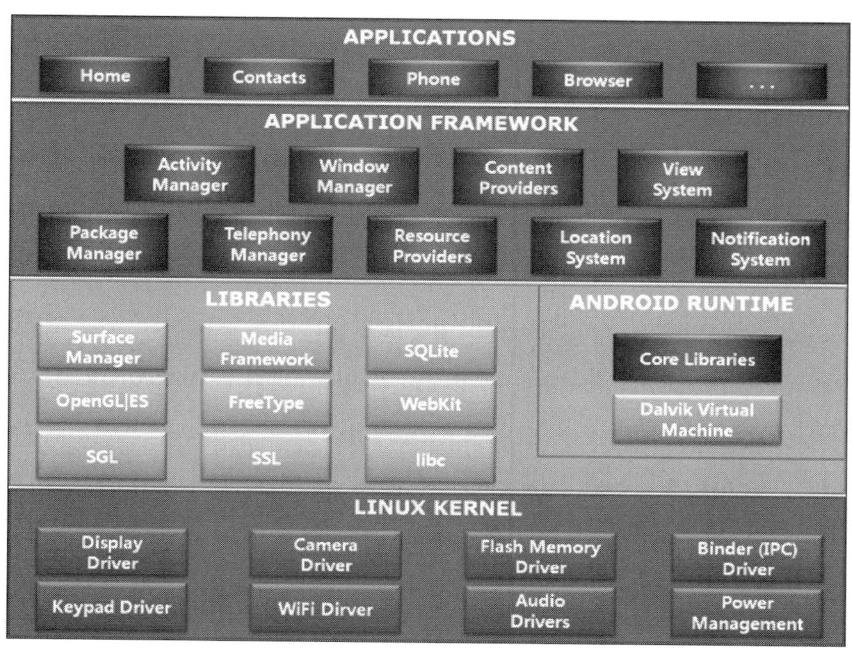

图 1-2 Android 系统架构

接下来将对 Android 的系统架构进行详细的讲解。

- 应用程序层：Android 会同一系列核心应用程序包一起发布，该应用程序包包括客户端、SMS 短消息程序、日历、地图、浏览器、联系人管理程序等。所有的应用程序都是使用 Java 语言编写的。
- 应用程序框架层：应用程序框架提供了大量的 API 供开发者使用。Android 自带的一些核心应用就是使用这些 API 完成的，例如视图(View)、活动管理器(Notification Manager)等，开发者也可以通过这些 API 来构建自己的应用程序。除了这些，它也是软件复用的手段，任何应用程序都可以发布它的功能模块，只要遵守了框架约定，那么其他的应用程序就可以使用这个功能模块。
- 核心类库：Android 包含一些 C/C++库，这些库能被 Android 系统中不同的组件使用。它们通过 Android 应用程序框架为开发者提供服务。系统 C 库：一个从 BSD 继承来的标准 C 系统函数库，它是专门为基于 Embedded Linux 的设备定制的；Surface Manager：对显示子系统的管理，并且为多个应用程序提供了 2D 和 3D 图层的无缝融合等。

- Linux 内核：Android 运行于 Linux kernel 之上，但并不是 GNU/Linux。Android 的 Linux kernel 控制包括安全(Security)、存储器管理(Memory Management)、程序管理(Process Management)、网络堆栈(Network Stack)和驱动程序模型(Driver Model)等。

1.2 搭建 Android 开发环境

在开始学习 Android 开发之前，学习者应该具备一定的 Java 编程基础，然后再开始学习 Android 的环境搭建和程序开发等。下面将介绍 Android 开发环境的搭建以及调试等。

Android Studio 是 Google 为 Android 提供的官方 IDE 工具，Google 建议广大 Android 开发者尽快从 Eclipse＋ADT 的开发环境改为使用 Android Studio。

Android Studio 不再基于 Eclipse，而是基于 IntelliJ IDEA 的 Android 开发环境。它为 Google 服务和各种设备类型提供扩展模板支持，支持主题编辑的富布局编辑器、可捕捉性能、可用性、版本兼容性以及其他问题的 Lint 工具等。

Android Studio 和 Android SDK 的下载和安装具体步骤如下所示：

(1) 登录 http://www.android-studio.org/页面，然后找到 Windows 系统下的版本下载，如图 1-3 所示。

平台	Android Studio 软件包	大小	SHA-1 校验和
Windows（64 位）	android-studio-bundle-162.3934792-windows.exe 包含 Android SDK（推荐）	1,893 MB (1,985,351,576 bytes)	9d787c0cf453e40ad1b0621f0e5a9653270dcc22a58fa7c9fab2223531c83a41
	android-studio-ide-162.3934792-windows.exe 无 Android SDK	422 MB (442,578,936 bytes)	939cf6a1556c9078f4cbc05d1d2b8175f365ea5485661b04579788c423c38c95
	android-studio-ide-162.3934792-windows.zip 无 Android SDK，无安装程序	438 MB (460,075,724 bytes)	87cdb1295137ae75e5dbc7f9b6c499079d05d1141efa769c085e08c18fcec437

图 1-3 下载 Android Studio

(2) 运行下载后的安装包，如图 1-4 所示。

(3) 启动 Android Studio，出现选择是否导入已有的设置的界面，如图 1-5 所示。

(4) 接下来即可单击 Start a new Android Studio project 来创建一个 Android Studio 项目，具体的操作界面如图 1-6 所示。

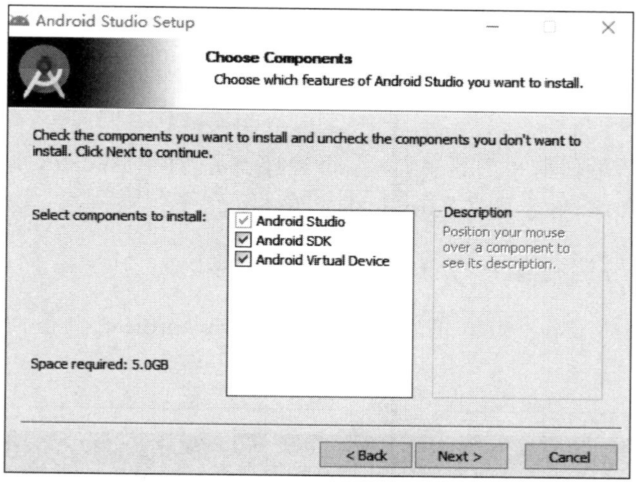

图 1-4　安装 Android Studio

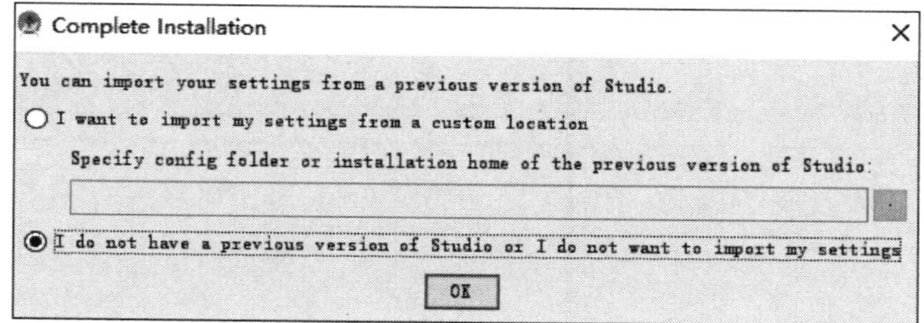

图 1-5　选择是否导入已有的设置

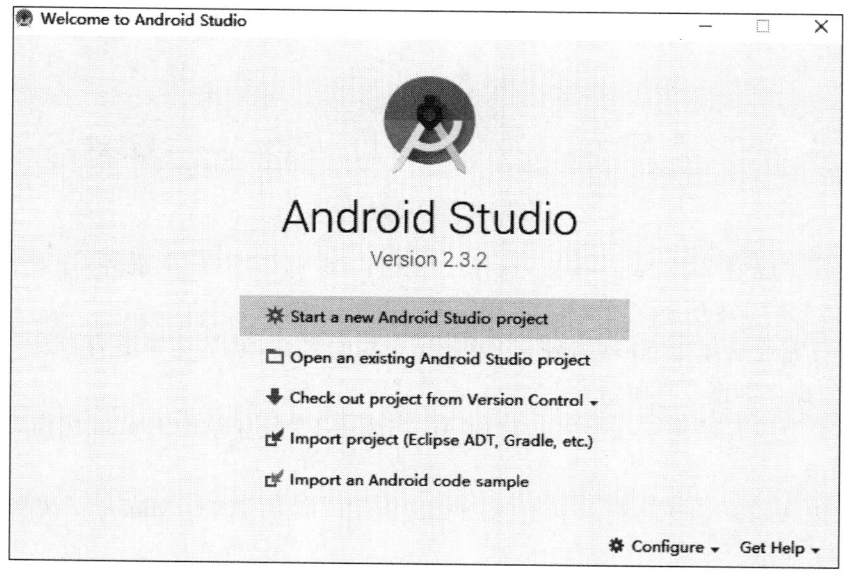

图 1-6　新建项目

1.3 开发第一个 Android 程序

基本上刚开始学习任何一门语言，第一个程序都是 HelloWorld，本节就教大家如何开发第一个 Android 程序，并了解 Android 的项目结构。

1.3.1 创建与运行第一个 HelloWorld 程序

(1) 打开 Android Studio，单击 File→New→New project 命令，出现如图 1-7 所示界面。

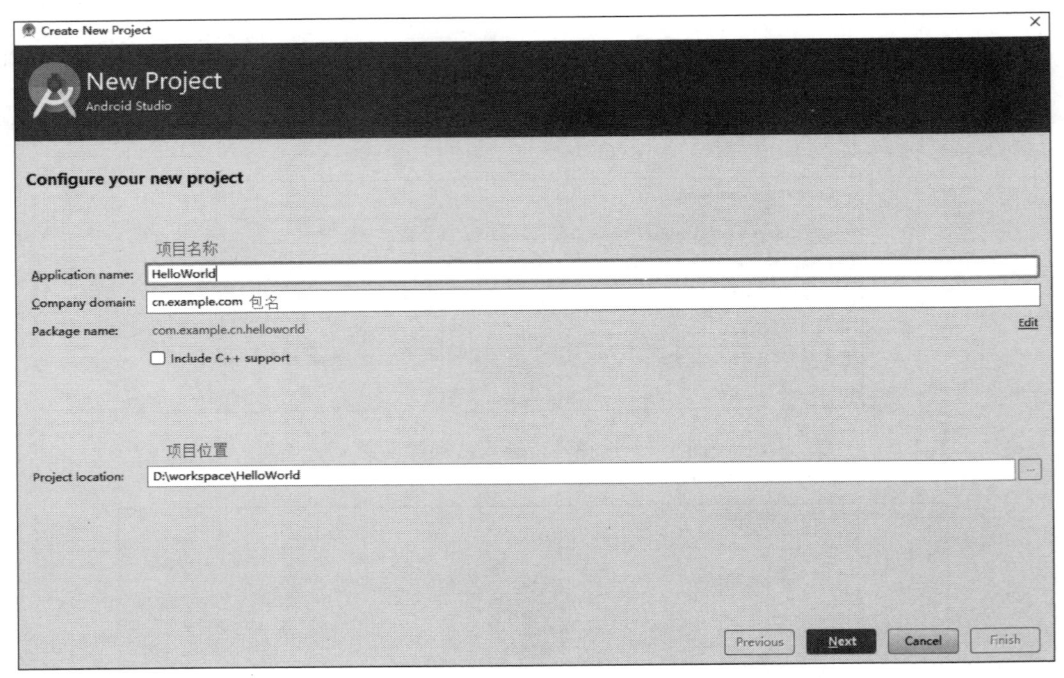

图 1-7 创建新项目

(2) 设置完成后单击 Next 按钮，选择应用的平台，例如手机、电视等，还要选择 API 的版本号，具体如图 1-8 所示。

(3) 设置完成后单击 Next 按钮，出现选择布局的界面，通常选择适合自己 App 的界面布局，具体的操作如图 1-9 所示。

(4) 设置完成后单击 Next 按钮，出现 Activity 命名，最后单击 Finish 按钮，出现项目的具体结构如图 1-10 所示。

(5) 创建 Android 模拟器。单击 Android Studio 中的 AVD Manager 按钮，添加模拟器，如图 1-11 所示。

(6) 完成上一步创建模拟器的操作以后，可以单击 Android Studio 中的运动按钮，运行项目，具体操作如图 1-12 所示，运行结果如图 1-13 所示。

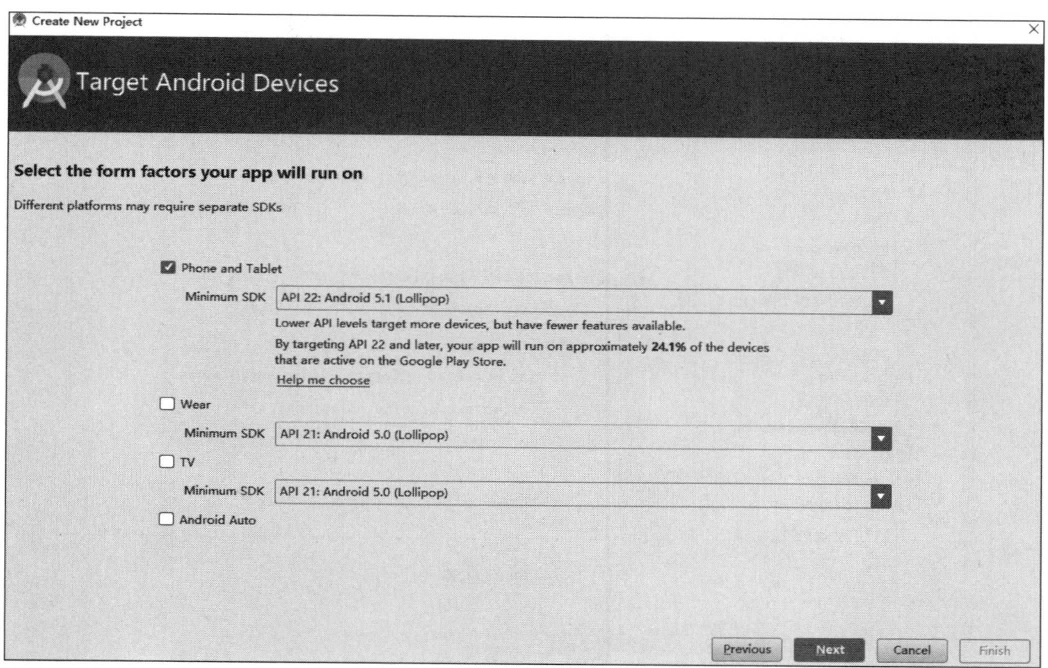

图 1-8　选择版本以及应用平台

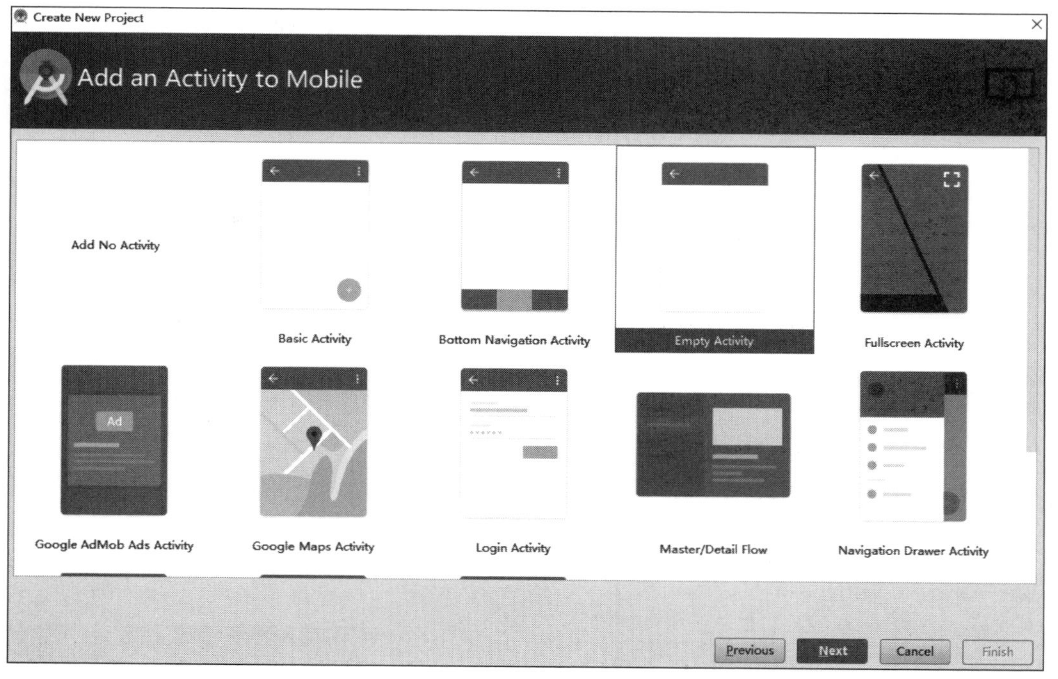

图 1-9　界面布局选择

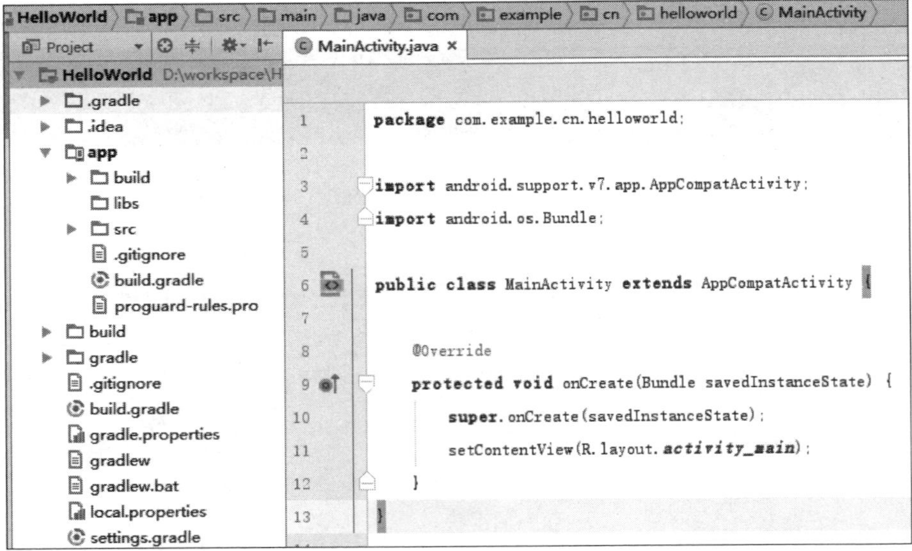

图 1-10 项目结构图

图 1-11 创建模拟器

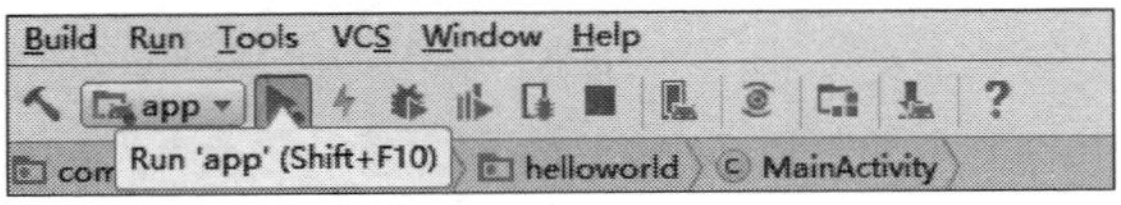

图 1-12 运行项目

图 1-13 项目运行图

1.3.2　学习项目文件

对于每一个创建成功的 Android 项目，ADT 都会智能地生成两个默认的文件，即布局文件和 Activity 文件。布局文件主要用于展示 Android 项目的界面，Activity 文件主要用于完成界面的交互功能。

Helloword_acitivty. xml 的布局文件内容如下所示：

```
<RelativeLayout
    xmlns:android = "http://schemas.android.com/apk/res/android"
    xmlns:tools = "http://schemas.android.com/tools"
    android:layout_width = "match_parent"
    android:layout_height = "match_parent"
    tools:context = "com.example.cn.helloworld.MainActivity">
    <TextView
        android:layout_width = "wrap_content"
        android:layout_height = "wrap_content"
        android:text = "Hello World! "/>
</RelativeLayout>
```

在 Helloword_acitivty. xml 的布局文件中可以任意添加 Android 中的组件，可以更改背景和布局方式等。

HelloWorldActivity 文件内容如下所示：

```
import android.support.v7.app.AppCompatActivity;
import android.os.Bundle;
public class HelloWorldActivity extends Activity {
    @Override
    protected void onCreate(Bundle savedInstanceState) {
        super.onCreate(savedInstanceState);
        setContentView(R.layout.activity_main);
    }
}
```

HelloWorldActivity 继承自 Activity，当执行该类时会先执行 onCreate()方法，然后通过调用 setContentView(R. layout. activity_main)将布局文件转换为 View 对象，通过模拟器显示在界面上。

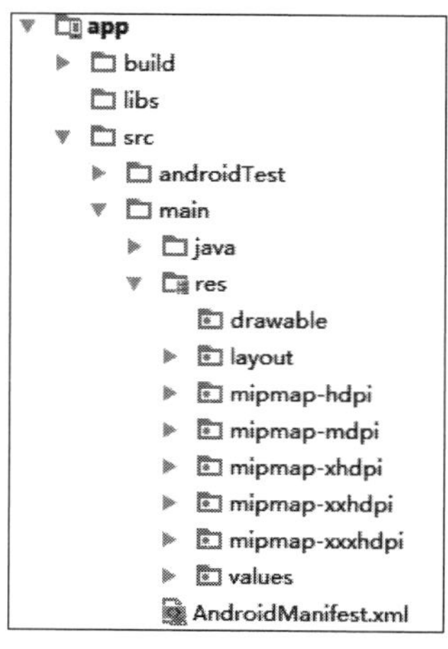

图 1-14　Android 项目结构

1.3.3　Android 项目结构

在 Android 程序创建完成后，会生成一个基本的项目结构，在开发之前对项目结构有必要熟练掌握。接下来就对各个文件做具体的介绍。项目结构如图 1-14 所示。

- src：该目录存放项目开发所使用到的 Activity，可以有多个不同的包，在这里 Activity 和普通的 Java 类是一样的。还有各种资源文件(放在 main\\res 子目录下)和 AndroidManifest. xml 文件,除了这些还包含 Android 测试项目。

- res: 目录存放 Android 项目的各种资源文件,例如布局 Layout 文件、values 目录下的文件,还有存放图片的文件夹 drawable 等。
- libs: 存储 Android 项目开发所使用到的第三方 JAR 包。
- build: Android Studio 自动生成的各种源文件,R. Java 文件也放在该目录下。

1.3.4 AndroidManifest. xml 详解

AndroidManifest. xml 清单文件是每个 Android 项目所必需的,它是对整个 Android 应用的全局描述文件,清单文件详细说明了应用的图标、名称以及包含的各种组件等。清单文件具体包含的信息如下所示:

- 应用程序的包名,该包名可用于唯一地标识该应用。
- 应用程序所包含的组件,如 Activity、Service、BroadcastReceiver 和 ContentProvider 等。
- 应用程序的版本要求。
- 应用程序使用到的权限。

AndroidManifest. xml 清单文件的具体内容如下所示:

```
<?xml version = "1.0" encoding = "utf - 8"?>
< manifest xmlns:android = http://schemas.android.com/apk/res/android
    <!—应用程序的包名 -->
    package = "com.example.cn.helloworld" >
    < application
        android:allowBackup = "true"
        <!—应用程序的图标 -->
        android:icon = "@mipmap/ic_launcher"
        <!—应用程序的标签 -->
        android:label = "@string/app_name"
        android:roundIcon = "@mipmap/ic_launcher_round"
        android:supportsRtl = "true"
        android:theme = "@style/AppTheme" >
        <!—应用程序的 Activity -->
        < activity android:name = ".MainActivity" >
            < intent - filter >
                <!—指定该 Activity 为程序的入口 -->
                < action android:name = "android.intent.action.MAIN" />
                <!—指定启动应用时运行该 Activity -->
                < category android:name = "android.intent.category.LAUNCHER" />
            </intent - filter >
        </activity >
    </application >

</manifest >
```

1.4 本章小结

本章主要介绍了 Android 的入门基础知识。首先介绍 Android 的发展历史，然后介绍 Android 开发的环境搭建，最后通过一个经典的 HelloWorld 程序来讲解 Android 开发的具体步骤。本章中开发环境搭建以及如何创建是开发 Android 必须要掌握的，并且要求熟练掌握。

视频讲解

1.5 课后习题

1. 简述各种手机操作系统的特点。
2. 简述 Android 平台的特征。
3. 简述 R. java 和 AndroidManefiest. xml 文件的用途。
4. 描述 Android 平台体系结构的层次划分，并说明各个层次的作用。
5. 编写一个 Android 程序并运行。

第2章

Android应用界面

Android 应用开发一项非常重要的内容就是用户界面开发，一个友好的图形用户界面（Graphics User Interface，GUI）将会对 App 的推广使用起到很关键的作用，会吸引大量的用户使用。

实际上 Android 提供了大量功能全面的 UI 控件，在开发过程中，只需要把这些组件按照一定的布局方式组合起来，就能构造出一个优秀的功能界面。为了让这些 UI 组件能够响应用户的单击、键盘动作等，Android 也提供了事件响应机制，从而保证了用户与图形界面的交互。

学习目标

- 掌握 Android 开发中常用的 UI 组件的使用。
- 掌握各种布局方式。
- 掌握 Adapt 和 ListView 的使用。

2.1　View 概念

Android 应用的绝大部分 UI 组件都放在 android. widget 包及其子包、android. view 包及其子包中，Android 应用的界面都是由 View 和 ViewGroup 对象构建的，它有很多种类，并且都是 View 类的子类。View 类是 Android 系统平台上用户界面的基本单元。ViewGroup 是 View 的一个扩展，可以容纳多个 View，ViewGroup 类可以作为容器来盛装其他组件。Android 图形用户界面的组件层次如图 2-1 所示。

从图 2-1 可以看出，多个视图组件（View）可以存放在一个视图容器（ViewGroup）中，该容器可以与其他视图组件共同存放在另一个视图容器当中，但是一个界面文件必须有且仅有一个容器作为根节点。

View 类是 Android 的一个非常重要的超类，它是 Android 中所有与用户交互的控件的父类，包括 Widget 类的交互 UI 控件（按钮、文本框等）和 ViewGroup 类布局控件。View 类常用的 XML 属性、相关方法及简要说明如表 2-1 所示。

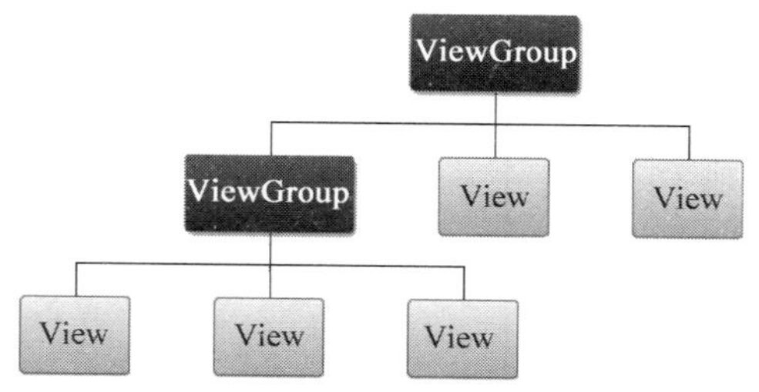

图 2-1　图形用户界面层次图

表 2-1　View 类常用的 XML 属性、相关方法及说明

XML 属性	方　法	说　明
android:alpha	setAlpha(float)	设置透明度
android:background	setBackgroundResource(int)	设置背景
android:id	setId(int)	设置组件标识
android:visibility	setVisibility(int)	设置组件是否可见
android:keepScreenOn	setKeepScreenOn(boolean)	设置组件是否会强制手机屏幕一直打开
Android:longClickable	setLongClickable(boolean)	设置是否响应长单击事件
android:scaleX	setScaleX(float)	设置水平方向的缩放比
android:scaleY	setScaleY(float)	设置垂直方向的缩放比
android:scrollX	—	设置水平方向的滚动偏移
android:scrollY	—	设置垂直方向的滚动偏移
android: scrollbars	—	定义该组件滚动时显示几个滚动条，该属性支持如下属性值： • none——滚动条不显示 • horizontal——显示水平滚动条 • vertical——显示垂直滚动条
android:rotationX	setRotationX(float)	设置绕 X 轴旋转的角度
android:rotationY	setRotationY(float)	设置绕 Y 轴旋转的角度
android:scrollbarStyle	setScrollBarStyle(int)	设置滚动条风格和位置，该属性具有如下属性值： • insideOverlay • insideInset • outsideOverlay • outsideInset
android:tag	—	为该组件设置一个字符串类型的 tag，通过 View 的 getTag()获取该字符串
android:fadeScrollbars	setScrollbarFadingEnabled(boolean)	当不使用该组件的滚动条时，是否淡出显示滚动条
android:contentDescription	setContentDescription(CharSequence)	设置该组件的内容描述信息
android:focusable	setFocusable(boolean)	设置该组件是否可以得到焦点
android:onClick	—	设置组件的单击事件

续表

XML 属性	方　　法	说　　明
android:padding	setPadding(int,int,int,int)	在组件的四周设置填充区域
android:transformPivotX	setPivotX(float)	设置该组件旋转时旋转中心的 X 坐标
android:transformPivotY	setPivotY(float)	设置该组件旋转时旋转中心的 Y 坐标
android:translationX	setTranslationX(float)	设置该组件在 X 方向上的位移
android:translationY	setTranslationY(float)	设置该组件在 Y 方向上的位移
android:translationZ	setTranslationZ(float)	设置该组件在 Z(垂直屏幕)方向上的位移
android:soundEffectsEnabled	setSoundEffectsEnabled(boolean)	设置该组件被单击时,是否使用音效
android:minHeight	setMinimumHeight(int)	该组件的最小高度
android:minWidth	setMinimumWidth(int)	该组件的最小宽度

2.2 布局管理器

视频讲解

在 Android 开发中,界面的设计是通过布局文件实现的,布局文件采用 XML 的格式,每个应用程序默认会创建一个 activity_main.xml 布局文件,它是应用启动的界面。接下来将详细介绍布局的创建使用以及布局的类型。

2.2.1 创建和使用布局文件

在开始一个新的界面设计时,需要重新创建一个新的布局文件,下面将详细介绍如何创建一个新的布局文件以及如何在 Activity 中使用。

(1) 打开项目,找到 layout 文件夹,如图 2-2 所示,右击,选择 New→XML→Layout XML File(布局文件)命令,然后就会创建一个新的布局文件。

(2) 新创建的布局文件可以通过在 xml 文件中添加组件,也可以通过在图形用户界面上直接进行拖拉操作,然后再次通过代码进行调整,这种方式减少了用户的代码编写量。具体的操作如图 2-3 所示。

2.2.2 布局的类型

一个优秀的布局设计对 UI 界面起到重要的作用,在 Android 中布局分为 7 种,分别是相对布局、线性布局、表格布局、网格布局、帧布局、绝对布局和扁平化布局。在学习本节之前先介绍基本的宽高单位。

- px:代表像素,即在屏幕中可以显示的最小元素单元。分辨率越高的手机,屏幕的像素点就越多。因此,如果使用 px 来设置控件的大小,在分辨率不同的手机上控件显示出来的大小也不一样。
- pt:代表磅数,一般 pt 都会作为字体的单位来显示。pt 和 px 比较相似,在不同分辨率的手机上,用 pt 作为字体单位显示的大小也不一样。

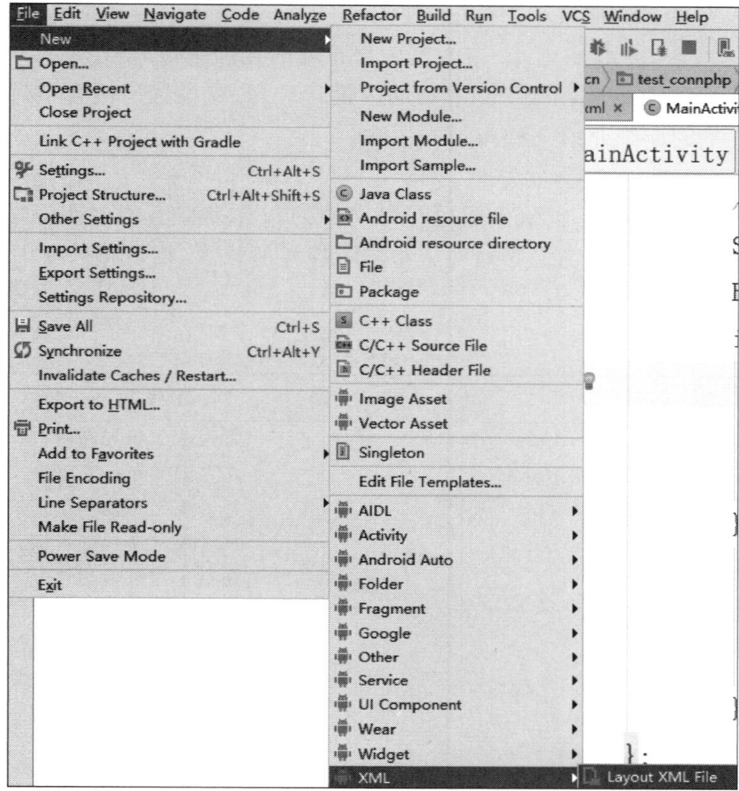

图 2-2　创建布局文件

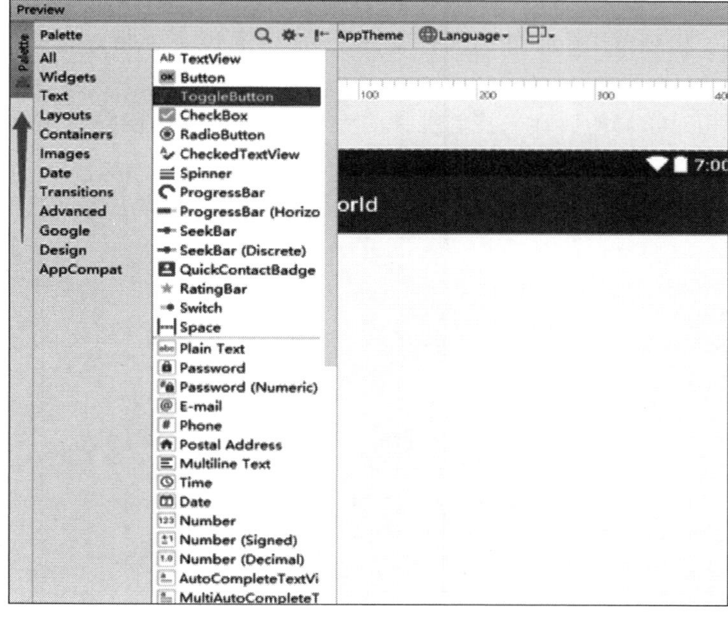

图 2-3　拖拉控件

- dp：代表密度无关像素，又称 dip，使用 dp 的好处是无论屏幕的分辨率如何，总能显示相同的大小，一般使用 dp 作为控件与布局的宽高单位。
- sp：代表可伸缩像素，采用与 dp 相同的设计理念，在设置字体大小时使用。

下面将通过示例详细介绍 7 种布局的用法。

1. 相对布局(RelativeLayout)

在创建 Android 项目时，默认生成的布局文件的布局类型为相对布局。相对布局分为相对于容器和控件两种。为了更好地确定布局中控件的位置，相对布局提供了很多属性，具体如表 2-2 所示。

表 2-2 控件属性描述

属性声明	功能描述
android:layout_alignParentLeft	是否跟父布局左对齐
android:layout_alignParentRight	是否跟父布局右对齐
android:layout_alignParentTop	是否跟父布局顶部对齐
android:layout_alignParentBottom	是否跟父布局底部对齐
android:layout_toRightOf	在指定控件右边
android:layout_toLeftOf	在指定控件左边
android:layout_above	在指定控件上边
android:layout_below	在指定控件下边
android:layout_alignBaseline	与指定控件水平对齐
android:layout_alignLeft	与指定控件左对齐
android:layout_alignRight	与指定控件右对齐
android:layout_alignTop	与指定控件顶部对齐
android:layout_alignBottom	与指定控件底部对齐

表 2-2 介绍了相对布局中控件的属性描述，下面将通过一个相对布局界面来具体介绍如何使用相对布局。

图 2-4 是用相对布局的属性来控制控件的大小和位置，具体代码如下所示：

```
<?xml version = "1.0" encoding = "utf - 8"?>
<RelativeLayout xmlns:android = "http://schemas.android.com/apk/res/android"
    xmlns:tools = "http://schemas.android.com/tools"
    android:layout_width = "match_parent"
    android:layout_height = "match_parent"
    tools:context = "com.jxust.cn.relativelayout.MainActivity">
    <Button
        android:id = "@ + id/button"
        android:layout_width = "wrap_content"
        android:layout_height = "wrap_content"
        android:layout_alignParentTop = "true"
        android:layout_marginTop = "100dp"
        android:layout_marginLeft = "50dp"
        android:text = "Button1" />
    <Button
```

```
        android:id = "@ + id/button2"
        android:layout_width = "wrap_content"
        android:layout_height = "wrap_content"
        android:layout_toRightOf = "@ + id/button"
        android:layout_below = "@ + id/button"
        android:layout_marginTop = "15dp"
        android:text = "Button2"/>
</RelativeLayout>
```

上述代码中，通过使用 RelativeLayout 标签来定义一个相对布局，并且添加了两个 Button 控件。其中 Button1 通过 alignParentTop="true"来指定位于屏幕顶部，通过 layout_marginTop="100dp"来设置距离顶部的距离。Button2 通过 layout_toRightOf="@+id/button"来设置位于 Button1 右边，通过 layout_below 来设置位于 Button1 下边，然后又通过 margin-top 设置距离 Button1 的垂直距离。

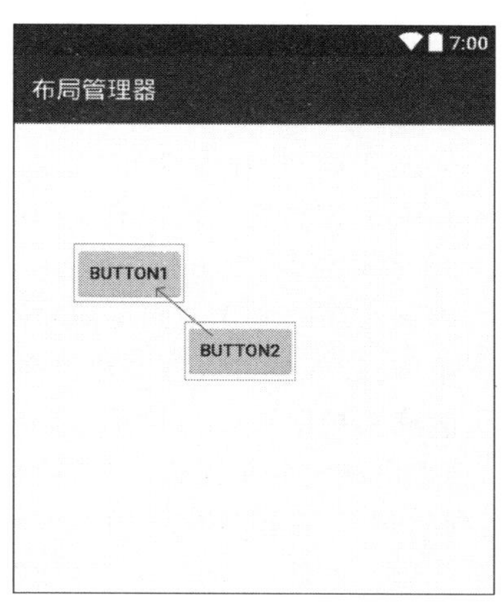

图 2-4 相对布局

2. *线性布局*(LinearLayout)

线性布局是 Android 中新建布局默认的布局方式，也是 Android 中较为常用的布局方式，它使用 <LinearLayout>标签，主要分为水平线性布局和垂直线性布局，如图 2-5 所示。

图 2-5 线性布局

上述线性布局界面对应的部分代码如下所示：

```
<LinearLayout xmlns:android = "http://schemas.android.com/apk/res/android"
    android:layout_width = "match_parent"
    android:layout_height = "match_parent"
    android:orientation = "horizontal">
    <Button
```

```
            android:id = "@ + id/button1"
            android:layout_width = "wrap_content"
            android:layout_height = "wrap_content"
            android:text = "Button1" />
        < Button
            android:id = "@ + id/button2"
            android:layout_width = "wrap_content"
            android:layout_height = "wrap_content"
            android:text = "Button2" />
    < Button ··· />
    </LinearLayout >
```

上述代码使用线性布局放置了 3 个按钮，布局是水平还是垂直取决于 android:orientation，该属性的取值有 vertical（垂直）和 horizontal（水平）两种。

3. *表格布局*（TableLayout）

表格布局的方式不同于前面两种，是让控件以表格的形式来排列控件，只要将控件放在单元格中，控件就可以整齐地排列。

表格布局使用< TableLayout >标签，行数由 TableRow 对象控制，每行可以放多个控件，列数由最宽的单元格决定，假设第一行有 2 个控件，第二行有 3 个控件，那么这个表格布局就有 3 列。在控件中使用 layout_column 属性指定具体的列数，该属性的值从 0 开始，代表第一列。下面将通过一个具体的实例来讲解 TableLayout 的使用，如图 2-6 所示。

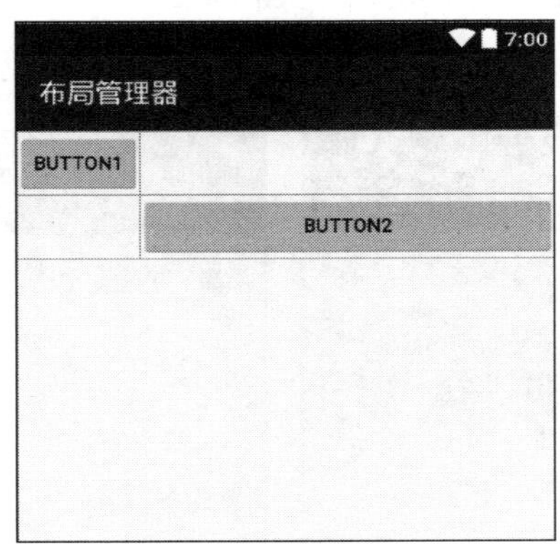

图 2-6　表格布局

```
< TableLayout xmlns:android = "http://schemas.android.com/apk/res/android"
    android:layout_width = "match_parent"
    android:layout_height = "match_parent"
    android:stretchColumns = "1">
    < TableRow
        android:layout_width = "match_parent"
        android:layout_height = "match_parent">
        < Button
            android:id = "@ + id/button1"
            android:layout_width = "wrap_content"
```

```
            android:layout_height = "wrap_content"
            android:layout_column = "0"
            android:text = "Button1" />
    </TableRow>
    <TableRow
        android:layout_width = "match_parent"
        android:layout_height = "match_parent">
        <Button
            android:id = "@ + id/button2"
            android:layout_width = "wrap_content"
            android:layout_height = "wrap_content"
            android:layout_column = "1"/>
    </TableRow>
</TableLayout>
```

上述代码中使用表格布局的方式，设计了两行，每行一个按钮的布局，使用 android: stretchColumns="1"属性表示拉伸第二列，android: layout_column="0"属性表示显示在第一列中。

需要注意的是，TableRow 不需要设置宽度和高度，其宽度一定是自动填充容器，高度根据内容改变。但对于 TableRow 的其他控件来说，是可以设置宽度和高度的，但必须是 wrap_content 或者 fill_parent。

4. *网格布局*(GridLayout)

网格布局由 GridLayout 代表，它是 Android 4.0 新增的布局管理器，因此需要在 4.0 之后的版本才能使用。它的作用类似于 table，它把整个容器划分为 rows×columns 个网格，每个网格可以放置一个组件。GridLayout 提供了 setRowCount(int)和 setColumnCount(int)方法来控制该网格的行数量和列数量。下面通过具体的实例讲解网格布局的使用，如图 2-7 所示。

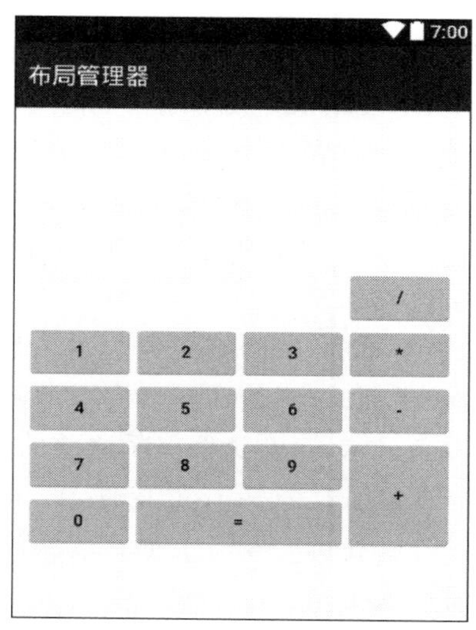

图 2-7　网格布局

图 2-7 的界面具体实现代码如下：

```
<?xml version = "1.0" encoding = "utf - 8"?>
<GridLayout xmlns:android = "http://schemas.android.com/apk/res/android"
    android:layout_width = "wrap_content"
    android:layout_height = "wrap_content"
    android:layout_gravity = "center"
    android:columnCount = "4"
    android:rowCount = "4"
    android:orientation = "horizontal">
    <Button android:text = "/"
        android:layout_column = "3"/>
    <Button android:text = "1"/>
    <Button android:text = "2"/>
    <Button android:text = "3"/>
    <Button android:text = " * "/>
    <Button android:text = "4"/>
    <Button android:text = "5"/>
    <Button android:text = "6"/>
    <Button android:text = " - "/>
    <Button android:text = "7"/>
    <Button android:text = "8"/>
    <Button android:text = "9"/>
    <Button android:text = " + "
        android:layout_gravity = "fill"
        android:layout_rowSpan = "2"/>
    <Button android:text = "0"/>
    <Button android:text = " = "
        android:layout_gravity = "fill"
        android:layout_columnSpan = "2" />
</GridLayout>
```

上述代码采用网格布局 GridLayout 设计了一个简单的计算器界面，分别使用 columncount 和 rowcount 属性设置整体界面布局为 4 行 4 列，其中“＝”按钮 Button 通过设置属性 columnSpan＝"2"表示占据了两列，“＋”按钮 Button 通过设置属性 rowSpan＝"2"表示占据了两行。使用 layout_column 表示该按钮在第几列。

5. *帧布局*(FrameLayout)

帧布局是 Android 布局中最简单的一种，帧布局为每个加入其中的控件创建了一块空白区域。采用帧布局的方式设计界面时，只能在屏幕左上角显示一个控件，如果添加多个控件，这些会依次重叠在屏幕左上角显示，且会透明显示之前的文本，如图 2-8 所示。

从图 2-8 可以看到，界面中放置了 3 个 Button 控件，最先添加的 Button1 最大，在最下边；然后添加的 Button2 较小一点，在 Button1 上面；最后添加的最小的 Button3 在最上面，这 3 个控件重叠显示在屏幕的左上角。

上面帧布局的界面实现代码如下：

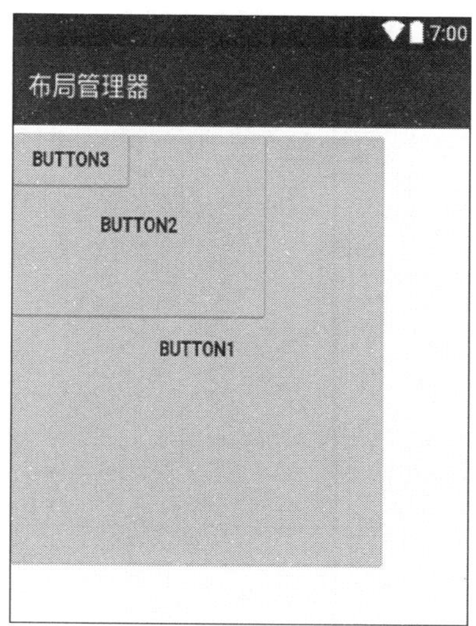

图 2-8 帧布局

```
<FrameLayout xmlns:android = "http://schemas.android.com/apk/res/android"
    android:layout_width = "match_parent"
    android:layout_height = "match_parent">
    <Button
        android:id = "@ + id/button10"
        android:layout_width = "314dp"
        android:layout_height = "315dp"
        android:text = "Button1" />
    <Button
        android:id = "@ + id/button11"
        android:layout_width = "216dp"
        android:layout_height = "140dp"
        android:text = "Button2" />
    <Button
        android:id = "@ + id/button12"
        android:layout_width = "103dp"
        android:layout_height = "wrap_content"
        android:text = "Button3" />
</FrameLayout >
```

6. 绝对布局(AbsoluteLayout)

绝对布局是通过指定 x、y 坐标来控制每一个控件的位置，放入该布局的控件需要通过 android:layout_x 和 android:layout_y 两个属性指定其在屏幕上的确切位置。把屏幕看作一个坐标轴，左上角为(0,0)，往屏幕下方为 y 正半轴，右方为 x 正半轴。下面将通过一个具体的例子来讲解绝对布局的使用过程，如图 2-9 所示。

从图 2-9 可以看出，布局里放置了一个 Button，然后通过指定其 x 和 y 坐标来放置其位置。具体实现代码如下：

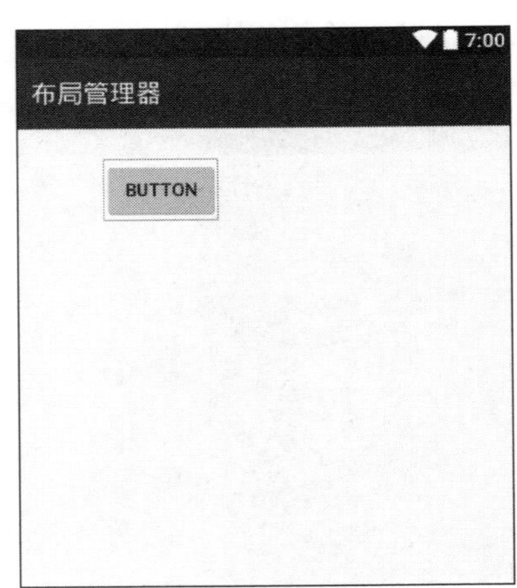

图 2-9 绝对布局

```
<AbsoluteLayout xmlns:android="http://schemas.android.com/apk/res/android"
    android:layout_width="match_parent"
    android:layout_height="match_parent">
    <Button
        android:id="@+id/button3"
        android:layout_width="wrap_content"
        android:layout_height="wrap_content"
        android:layout_x="71dp"
        android:layout_y="25dp"
        android:text="Button" />
</AbsoluteLayout>
```

理论上绝对布局可以设计任何布局，但是实际的工程中不提倡使用这种布局，因为在使用这种布局时需要精确地计算各个控件的大小，而且运行在不同大小的屏幕上产生的效果也不相同，所以一般不提倡使用这种布局方式。

7. *扁平化布局*(ConstraintLayout)

ConstraintLayout 是 Android Studio 2.2 中主要的新增功能之一，也是 Google 在 2016 年的 I/O 大会上重点宣传的一个功能。在传统的 Android 开发中，界面基本都是靠编写 XML 代码完成的，虽然 Android Studio 也支持可视化的方式来编写界面，但是操作起来并不方便，ConstraintLayout 就是为了解决这一问题而出现的。它和传统编写界面的方式恰恰相反，ConstraintLayout 非常适合使用可视化的方式来编写界面，但并不太适合使用 XML 的方式来进行编写。当然，可视化操作的背后仍然还是使用 XML 代码来实现，只不过这些代码是由 Android Studio 根据我们的操作自动生成的。

Android studio 默认生成的 ConstraintLayout 布局代码如下所示：

```
<?xml version="1.0" encoding="utf-8"?>
<android.support.constraint.ConstraintLayout xmlns:android="http://schemas.android.com/
apk/res/android"
```

```
    xmlns:app = "http://schemas.android.com/apk/res - auto"
    android:id = "@ + id/lay_root"
    android:layout_width = "match_parent"
    android:layout_height = "match_parent">
    < TextView
        android:id = "@ + id/text1"
        android:layout_width = "wrap_content"
        android:layout_height = "wrap_content"
        android:text = "test" />
</android.support.constraint.ConstraintLayout >
```

2.3　Android 控件详解

视频讲解

学习完 Android 的布局方式以后，要进行 UI 界面的设计，还需要熟练掌握各种控件的应用。开始一个界面的设计都是先创建容器，然后不断地向容器中添加组件，最后形成一个 UI 界面。掌握这些基本用户界面组件是学好 Android 编程的基础。接下来将详细介绍各个组件的使用方法。

2.3.1　TextView

TextView(文本框)直接继承了 View，它还是 EditText 和 Button 两个 UI 组件类的父类。TextView 的作用就是在界面上显示文字，通过在布局文件中或者在 Activity 中修改文字的内容。下面将通过具体的例子讲解 TextView 的使用，如图 2-10 所示。

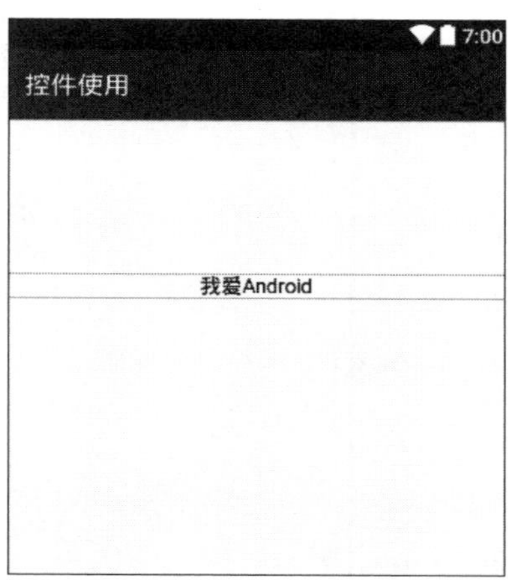

图 2-10　TextView 组件

```
< TextView
android:id = "@ + id/textView"
android:layout_width = "wrap_content"
android:layout_height = "wrap_content"
```

```
    android:layout_weight = "1"
    android:textColor = "@android:color/black"
    android:textSize = "16sp"
    android:gravity = "center"
    android:layout_marginTop = "120dp"
    android:text = "我爱 Android" />
```

上述代码中放置了一个 TextView 组件，设置了文本的宽高都为适配内容，通过 textColor 设置了字体颜色，textSize 设置了字体的大小，gravity 设置了字体居中显示，更多的属性可以查看 Android 开发文档。

2.3.2 EditText

EditText(输入框)与 TextView 非常相似，许多 XML 属性都能共用，与 TextView 的最大区别就是 EditText 能够接受用户的输入。EditText 的重要属性就是 inputType，该属性相当于 HTML 的< input…/>元素的 type 属性，用于将 EditText 设置为指定类型的输入组件，如手机号、密码、日期等。还有一个属性是提示用户当前文本框要输入的内容是什么，使用 android:hint="" 来提示用户，当用户单击文本框时这些文字就会消失。下面将通过具体的实例来介绍 EditText 的使用过程，如图 2-11 所示。

图 2-11　EditText 组件

图 2-11 所示界面的代码如下：

```
<EditText
    android:id = "@ + id/editText"
    android:layout_width = "200dp"
    android:layout_height = "wrap_content"
    android:layout_gravity = "center"
    android:hint = "请输入密码"
    android:textColor = "@android:color/darker_gray"
    android:textSize = "16sp"
    android:inputType = "numberPassword" />
```

上述代码通过 android:inputType 属性来设置输入的类型，通过 android:hint 属性提示用户当前文本框该输入什么内容。

EditText 还可以通过自定义样式的方式来修改组件样式，自定义样式修改结果如图 2-12 所示。

图 2-12　自定义 EditText 样式

图 2-12 自定义样式实现代码如下：

```
<?xml version = "1.0" encoding = "UTF - 8"?>
< shape xmlns:android = "http://schemas.android.com/apk/res/android">
    < solid android:color = "#FFFFF" />
    < corners android:radius = "3dip"/>
    < stroke
        android:width = "2dip"
        android:color = "#3F51B5" />
</shape >
<!—通过在 EditText 中 background 属性调用 -- >
```

2.3.3　Button

Button（按钮）继承了 TextView，它主要是 UI 界面上生成的一个按钮，用户可以单击按钮，并且能为按钮添加 onClick 事件即单击事件。按钮使用起来相对容易，可以通过 android:background 为按钮设置背景或者自定义样式，Button 的 xml 属性和 TextView 相似，大多数属性能够共用。下面将通过具体的实例讲解 Button 的使用。普通 Button 以及自定义 Button 如图 2-13 所示。

实现图 2-13 的界面样式的具体代码如下：

```
<?xml version = "1.0" encoding = "utf - 8"?>
< LinearLayout xmlns:android = "http://schemas.android.com/apk/res/android"
    android:layout_width = "match_parent"
    android:layout_height = "match_parent">
    < Button
        android:id = "@ + id/button3"
        android:layout_width = "wrap_content"
```

```
            android:layout_height = "60dp"
            android:layout_weight = "1"
            android:textSize = "18sp"
            <!—通过在 EditText 中 background 属性调用显示自定义布局样式 -->
            android:background = "@drawable/button_shape"
            android:textColor = "@android:color/white"
            android:text = "Button" />
    </LinearLayout>
```

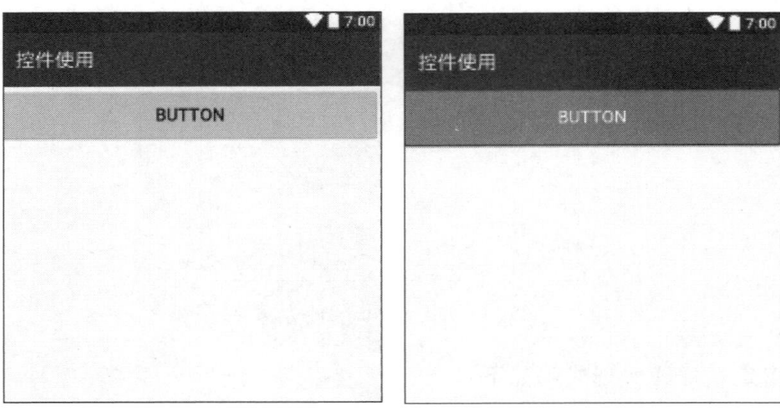

图 2-13　Button 组件

上述是 Button 组件在布局文件的定义，需要掌握并熟练，关于 Button 组件的单击事件在第 3 章中会做详细介绍。

2.3.4　ImageView

ImageView（图像视图）继承自 View 组件，它的主要功能是用于显示图片，除此之外，ImageView 还派生了 ImageButton、ZoomButton 等组件，因此 ImageView 支持的 XML 属性和方法，基本上也可以应用于 ImageButton、ZoomButton 等组件。下面将通过具体的例子显示 ImageView 最基本的使用，如图 2-14 所示。

图 2-14　ImageView（左）和 ImageButton（右）

图 2-14 所示界面的具体代码如下所示：

```
<LinearLayout xmlns:android = "http://schemas.android.com/apk/res/android"
    xmlns:app = "http://schemas.android.com/apk/res-auto"
    android:layout_width = "match_parent"
    android:layout_height = "match_parent"
    android:orientation = "vertical">
    <ImageView
        android:id = "@+id/imageView"
        android:layout_width = "wrap_content"
        android:layout_height = "wrap_content"
        android:layout_gravity = "center"
        android:src = "@mipmap/ic_launcher" />
    <ImageButton
        android:id = "@+id/imageButton"
        android:layout_width = "fill_parent"
        android:layout_height = "wrap_content"
        android:src = "@mipmap/ic_launcher" />
</LinearLayout>
```

上述代码介绍了 ImageView 和 ImageButton 组件在 XML 文件中的基本定义使用，通过 android:src 设置 ImageView 的图片来源和 ImageButton 的背景。除此之外，ImageView 和 ImageButton 也能添加单击事件，这些在以后章节的学习中会详细介绍。

2.3.5　RadioButton 和 CheckBox

RadioButton（单选按钮）和 CheckBox（复选框）是用户界面中最普通的 UI 组件，它们都继承自 Button 类，因此可以直接使用 Button 支持的各种属性和方法。

RadioButton 和 CheckBox 都多了一个可选中的功能，因此可以额外指定一个 android:checked 属性，用于指定 RadioButton 和 CheckButton 初始时是否被选中。

RadioButton 和 CheckBox 的不同之处在于，一组 RadioButton 只能选中其中一个，因此 RadioButton 通常要和 RadioGroup 一起使用，用于定义一组单选按钮。

下面将通过具体的实例来学习 RadioButton 和 CheckBox 使用，实现效果如图 2-15 所示。

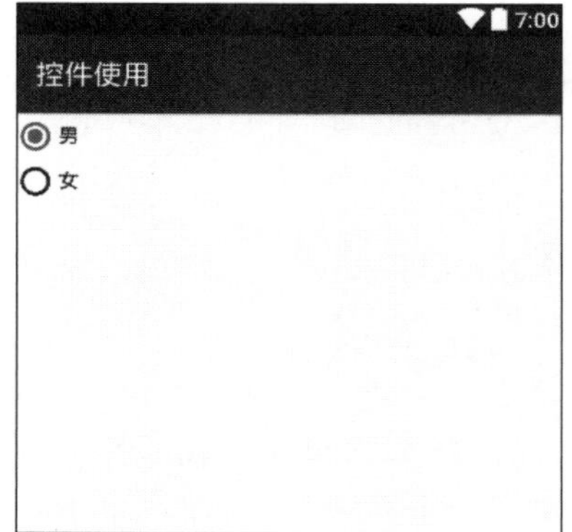

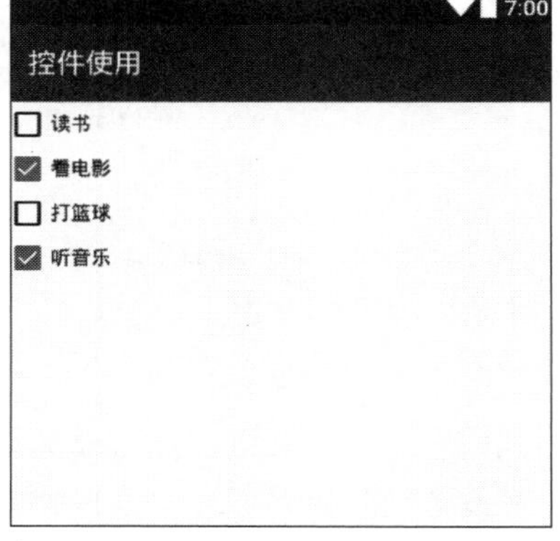

图 2-15　RadioButton（左）和 CheckBox（右）

如图 2-15 所示的单选按钮和复选框的实现代码如下：

```
<LinearLayout xmlns:android = "http://schemas.android.com/apk/res/android"
    android:layout_width = "match_parent"
    android:layout_height = "match_parent"
    android:orientation = "vertical">
    <! -- 单选按钮 -->
<RadioGroup
    android:layout_width = "match_parent"
    android:layout_height = "wrap_content">
    <RadioButton
        android:id = "@ + id/radioButton2"
        android:layout_width = "wrap_content"
        android:layout_height = "wrap_content"
        android:checked = "true"
        android:text = "男" />
    <RadioButton
        android:id = "@ + id/radioButton"
        android:layout_width = "wrap_content"
        android:layout_height = "wrap_content"
        android:text = "女" />
</RadioGroup>
    <! -- 复选框 -->
    <CheckBox
        android:id = "@ + id/checkBox"
        android:layout_width = "match_parent"
        android:layout_height = "wrap_content"
        android:text = "读书" />
    <CheckBox
        android:id = "@ + id/checkBox2"
        android:layout_width = "match_parent"
        android:layout_height = "wrap_content"
        android:text = "看电影" />
    <CheckBox
        android:id = "@ + id/checkBox3"
        android:layout_width = "match_parent"
        android:layout_height = "wrap_content"
        android:text = "打篮球" />
    <CheckBox
        android:id = "@ + id/checkBox4"
        android:layout_width = "match_parent"
        android:layout_height = "wrap_content"
        android:checked = "true"
        android:text = "听音乐" />
        </LinearLayout>
```

上述代码定义了一个 RadioGroup，其中包含了两个 RadioButton，然后使用 android：checked 属性来设置“男”默认选中，接下来又定义了 4 个复选框，同样使用 android：checked 来选中“读书”和“听音乐”。对这些组件同样可以添加事件处理，例如选中以后改变事件处理等，具体会在以后的章节介绍。

2.3.6 ProgressBar

ProgressBar(进度条)也是一种重要的组件，ProgressBar本身代表了进度条组件，它还派生了两个常用的组件：seekBar和RatingBar。ProgressBar及其子类十分相似，只是在显示上有一定的区别。ProgressBar支持的常用属性如表2-3所示。

表2-3 ProgressBar常用属性

XML属性	说明
android:max	设置该进度条的最大值
android:progress	设置该进度条的已完成进度值
android:progressDrawable	设置该进度条的轨道对应的Drawable对象
android:indeterminate	设置进度条是否精确显示进度
android: indeterminateDrable	设置不显示进度条的Drawable对象
android: indeterminateDuration	设置不精确显示进度的持续事件

进度条通常用于向用户显示某个耗时操作完成的百分比。进度条可以动态地显示进度，因此避免了长时间地执行某个耗时操作时，让用户感觉程序失去了响应，从而带给用户更好的体验。

Android支持多种风格的进度条，通过style属性可以为ProgressBar指定风格，该属性支持的属性值如表2-4所示。

表2-4 style属性的属性值

属性值	说明
Widget. ProgressBar. Horizontal	水平进度条
Widget. ProgressBar. Inverse	普通大小的环形进度条
Widget. ProgressBar. Large	大环形进度条
Widget. ProgressBar. Large. Inverse	不断跳跃、旋转动画的大进度条
Widget. ProgressBar. Small	小环形进度条
Widget. ProgressBar. Small. Inverse	不断跳跃、旋转动画的小进度条

所以在设计UI用户界面的时候，用户可以根据需要选择水平进度条或者环形进度条，也可以根据需要自定义适合项目需要的进度条。ProgressBar提供了两种方法来操作进度：一种是setProgress(int)来设置进度的完成百分比，另一种是incrementProgressBy(int)设置进度条增加或减少。当参数为正时，进度增加，反之相反。下面将通过具体的实例学习进度条的使用，如图2-16所示。

如图2-16所示界面的布局实现代码如下：

```
<?xml version = "1.0" encoding = "utf - 8"?>
<LinearLayout xmlns:android = "http://schemas.android.com/apk/res/android"
    android:layout_width = "match_parent"
    android:layout_height = "match_parent"
    android:orientation = "vertical">
    <ProgressBar
```

```
        android:id = "@ + id/progressBar5"
        style = "?android:attr/progressBarStyle"
        android:layout_width = "match_parent"
        android:layout_height = "wrap_content" />
    < ProgressBar
        android:id = "@ + id/progressBar4"
        style = "?android:attr/progressBarStyleHorizontal"
        android:layout_width = "145dp"
        android:layout_height = "25dp"
        android:layout_gravity = "center"
        android:layout_marginTop = "30dp"
        android:background = "@android:color/holo_green_light" />
</LinearLayout >
```

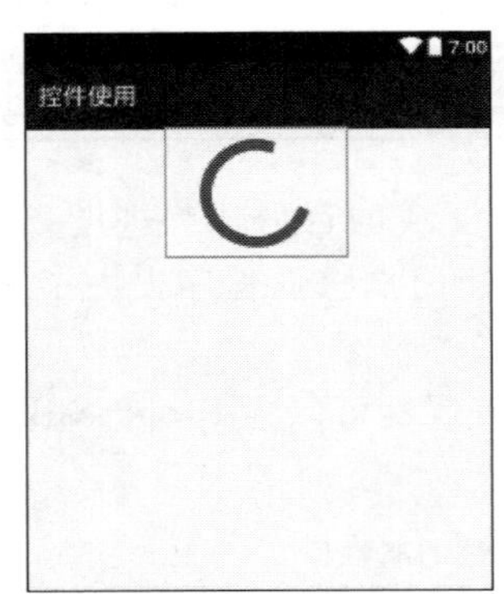

图 2-16 环形进度条(左)与水平进度条(右)

从上面的代码中,可以看到使用了线性垂直布局,界面中放了两个进度条,分别为环形进度条和水平进度条。可以看到,代码中使用了 style 属性来设置进度条的样式。除此之外,还可以通过设置 android:background 设置进度条的背景颜色或者自定义布局文件,同前面讲述的 Button 和 EditText 自定义样式使用方式相同,只需要修改颜色等属性搭配布局即可使用。关于 ProgressBar 的使用方式,后续会结合具体的案例进行讲解。

2.3.7 SeekBar

拖动条与进度条非常相似,只是进度条采用颜色填充来表示进度完成的程度,而拖动条则通过滑块的位置来标识数字。拖动条允许用户拖动滑块来改变值,因此拖动条通常用于对系统的某种数值进行调节,比如音量调节等。

由于拖动条继承了进度条,因此进度条所支持的 XML 属性和方法同样适用于拖动条。进度条允许用户改变拖动条的滑块外观,改变滑块外观通过 android:thumb 属性来指定,这个属性指定一个 Drawable 对象,该对象将作为自定义滑块。为了让程序能够响应拖动条滑块位置的改变,程序可以为它绑定一个 OnSeekBarChangeListener 监听器。下面将通过具体的实例讲解 SeekBar(拖动条)的使用,如图 2-17 所示。

如图 2-17 所示 SeekBar 的界面布局实现代码如下:

图 2-17 SeekBar 组件

```
<?xml version = "1.0" encoding = "utf - 8"?>
< LinearLayout xmlns:android = "http://schemas.android.com/apk/res/android"
    android:layout_width = "match_parent"
    android:layout_height = "match_parent">
    < SeekBar
        android:id = "@ + id/seekBar"
        android:layout_width = "wrap_content"
        android:layout_height = "wrap_content"
        android:layout_marginTop = "20dp"
        android:background = "@android:color/holo_green_light"
        android:layout_weight = "1" />
</LinearLayout >
```

从上述代码可以看出，使用了线性布局，并在当中加入了一个拖动条，通过 android:backgroud 属性设置了拖动条的背景样式，关于拖动条的拖动事件在后续章节中将会通过具体的项目案例进行讲解。

上面几小节介绍了 TextView、EditText、Button、ImageView、RadioButton、CheckBox、ProgressBar 以及 SeekBar 的基本用法，讲述了如何在布局文件中定义以及如何自定义样式等。关于组件的单击事件等会在后续章节详细讲解。

2.4 AdapterView 及其子类

AdapterView 是一种重要的组件，AdapterView 本身是一个抽象基类，它派生的子类在用法上十分相似，只是显示界面上有一定的区别。AdapterView 具有如下特征：

- AdapterView 继承了 ViewGroup，它的本质是容器。
- AdapterView 可以包括多个“列表项”，并以合适的方式显示出来。
- AdapterView 显示的多个“列表项”由 Adapt 提供。调用 AdapterView 的 setAdapter(Adapter)方法设置 Adapter 即可。

2.4.1 ListView 和 ListActivity

视频讲解

ListView 是手机系统中使用非常广泛的一种组件，它以垂直列表的形式显示所有的列表项。生成列表视图有如下两种方式：

- 直接使用 ListView 进行创建。
- 创建一个继承 ListActivity 的 Activity（相当于该 Activity 显示的组件为 ListView）。

一旦在程序中获得了 ListView 之后，接下来就需要为 ListView 设置它要显示的列表项了。在这一点上，ListView 显示出了 AdapterView 的特征：通过 setAdapter(Adapter)方法为之提供 Adapter，并由 Adapter 提供列表项即可。

ListView 提供的常用的 XML 属性如表 2-5 所示。

表 2-5 ListView 常用的 XML 属性

XML 属性	说　明
android:divider	设置分割条样式（颜色或者 Drawable 对象）
android:dividerHeight	设置分割条高度
android:entries	指定一个数组资源，用来填充 ListView 项
android:footerDividersEnabled	设置为 false，则不在 footer view 之前绘制分割条
android:headerDividersEnabled	设置为 false，则不在 header view 之后绘制分割条
android:scrollBars	设置是否显示滚动条
android:fadingEdge	设置是否去除 ListView 滑到顶部和底部时边缘的黑色阴影
android:listSelector	设置是否去除单击颜色
android:cacheColorHint	设置 ListView 去除滑动颜色

下面将通过一个基于数组的 ListView 实例来讲解 ListView 的使用，先看运行图，如图 2-18 所示。

图 2-18 ListView 组件

要实现上面的界面，首先需要在布局文件中添加 ListView 组件，然后在 values 文件夹下添加一个新的 arrays.xml 文件用来存储数组元素，在 ListView 组件中通过 android:entries 调用，把数组元素加载到 listview 中。具体的实现代码如下：

- 布局文件代码：

```
<?xml version = "1.0" encoding = "utf - 8"?>
< LinearLayout xmlns:android = "http://schemas.android.com/apk/res/android"
```

```
    android:layout_width = "match_parent"
    android:layout_height = "match_parent">
<! -- 直接使用数组资源给 list view 添加列表项 -->
    <! -- 设置分割条的颜色 -->
    <! -- 设置分割条的高度 -->
    < ListView
        android:id = "@ + id/listview1"
        android:layout_width = "match_parent"
        android:layout_height = "wrap_content"
        android:divider = "#C4C4C4"
        android:entries = "@array/teacher_name"
        android:dividerHeight = "1dp">
    </ListView >
</LinearLayout >
```

- Values 下的 arrays. xml 文件代码：

```
<?xml version = "1.0" encoding = "utf - 8"?>
< resources >
<! -- 添加数组元素 -->
    < string - array name = "teacher_name">
        < item >张三</item >
        < item >李四</item >
        < item >王五</item >
        < item >赵六</item >
    </string - array >
</resources >
```

使用数组创建 ListView 是一种非常简单的方式，但是这种 ListView 能定制的内容很少，如果想对 ListView 的外观、行为等进行自定义，就需要把 ListView 作为 AdapterView 使用，通过 Adapter 自定义每个列表项的外观、内容以及添加的动作行为等。

2.4.2　Adapter 接口

视频讲解

Adapter 本身只是一个接口，它派生了 ListAdapter 和 SpinnerAdapter 两个子接口，其中 ListAdapter 为 AbsListView 提供列表项，而 SpinnerAdapter 为 AbsSpinner 提供列表项。

Adapter 常用的实现类如下所示：

- BaseAdapter——一个抽象类，继承它需要实现较多的方法，所以也就具有较高的灵活性。
- ArrayAdapter——支持泛型操作，最为简单，只能展示一行字。
- SimpleAdapter——有最好的扩充性，可以自定义各种效果。

下面将通过具体的实例讲解常用的 Adapter 实现类的用法。

实例一：基于 ArrayApter 创建 ListView

- 布局界面代码同基于数组创建 ListView 的布局代码一样。
- Activity 代码：

```
public class MainActivity extends AppCompatActivity {
    @Override
    protected void onCreate(Bundle savedInstanceState) {
        super.onCreate(savedInstanceState);
        setContentView(R.layout.listview_layout);
        ListView listView = (ListView)findViewById(R.id.listview1);
        //定义一个数组,用来填充 listview
        String[] arr = {"章节 1","章节 2","章节 3"};
        ArrayAdapter<String> adapter = newArrayAdapter<String>
              (this,android.R.layout.simple_expandable_list_item_1,arr);
        //为 listview 设置 adapter
        listView.setAdapter(adapter);
    }
}
```

实现效果如图 2-19 所示。

从上面加粗的代码中可以看到创建了一个 ArrayAdapter,创建 ArrayAdapter 时必须要指定 3 个参数,分别为 Context、textViewResourceId、数组或 List。第一个参数代表了访问整个 Android 应用的接口;第二个参数表示一个资源 ID,该资源 ID 代表一个 TextView,负责设置列表项的样式,可以自定义;第三个参数代表加入到列表项的元素。

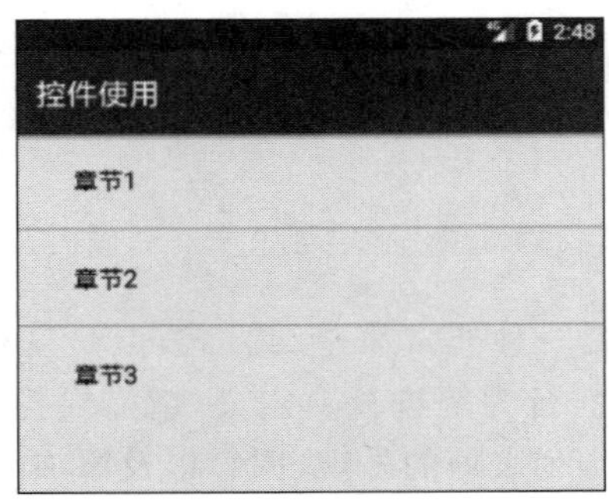

图 2-19 基于 ArrayAdapter 实现

实例二:基于 SimpleAdapter 创建 ListView

使用 ArrayAdapter 实现 Adapter 虽然比较简单,但是只能实现比较单一的列表,即每个列表项只能是 TextView,如果开发者考虑在每一行放置不同的组件,则可以考虑使用 SimpleAdapter,下面将通过一个实例讲解 SimpleAdapter 的使用。

- 主布局界面代码同基于数组创建 ListView 的布局代码一样。
- 使用 SimpleAdapter,需要在 layout 目录下添加一个自定义的布局文件 list_item_layout.xml,即是每一行的布局样式,代码如下:

```
<LinearLayout xmlns:android = "http://schemas.android.com/apk/res/android"
    android:layout_width = "match_parent"
    android:layout_height = "match_parent"
    android:orientation = "horizontal">
<!-- 定义一个 ImageView 组件,用来显示头像 -->
```

```
    <ImageView
        android:id="@+id/icon"
        android:layout_width="wrap_content"
        android:layout_height="wrap_content" />
    <LinearLayout
        android:layout_width="match_parent"
        android:layout_height="wrap_content"
        android:orientation="vertical">
<!--定义一个TextView组件,用来显示名字-->
        <TextView
            android:id="@+id/name"
            android:layout_width="wrap_content"
            android:layout_height="wrap_content"
            android:textSize="16sp"/>
<!--定义一个TextView组件,用来显示人物的描述-->
        <TextView
            android:id="@+id/dexc"
            android:layout_width="wrap_content"
            android:layout_height="wrap_content"
            android:textSize="16sp"/>
    </LinearLayout>
</LinearLayout>
```

• Activity代码如下：

```
public class MainActivity extends Activity {
    //定义名字数组
    private String[] name={"张三","王五","赵六"};
    //定义描述任务数组
    private String[] desc={"唱歌","跳舞","打球"};
    //定义头像数组
    Private int[] icon=new int[]
    {R.mipmap.ic_launcher,R.mipmap.ic_launcher,R.mipmap.ic_launcher};
    @Override
    protected void onCreate(Bundle savedInstanceState) {
        super.onCreate(savedInstanceState);
        setContentView(R.layout.listview_layout);
        ListView listView=(ListView)findViewById(R.id.listview1);
        //创建一个list集合,list集合的元素是MAP
        List<Map<String,Object>> list=new ArrayList<Map<String,Object>>();
        for(int i=0;i<name.length;i++){
            Map<String, Object> listitem=new HashMap<String, Object>();
            listitem.put("icon",icon[i]);
            listitem.put("name",name[i]);
            listitem.put("desc",desc[i]);
            list.add(listitem);
        }
        //创建一个SimpleAdapter
      SimpleAdapter adapter = new SimpleAdapter(this,list,R.layout.list_item_layout,
```

```
            new String[]{"name","icon","desc"},new int[]{R.id.name,R.id.icon,R.id.dexc});
            listView.setAdapter(adapter);
        }
    }
```

以上程序实现的效果如图 2-20 所示。

上面程序中加粗的代码是使用 SimpleAdapter 的重要一步，使用 SimpleAdapter 最重要的是它的 5 个参数，尤其是后面 4 个，接下来就讲一下这 4 个参数。首先第二个参数是 List <? Extends Map < String,? >>类型的集合对象，该集合中每个 Map < String,? >对象生成一行；第三个参数是指定一个界面布局的 ID，这里引用了一个自定义的布局 list_item_layout.xml 文件；第四个参数是 String[]类型的参数，该参数决定提取哪些内容显示在 listview 的每一行；最后一个是 int[]类型的参数，决定显示哪些组件。

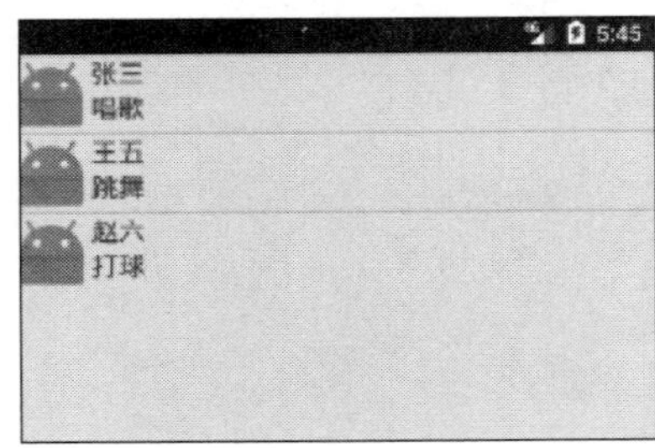

图 2-20 基于 SimpleAdapter 实现

实例三：基于 BaseAdapter 创建 ListView

在使用 SimpleAdapter 时，用户可以在布局中定义按钮，但是当用户单击时，由于单击操作被 ListView 的 Item 所覆盖，导致按钮无法获取到焦点，这时候最方便的方法就是使用灵活的适配器 BaseAdapter 了。

BaseAdapter 是最基础的 Adapter，也就是说，它可以做所有的事情。说它最实用、最常用，原因就在于它的全能性，它不会像 ArrayAdapter 等封装好的类有那么多局限性，但是这样的话，使用起来自然会更加麻烦。

使用 BaseAdapter 可以新建一个 Java 文件 MyBaseAdapter，继承自 BaseAdapter，并且重写它的 4 个基础方法。代码如下所示：

```
public class MyBaseAdapter extends BaseAdapter {
    @Override
    public int getCount() {
        return 0;
    }
    @Override
    public Object getItem(int position) {
        return null;
    }
    @Override
    public long getItemId(int position) {
```

```
        return 0;
    }
    @Override
    public View getView(int position, View convertView, ViewGroup parent) {
        return null;
    }
}
```

学会 BaseAdapter 其实只需要掌握 4 个方法：getCount、getItem、getItemId、getView。每个方法的具体含义如下所示：

- getCount——要绑定的条目的数目，比如格子的数量。
- getItem——根据一个索引（位置）获得该位置的对象。
- getItemId——获取条目的 id。
- getView——获取该条目要显示的界面。

可以理解为 adapter 先由 getCount 确定数量，然后循环执行 getView 方法将条目一个一个绘制出来，所以必须重写的是 getCount 和 getView 方法。而 getItem 和 getItemId 是调用某些函数才会触发的方法，如果不需要使用可以暂时不修改。接下来将通过具体的例子来讲解 BaseAdapter 的使用。

首先创建 chapter3_BaseAdapter 项目，修改 activity_main.xml 的代码，添加一个 ListView 控件。具体如下所示：

```
<?xml version="1.0" encoding="utf-8"?>
<LinearLayout xmlns:android="http://schemas.android.com/apk/res/android"
    android:layout_width="match_parent"
    android:layout_height="match_parent">
    <ListView
        android:id="@+id/listview"
        android:layout_width="match_parent"
        android:layout_height="wrap_content" />
</LinearLayout>
```

使用 BaseAdapter 与 SimpleAdapter 类似，都需要在 layout 目录下添加一个自定义的布局文件 list_item_layout.xml（即每一行的布局样式）。代码如下：

```
<?xml version="1.0" encoding="utf-8"?>
<LinearLayout xmlns:android="http://schemas.android.com/apk/res/android"
    android:layout_width="match_parent"
    android:layout_height="match_parent"
    android:orientation="horizontal" >
        <LinearLayout
            android:layout_width="200dip"
            android:layout_height="match_parent"
            android:orientation="horizontal">
        <ImageView
            android:id="@+id/imageview"
            android:layout_width="50dip"
```

```
            android:layout_height = "50dip" />
        <TextView
            android:id = "@ + id/textview"
            android:layout_width = "wrap_content"
            android:layout_height = "match_parent"
            android:paddingTop = "8dip"
            android:textSize = "20sp" />
        </LinearLayout>
        <Button
            android:id = "@ + id/button"
            android:layout_width = "wrap_content"
            android:layout_height = "wrap_content" />
</LinearLayout>
```

接着就是最重要的一步，即自定义一个 MyAdapter 类继承自 BaseAdapter，然后重写其中的方法。具体的代码如下所示：

```
import android.content.Context;
import android.view.LayoutInflater;
import android.view.View;
import android.view.ViewGroup;
import android.widget.BaseAdapter;
import android.widget.Button;
import android.widget.ImageView;
import android.widget.TextView;
import android.widget.Toast;
import java.util.List;
import java.util.Map;

public class MyAdapter extends BaseAdapter {

    private List < Map < String, Object >> datas;
    private Context mContext;
    /**
     * 构造函数
     * datas:需要绑定到 view 的数据
     * mContext:传入上下文
     */
    public MyAdapter(List < Map < String, Object >> datas, Context mContext) {
        this.datas = datas;
        this.mContext = mContext;
    }

    @Override
    public int getCount() {
        // 返回数据的总数
        return datas.size();
    }
```

```
    @Override
    public Object getItem(int position) {
        // 返回在 list 中指定位置的数据的内容
        return datas.get(position);
    }

    @Override
    public long getItemId(int position) {
        // 返回数据在 list 中所在的位置
        return position;
    }

    @Override
    public View getView(int position, View convertView, ViewGroup parent) {
        final ViewHolder holder;
        if (convertView == null) {
            // 使用自定义的布局文件作为 Layout
            convertView = LayoutInflater.from(mContext).inflate(
                    R.layout.list_item_layout, null);
            // 减少 findView 的次数
            holder = new ViewHolder();
            // 初始化布局中的元素
            holder.mImageView = (ImageView)
convertView.findViewById(R.id.imageview);
            holder.mTextView = (TextView) convertView.findViewById(R.id.textview);
            holder.mButton = (Button) convertView.findViewById(R.id.button);
            holder.mButton.setOnClickListener(new View.OnClickListener() {
                @Override
                public void onClick(View view) {
          Toast.makeText(mContext,"你点了我!哈哈",Toast.LENGTH_SHORT).show();
                }
            });
            convertView.setTag(holder);
        } else {
            holder = (ViewHolder) convertView.getTag();
        }
        // 从传入的数据中提取数据并绑定到指定的 view 中
        holder.mImageView.setImageResource((Integer) datas.get(position).get(
                "img"));
        holder.mTextView.setText(datas.get(position).get("title").toString());
        holder.mButton.setText(datas.get(position).get("button").toString());
        return convertView;
    }
    static class ViewHolder {
        ImageView mImageView;
        TextView mTextView;
        Button mButton;
    }
}
```

最后就是在 MainActivity 中添加数据以及为 ListView 添加上文自定义的 Adapter。具体的代码如下所示：

```
import java.util.ArrayList;
import java.util.HashMap;
import java.util.List;
import java.util.Map;
import android.app.Activity;
import android.os.Bundle;
import android.widget.ListView;
import com.jxust.cn.chapter3_baseadapter.MyAdapter;

public class MainActivity extends Activity {

    private ListView mListView;
    private MyAdapter myAdapter;
    private List<Map<String, Object>> list = new ArrayList<Map<String, Object>>();

    @Override
    protected void onCreate(Bundle savedInstanceState) {
        super.onCreate(savedInstanceState);
        setContentView(R.layout.activity_main);
        initData();
        mListView = (ListView) findViewById(R.id.listview);
        myAdapter = new MyAdapter(list, this);
        mListView.setAdapter(myAdapter);
    }
    //自定义数据,也可以添加网络数据
    private void initData() {
        Map<String, Object> map = new HashMap<String, Object>();
        map.put("img", R.drawable.android);
        map.put("title", "Android");
        map.put("button", "学习");
        list.add(map);
        map = new HashMap<String, Object>();
        map.put("img", R.drawable.java1);
        map.put("title", "JAVA");
        map.put("button", "学习");
        list.add(map);
        map = new HashMap<String, Object>();
        map.put("img", R.drawable.html5);
        map.put("title", "HTML5");
        map.put("button", "学习");
        list.add(map);
        map = new HashMap<String, Object>();
        map.put("img", R.drawable.c1);
        map.put("title", "C");
        map.put("button", "学习");
        list.add(map);
        map = new HashMap<String, Object>();
        map.put("img", R.drawable.python);
        map.put("title", "Python");
```

```
            map.put("button", "学习");
            list.add(map);
        }
    }
```

运行程序，单击界面上的自定义按钮，实现的效果如图 2-21 所示。

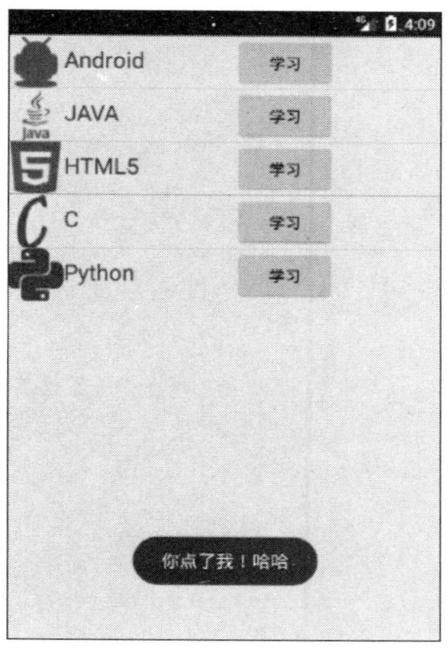

图 2-21　基于 BaseAdapter 实现

2.5　对话框的使用

视频讲解

在 Android 开发中，经常需要在 Android 界面弹出一些对话框，询问用户或者让用户选择。实现这些功能的组件称为 Android Dialog 对话框，本节将通过一个案例讲解对话框 AlertDialog 的使用。

AlertDialog 对话框的功能很强大，使用它可以生成各种有内容的对话框，使用 AlertDialog 对话框主要有以下几个步骤：

- 创建 AlertDialog. Builder 对象。
- 创建 AlertDialog. Builder. setTitle()或 setCustomTitle()方法设置标题。
- 调用 AlertDialog. Builder. setIcon 设置对话框图标。
- 调用 AlertDialog. Builder. setPositiveButton 等添加按钮。
- 调用 AlertDialog. Builder 的 create 方法创建 AlertDialog 对象，再调用 AlertDialog 的 show 方法把对话框显示出来。

接下来将通过具体的例子讲解 AlertDialog 的使用。

布局文件采用了线性布局的方式，在布局中添加一个 Button 组件，然后添加单击事件，单击以后出现一个对话框，具体的实现代码如下：

```
<?xml version = "1.0" encoding = "utf - 8"?>
< LinearLayout xmlns:android = "http://schemas.android.com/apk/res/android"
    android:layout_width = "match_parent"
    android:layout_height = "match_parent">
    < Button
        android:id = "@ + id/dialog"
        android:layout_width = "wrap_content"
        android:layout_height = "wrap_content"
        android:layout_weight = "1"
        android:layout_marginTop = "200dp"
        android:text = "显示对话框" />
</LinearLayout >
```

然后在 Activity 中初始化 Button，为 Button 添加单击事件，创建对话框，具体代码如下所示：

```
public class MainActivity extends Activity {
@Override
   protected void onCreate(Bundle savedInstanceState) {
        super.onCreate(savedInstanceState);
        setContentView(R.layout.dialog_layout);
        //对话框的使用
        Button button = (Button)findViewById(R.id.dialog);
        button.setOnClickListener(new View.OnClickListener() {
            @Override
            public void onClick(View view) {
              //设置对话框标题
           new AlertDialog.Builder(MainActivity.this).setTitle("系统提示")
                  //设置显示的内容
                .setMessage("请确认所有数据都保存后再退出系统!")
                  //添加确定按钮
                .setPositiveButton("确定",new DialogInterface.OnClickListener() {
                public void onClick(DialogInterface dialog, int which) {
                        finish();
                }
}).setNegativeButton("返回",new DialogInterface.OnClickListener() {//添加返回按钮
                    @Override
                    public void onClick(DialogInterface dialog, int which) {

                    }
                }).show();      //在按键响应事件中显示此对话框
            }
        });
}
```

上述代码创建的对话框如图 2-22 所示。

从上面的代码中可以看到创建一个对话框基本的步骤。这只是一个基本的对话框，关于其他类型的对话框，例如单选对话框、多选对话框以及自定义 View 对话框，在后续章节中会结合具体的项目讲解。

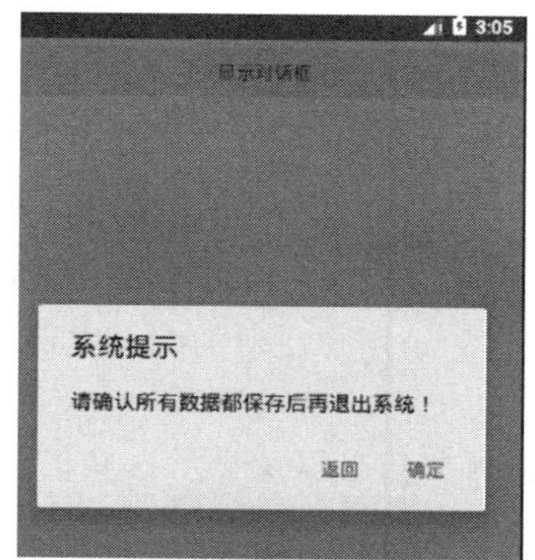

图 2-22　对话框 AlertDialog

2.6　Toast 的使用

在 Android 的实际开发过程中，经常会用到 Toast 作为调试工具，通过 Toast 组件显示传递的变量值等，观察是否跟预想情况一样。

Toast 会显示一个消息在屏幕上告诉用户一些信息，并且在短暂的时间后会自动消失。使用 Toast 需要掌握两个方法，分别是 makeText()方法和 show()方法。makeText()方法用于设置要提示用户的文字，包含 3 个参数，分别为组件的上下文环境、要显示的文字、显示时间的长短。显示时间的长短通常使用 Toast.LENGTH_SHORT 和 Toast.LENGTH_LONG 表示，也可以使用 0 和 1 分别代表 SHORT 和 LONG。

使用 Toast，只需要在 Activity 中添加如下所示的代码：

```
Toast.makeText(this,"要显示的文字", Toast.LENGTH_SHORT).show();
```

运行效果如图 2-23 所示。

图 2-23　Toast 组件

2.7 用户注册案例讲解

视频讲解

前几节分别介绍了 Android 的布局方式以及 Android 中组件在 xml 文件中的定义使用，接下来将通过一个用户注册的综合案例讲解各个控件的组合使用。

首先应该明确用户注册需要哪些信息以及显示这些信息所对应的组件，根据分析应该展示如下信息。

- 手机号：需要输入手机号信息，所以使用 EditText 组件和用来显示手机号的 TextView 组件。
- 密码：用户需要输入密码，所以使用 EditText 组件和用来显示密码的 TextView 组件。
- 性别：选择性别，使用一组 RadioGroup，其中包含两个 RadionButton。
- 兴趣爱好：用户可能有多个爱好，需要使用复选框组件。
- 地址：用户选择所在城市，所以使用 Spinner 下拉框组件。
- 注册按钮：Button 组件，单击注册。

结合以上信息，可知整体布局方式采用一种较为常用的线性垂直布局，在 TextView 和 EditText 组合使用时，采用线性水平的布局方式。具体的设计代码如下所示：

```
<?xml version = "1.0" encoding = "utf - 8"?>
<LinearLayout xmlns:android = "http://schemas.android.com/apk/res/android"
    xmlns:app = "http://schemas.android.com/apk/res - auto"
    xmlns:tools = "http://schemas.android.com/tools"
    android:layout_width = "match_parent"
    android:layout_height = "match_parent"
    android:orientation = "vertical"
    tools:context = "com.jxust.cn.chapter2_zonghe.MainActivity">
    <! -- 手机号 -->
    <LinearLayout
        android:layout_width = "368dp"
        android:layout_height = "wrap_content"
        tools:layout_editor_absoluteY = "0dp"
        android:orientation = "horizontal"
        tools:layout_editor_absoluteX = "8dp">
        <TextView
            android:layout_width = "wrap_content"
            android:layout_height = "40dp"
            android:textSize = "18sp"
            android:textColor = "@android:color/background_dark"
            android:text = "手机号: "/>
        <EditText
            android:layout_width = "match_parent"
            android:layout_height = "50dp"
            android:hint = "请输入手机号"/>
    </LinearLayout>
```

```
<!--密码-->
<LinearLayout
    android:layout_width="368dp"
    android:layout_height="wrap_content"
    tools:layout_editor_absoluteY="0dp"
    android:orientation="horizontal"
    tools:layout_editor_absoluteX="8dp">
    <TextView
        android:layout_width="wrap_content"
        android:layout_height="40dp"
        android:textSize="18sp"
        android:textColor="@android:color/background_dark"
        android:text="密 码: "/>
    <EditText
        android:layout_width="match_parent"
        android:layout_height="50dp"
        android:hint="请输入密码"/>
</LinearLayout>
<!--性别选择-->
    <RadioGroup
        android:layout_width="match_parent"
        android:layout_height="40dp"
        android:orientation="horizontal">
        <RadioButton
            android:layout_width="50dp"
            android:layout_height="wrap_content"
            android:checked="true"
            android:text="男"/>
        <RadioButton
            android:layout_width="50dp"
            android:layout_height="wrap_content"
            android:text="女"/>
    </RadioGroup>
<LinearLayout
    android:layout_width="match_parent"
    android:layout_height="wrap_content"
    android:orientation="horizontal">
    <CheckBox
        android:layout_width="wrap_content"
        android:layout_height="wrap_content"
        android:text="读书" />
    <CheckBox
        android:layout_width="wrap_content"
        android:layout_height="wrap_content"
        android:checked="true"
        android:text="打球" />
    <CheckBox
```

```
            android:layout_width = "wrap_content"
            android:layout_height = "wrap_content"
            android:text = "听音乐" />
    </LinearLayout>
    <Spinner
        android:id = "@ + id/spinner"
        android:layout_width = "match_parent"
        android:layout_height = "wrap_content" />
<Button
    android:layout_width = "fill_parent"
    android:background = "#3F51B5"
    android:textColor = "#FFFFFF"
    android:textSize = "18sp"
    android:text = "注 册"
    android:layout_height = "40dp" />
</LinearLayout>
```

因为使用了 Spinner 下拉框组件，所以在 Activity 中使用 ArrayAdapter 为其添加数据。在 Activity 中添加数据代码如下：

```
Spinner spinner = (Spinner)findViewById(R.id.spinner);
String[] city = new String[]{"北京","上海","武汉","南京","南昌"};
ArrayAdapter<String> adapter = new ArrayAdapter<String>(this,
android.R.layout.simple_list_item_1,city);
spinner.setAdapter(adapter);
```

上述代码实现的用户注册界面如图 2-24 所示。

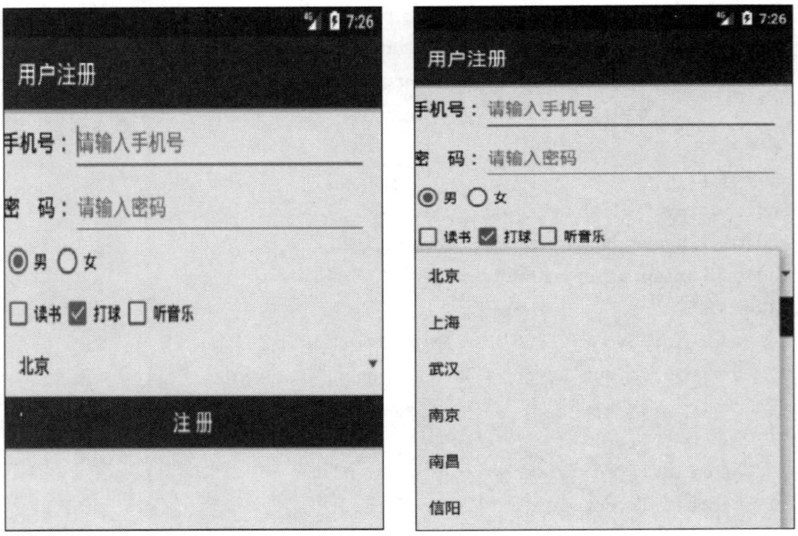

图 2-24　用户注册界面

2.8 本章小结

本章主要介绍了 Android 开发的五大布局方式以及 UI 界面设计中所使用到的组件，这些基本的布局方式以及组件的使用需要熟练掌握。学会组件的自由搭配以及自定义样式才能更好地进行 Android 程序的开发。

2.9 课后习题

1. 分别用 Android 的 5 种布局方式来设计一个界面。
2. 说明 TextView 和 EditText 的关系。
3. 使用 ArrayAdapter 的方式实现一个城市选择的下拉列表。
4. 设计一个登录界面，包含用户名、密码、记住密码、“忘记密码”按钮和“登录”按钮，单击“忘记密码”按钮弹出对话框。

第3章

Activity

学习目标

- 掌握 Activity 的生命周期。
- 掌握 Activity 的常用方法。
- 掌握显式和隐式意图的使用。
- 掌握 Activity 的启动方式。
- 掌握 Activity 中的数据传递方式。

视频讲解

在 Android 系统中，用户与程序的交互是通过 Activity 完成的，同时 Activity 也是 Android 四大组件中使用最多的一个，本章将详细讲解有关 Activity 的知识。

3.1 Activity 基础

3.1.1 认识 Activity

Activity 的中文意思是“活动”，它是 Android 应用中负责与用户交互的组件。相当于 Swing 编程中的 JFrame 控件，与其不同的是，JFrame 本身可以设置布局管理器，不断地向其添加组件，而 Activity 只能通过 setContentView(View)来显示布局文件中已经定义的组件。

在应用程序中，Activity 就像一个界面管理员，用户在界面上的操作是通过 Activity 来管理的，下面是 Activity 的常用事件。

- OnKeyDown(int keyCode,KeyEvent event)：按键按下事件。
- OnKeyUp(int keyCode,KeyEvent event)：按键松开事件。
- OnTouchEvent(MotionEvent event)：单击屏幕事件。

当用户按下手机界面上的按键时，就会触发 Activity 中对应的事件 OnKeyDown()来响应用户的操作。3.1.2 节会通过具体实例讲解 Activity 的常用事件。

3.1.2 如何创建 Activity

创建一个 Activity 的具体步骤如下：

(1) 定义一个类继承自 android. app. Activity 或其子类，如图 3-1 所示。

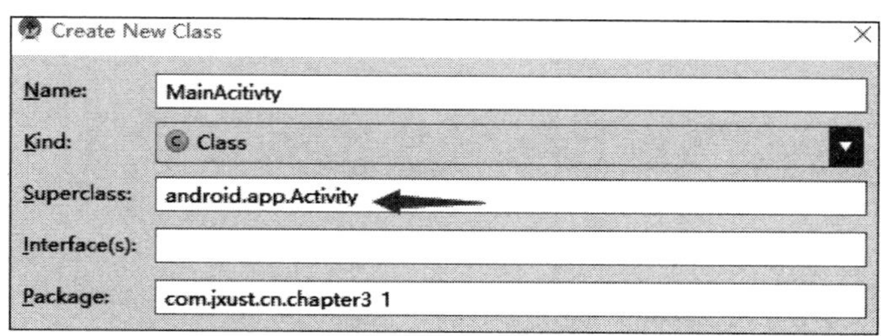

图 3-1 创建 Activity

(2) 在 res/layout 目录下创建一个 xml 文件，用于创建 Activity 的布局。

(3) 在 app/manifests 目录下的 AndroidManifest. xml 清单文件中注册 Activity，如图 3-2 所示。

```
<activity android:name=".SecondActivity">
                        新创建的Activity的名字
</activity>
```

图 3-2 Activity 注册

(4) 重写 Activity 的 onCreate()方法，并在该方法中使用 setContentView()加载指定的布局文件。新创建的 Activity 的具体代码如下所示：

```
package com.jxust.cn.chapter3_1;
import android.app.Activity;
import android.os.Bundle;
public class MainActivity extends Activity {
//项目的入口 Activity
    @Override
    protected void onCreate(Bundle savedInstanceState) {
        super.onCreate(savedInstanceState);
        //设置 Activity 显示的布局
        setContentView(R.layout.activity_main);
    }
}
```

接下来将通过具体的例子讲解 3.1.1 节中几个 Activity 的常用事件，具体的 Activity 代码如下所示：

```
public class MainActivity extends Activity {
    @Override
    protected void onCreate(Bundle savedInstanceState) {
        super.onCreate(savedInstanceState);
```

```
        setContentView(R.layout.activity_main);
    }
    //响应按键按下事件
    public boolean onKeyDown(int keyCode, KeyEvent event){
  Toast.makeText(this,"按键按下了!",Toast.LENGTH_SHORT).show();
        return super.onKeyDown(keyCode, event);
    }
    //响应按键松开事件
    public boolean onKeyUp(int keyCode, KeyEvent event){
      Toast.makeText(this,"按键松开了!",Toast.LENGTH_SHORT).show();
        return super.onKeyDown(keyCode, event);
    }
    //响应屏幕触摸操作
    public boolean onTouchEvent( MotionEvent event){
      Toast.makeText(this,"触摸了屏幕!",Toast.LENGTH_SHORT).show();
        return super.onTouchEvent(event);
    }
}
```

运行效果如图 3-3 所示。

图 3-3　Activity 常用事件

3.1.3　Activity 的生命周期

每一个 Android 应用程序在运行时，对于底层的 Linux Kernel 而言都是一个单独的进程，但是对于 Android 系统而言，因为局限于手机画面的大小与使用的考虑，不能把每一个运行中的应用程序窗口都显示出来。所以通常手机系统的界面一次仅显示一个应用程序窗口，Android 使用了 Activity 的概念来表示界面。

Activity 的生命周期中分为 3 种状态，分别是运行状态、暂停状态和停止状态。下面将详细介绍这 3 种状态。

- 运行状态：当 Activity 在屏幕最前端的时候，它是有焦点的、可见的，可以供用户进行单击、长按等操作，这种状态称为运行状态。
- 暂停状态：在一些情况下，最上层的 Activity 没有完全覆盖屏幕，这时候被覆盖的 Activity 仍然对用户可见，并且存活。但当内存不足时，这个暂停状态的 Activity 可能会被杀死。
- 停止状态：当 Activity 完全不可见时，它就处于了停止状态，但仍然保留着当前状态和成员信息，当系统内存不足时，这个 Activity 就很容易被杀死。

Activity 从一种状态变到另一种状态时会经过一系列 Activity 类的方法。常用的回调方法如下：

- onCreate(Bundle savedInstanceState)——该方法在 Activity 的实例被 Android 系统创建后第一个被调用。通常在该方法中设置显示屏幕的布局、初始化数据、设置控件被单击的事件响应代码。
- onStart()——在 Activity 可见时执行。
- onRestart()——回到最上边的界面，再次可见时执行。
- onResume()——Activity 获取焦点时执行。
- onPause()——Activity 失去焦点时执行。
- onStop()——用户不可见，进入后台时执行。
- onDestroy()——Activity 销毁时执行。

为了更好地理解 Activity 的生命周期以及在 Activity 不同状态切换时所调用的方法，接下来将通过 Google 公司提供的一个 Activity 生命周期图来更生动地展示，如图 3-4 所示。

从图 3-4 中可以看出，Activity 在从启动到关闭的过程中，会依次执行 onCreate()→onStart()→onResume()→onPause()→onStop()→onDestory()方法。如果进程被杀死，则会重新执行 onCreate()方法。

为了更好地掌握 Activity 的生命周期中方法的执行过程，接下来将通过具体的例子来展现方法的执行顺序。

先创建一个布局界面，其中包含一个按钮，用来跳转到另一个 Activity 中使用，布局代码如下所示：

```
<?xml version = "1.0" encoding = "utf - 8"?>
<LinearLayout xmlns:android = "http://schemas.android.com/apk/res/android"
    xmlns:app = "http://schemas.android.com/apk/res - auto"
    xmlns:tools = "http://schemas.android.com/tools"
    android:layout_width = "match_parent"
    android:layout_height = "match_parent"
    tools:context = "com.jxust.cn.chapter_shengtime.MainActivity">
    <Button
        android:id = "@ + id/button"
        android:layout_width = "wrap_content"
        android:layout_height = "wrap_content"
        android:layout_weight = "1"
        android:text = "跳转到第二个 Activity" />
</LinearLayout>
```

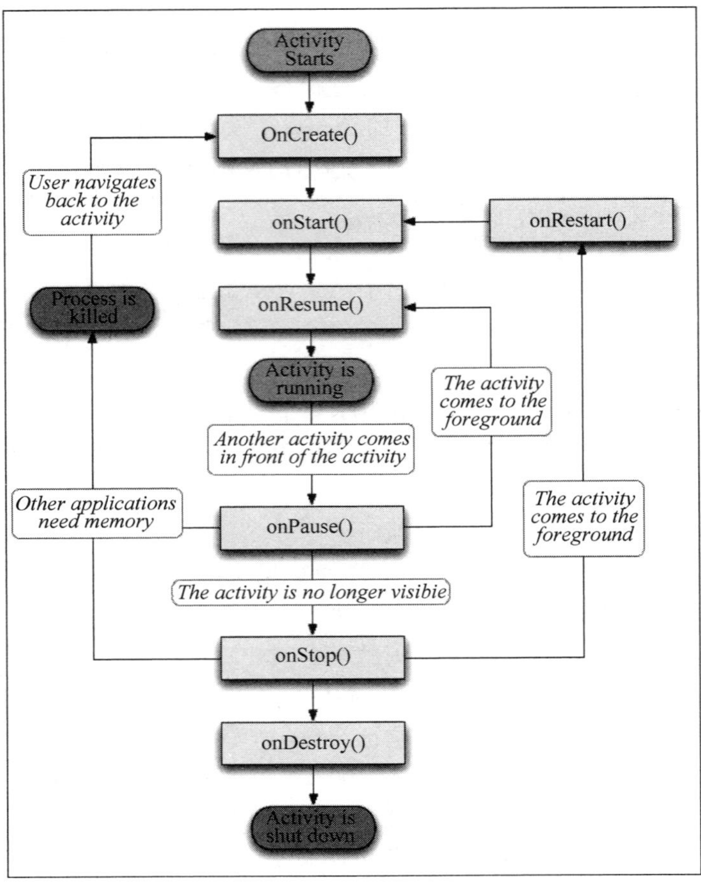

图 3-4 Activity 的生命周期图

第一个 Activity 的代码如下所示：

```
public class MainActivity extends Activity {
    //Activity1 创建时调用的方法
    @Override
    protected void onCreate(Bundle savedInstanceState) {
        super.onCreate(savedInstanceState);
        setContentView(R.layout.activity_main);
        Log.i("Activity1","onCreate()");
        Button button = (Button)findViewById(R.id.button);
        button.setOnClickListener(new View.OnClickListener() {
            @Override
            public void onClick(View view) {
           Intent intent = new Intent(MainActivity.this,SecondActivity.class);
            startActivity(intent);
            }});
    }
    //Activity1 可见时调用的方法
    @Override
```

```
    protected void onStart() {
        super.onStart();
        Log.i("Activity1","onStart()");
}
    @Override
    protected void onRestart() {
        super.onRestart();
        Log.i("Activity1","onReStart()");
    }
    //Activity1 获取到焦点时调用的方法
    @Override
    protected void onResume() {
        super.onResume();
        Log.i("Activity1","onResume()");
    }
    //Activity1 失去焦点时调用的方法
    @Override
    protected void onPause() {
        super.onPause();
        Log.i("Activity1","onPause()");
    }
    //Activity1 不可见时调用的方法
    @Override
    protected void onStop() {
        super.onStop();
        Log.i("Activity1","onStop()");
    }
    //Activity1 被销毁时调用的方法
    @Override
    protected void onDestroy() {
        super.onDestroy();
        Log.i("Activity1","onDestroy()");
    }
}
```

第二个 Activity 中的代码和使用的布局代码与第一个类似。

上面的代码写好以后，在 AndroidManifest.xml 中注册创建 Activity。完成上述步骤以后，运行界面如图 3-5 所示。

图 3-5 Activity1 界面

使用 Log 来打印日志信息，在 Log 窗口打印的 Activity 生命周期的执行方法顺序如图 3-6 所示。

07-01 04:53:12.685	3625	3625	com.jxust.cn.chap...	Activity1	onCreate()
07-01 04:53:12.687	3625	3625	com.jxust.cn.chap...	Activity1	onStart()
07-01 04:53:12.688	3625	3625	com.jxust.cn.chap...	Activity1	onResume()

图 3-6 Activity1 的生命周期

从图 3-6 中的日志信息可以看出启动 Activity1 依次执行了 onCreate()、onStart()、onResume()方法，这是 Activity 从创建到可供用户操作的过程。

接下来单击第一个布局界面的按钮跳转到第二个 Activity，出现如图 3-7 所示的界面。

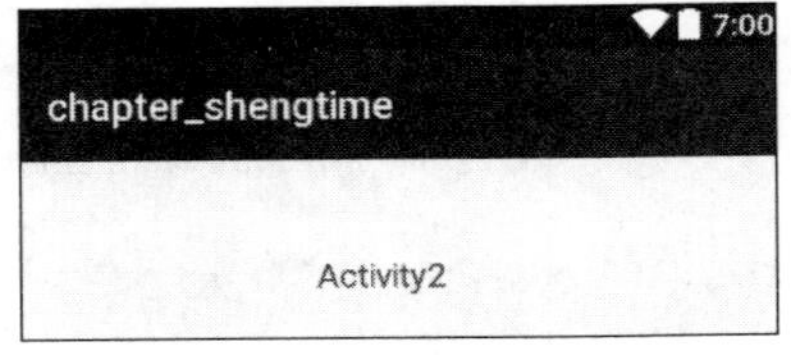

图 3-7 Activity2 界面

与此同时，Log 打印的日志信息如图 3-8 所示。

从图 3-8 中的日志信息可以看出，当跳转到 Activity2 的时候，Activity1 会失去焦点，然后执行 onPause()方法，此时 Activity2 创建会一次执行 onCreate()、onStart()、onResume()方法。这时候 Activity1 会执行 onstop()方法。

07-01 05:07:46.971	3345	3345	com.jxust.cn.chap...	Activity1	onPause()
07-01 05:07:47.010	3345	3345	com.jxust.cn.chap...	Activity2	onCreate()
07-01 05:07:47.012	3345	3345	com.jxust.cn.chap...	Activity2	onStart()
07-01 05:07:47.012	3345	3345	com.jxust.cn.chap...	Activity2	onResume()
07-01 05:07:47.640	3345	3345	com.jxust.cn.chap...	Activity1	onStop()

图 3-8 Activity1 跳转到 Activity2 的生命周期

接下来从第二个界面返回到第一个界面，此时 Log 打印的日志信息如图 3-9 所示。

I	07-01 05:40:00.254	3604	3604	com.jxust.cn.chap...	Activity2	onPause()
I	07-01 05:40:00.258	3604	3604	com.jxust.cn.chap...	Activity1	onReStart()
I	07-01 05:40:00.259	3604	3604	com.jxust.cn.chap...	Activity1	onStart()
I	07-01 05:40:00.259	3604	3604	com.jxust.cn.chap...	Activity1	onResume()
W	07-01 05:40:00.280	3604	3626	com.jxust.cn.chap...	EGL_emulation	eglSurfaceAttr:
W	07-01 05:40:00.280	3604	3626	com.jxust.cn.chap...	OpenGLRenderer	Failed to set
I	07-01 05:40:00.685	3604	3604	com.jxust.cn.chap...	Activity2	onStop()
I	07-01 05:40:00.685	3604	3604	com.jxust.cn.chap...	Activity2	onDestroy()

图 3-9 Activity2 跳转到 Activity1 的生命周期

从图 3-9 中的日志信息可以看出，从 Activity2 再次返回到 Activity1 时，Activity2 会先执行 onPause()方法，然后 Activity1 会依次执行 onRestart()方法、onStart()方法、onResume()方法，随后 Activity2 执行 onstop()方法和 onDestory()方法。如果退出应用程序，则 Activity1 会执行 onStop()方法，然后执行 onDestory()方法。

3.1.4 Activity 中的单击事件

视频讲解

3.1.3 节学习了 Activity 中的生命周期，可以看到，从第一个界面到第二个界面使用了按钮的单击事件。在 Android 中 View 的单击事件共有 4 种，接下来详细讲解这 4 种方式。

第一种为在布局文件中设置按钮的 onClick 属性为其指定 Activity 中的方法，代码如下所示：

```
<!-- 布局文件中添加单击事件为其指定方法名 -->
android:onClick = "click"
Activity 中的方法:
    public void click(View view){
```

```
        Intent intent = new Intent(MainActivity.this,
          SecondActivity.class);
          startActivity(intent);
      }
```

第二种是创建内部类的方式，创建一个内部类实现 OnClickListener 接口并重写 onClick()方法，在方法中写入单击事件的逻辑。这一种方法不常用，所以不做详细介绍。

第三种就是主类实现 OnClickListener 接口，然后重写 onClick()方法，并通过 switch()语句判断哪个按钮被单击，具体的代码如下所示：

```
Public class MainActivity extends Activity implements View.OnClickListener {
    register = (Button)findViewById(R.id.register);
        register.setOnClickListener(this);
@Override
    public void onClick(View view) {
        switch (view.getId()){
            case R.id.register:
            break;
        }
    }
}
```

这里需要注意的是"register.setOnClickListener(this);"方法中这个 this 代表的是该 Activity 的引用，由于 Activity 实现了 OnClickListener 接口，所以这里就代表了 OnClickListener 的引用，在方法中传入 this，就代表该控件绑定了单击事件的接口。

第四种是匿名内部类的方式，适合按钮比较少的情况下使用。这种方式可以直接创建 OnClickListener 的匿名内部类传入按钮的 setOnClickListener()方法和参数中，具体的代码如下所示：

```
public class MainActivity extends Activity {
    //Activity1 创建时调用的方法
    @Override
    protected void onCreate(Bundle savedInstanceState) {
        super.onCreate(savedInstanceState);
        setContentView(R.layout.activity_main);
        Log.i("Activity1","onCreate()");
      Button button = (Button)findViewById(R.id.button);
      button.setOnClickListener(new View.OnClickListener() {
            @Override
            public void onClick(View view) {
      Intentintent = new Intent(MainActivity.this,
      SecondActivity.class);
             startActivity(intent);
           }
        });
    }
```

以上就是单击事件的处理过程，后两种匿名内部类与主类中实现 OnClickListener 接口的方式在平常的 Android 开发中使用较为普遍，所以需要熟练掌握。

3.2 Intent 的使用

视频讲解

3.2.1 Intent 浅析

在 Android 系统中，组件之间的通信需要使用到 Intent。Intent 中文翻译为"意图"，Intent 最常用的是绑定应用程序组件，并在应用程序之间进行通信。它一般用于启动 Activity、服务、发送广播等，承担了 Android 应用程序三大核心组件之间的通信功能。

使用 Intent 开启 Activity 时，对应的方法为 startActivity(Intent intent)和 startActivityForResult(Intent intent)；开启 Service 时，常用的有 ComponentName startService(Intent intent)和 boolean bindService(Intent service, ServiceConnection conn, int flags)；开启 BroadcastReceiver 方法有多种，就不一一列举了。

Android 中使用 Intent 的方式有两种，分别为显式 Intent 和隐式 Intent，接下来将在 3.2.2 节和 3.2.3 节详细介绍这两种方式。

3.2.2 显式 Intent

显式 Intent 就是在通过 Intent 启动 Activity 时，需要明确指定激活组件的名称，例如通过一个 Activity 启动另外一个 Activity 时，就可以通过这种方式，具体的代码如下：

```
//创建 Intent 对象,指定启动的类名 SecondActivity
Intent intent = new Intent(MainActivity.this,SecondActivity.class);
//启动 Activity
startActivity(intent);
```

通过上述代码可以看出，使用显式 Intent 时，首先需要通过 Intent 的构造方法来创建 Intent 对象。构造方法有两个参数，分别为启动 Activity 的上下文和需要启动的 Activity 类名。除了通过指定类名的方式启动组件外，显式 Intent 还可以根据目标组件的包名、全路径来指定开启的组件。具体的代码如下所示：

```
//setClassName("包名","类的全路径名称");
intent.setClassName("com.jxust.cn","com.jxust.cn.chapter_shengtime");
//启动 Activity
startActivity(intent);
```

Activity 类提供了 startActivity(Intent intent)方法，该方法专门用于启动 Activity，它接受一个 Intent 参数，然后通过将构建好的 Intent 参数传入方法里来启动 Activity。

使用这两种方式启动 Activity，能够在程序中很清晰地看到，其"意图"很明显，因此称为显式 Intent。

3.2.3 隐式 Intent

在程序中没有明确指定需要启动的 Activity，Android 系统会根据在 Androidmanifest.xml 文件中设置的动作(action)、类别(category)、数据(Uri 和数据类型)来启动合适的组件。具体代码如下所示：

```
<activity android:name = ".MainActivity">
  <intent - filter>
<! —设置 action 属性,根据 name 设置的值来指定启动的组件 -->
    <action android:name = "android.intent.action.MAIN" />
    <category android:name = "android.intent.category.LAUNCHER" />
            </intent - filter>
        </activity>
```

在上述代码中，< action >标签指定了当前 Activity 可以响应的动作为 android.intent.action.MAIN，而< category >标签则包含了一些类别信息，只有当这两者中的内容同时匹配时，Activity 才会启动。使用隐式 Intent 启动 Activity 的具体代码如下：

```
Intent intent = new Intent();
Intent.setAction("android.intent.action.MAIN");
StartActivity(intent);
```

通过以上的学习，已经初步了解了显式 Intent 和隐式 Intent 的使用。显式 Intent 启动组件时必须要指定组件的名称，一般只在本应用程序切换组件时使用。而隐式 Intent 使用的范围更广，不仅可以启动本应用程序内的组件，还可以开启其他应用的组件，如打开系统的照相机、图库等。

3.3 Activity 中的数据传递方式

在 Android 开发中，经常需要在 Activity 中进行数据传递，这里就需要使用 3.2 节讲到的 Intent 来实现 Activity 之间数据的传递。

使用 Intent 进行数据传递时只需要调用 putExtra()方法把数据存储进去即可。这个方法有两个参数，是一种“键值对”的形式，第一个参数为 key，第二个参数为 value。实现传递参数的具体代码如下：

```
//定义字符串变量存储一个值
String str = "android";
Intent intent = new Intent(this,SecondActivity.class);
//传递参数
intent.putExtra("receive_str",str);
startActivity(intent);
```

上述代码中将一个字符串变量 str 传递到 SecondActivity 中，然后需要在 SecondActivity

中接收这个参数，具体的代码如下所示：

```
Intent intent = this.getIntent();
String receive_str = intent.getStringExtra("receive_st");
```

上面就是通过 Intent 传递和接收参数的一种简单方式，如果需要传递的参数比较多，就需要使用 putExtras()方法传递数据，该方法传递的是 Bundle 对象，具体的代码如下所示：

```
Intent intent = new Intent(this,SecondActivity.class);
Bundle bundle = new Bundle();
bundle.putString("phone","123456");
bundle.putString("sex","男");
bundle.putString("age","18");
intent.putExtras(bundle);
startActivity(intent);
```

上述代码使用 Bundle 对象传递参数，在 SecondActivity 中取出这些参数的具体代码如下所示：

```
Intent intent = this.getIntent();
Bundle bundle = intent.getExtras();
String phone = bundle.getString("phone");
```

在上述代码中，在接收 Bundle 对象封装的数据时，需要先接收对应的 Bundle 对象，然后再根据 key 取出 value。接下来将在 3.4 节讲解如何使用在布局文件中定义的各个控件以及如何进行数据的传递并显示。

3.4 用户注册案例讲解

视频讲解

本节的用户注册布局与第 2 章的用户注册案例布局是一样的，本节主要讲的是如何使用布局中定义的控件以及数据传递与接收。

(1) Activity1 的布局代码与第 2 章的布局代码一样。

(2) Activity1 代码如下所示：

```
public class Activity extends Activity implements View.OnClickListener,
RadioGroup.OnCheckedChangeListener{
    //定义字符串用来保存各个信息
    private String phone_str = "";
    private String paswd_str = "";
    //默认为"男性"被选中
    private String sex_str = "男性";
    private String hobby_str = "1";
    private String city_str = "";
```

```
//组件定义
EditText phone_edit,paswd_edit;
RadioGroup sex_group;
RadioButton nan_but,nv_but;
CheckBox play,read,music;
Button register;
Spinner spinner;
@Override
protected void onCreate(Bundle savedInstanceState) {
    super.onCreate(savedInstanceState);
    setContentView(R.layout.activity_main);
    //组件初始化
    phone_edit = (EditText)findViewById(R.id.phone);
    paswd_edit = (EditText)findViewById(R.id.paswd);
    sex_group = (RadioGroup) findViewById(R.id.sex);
    //添加监听事件
    sex_group.setOnCheckedChangeListener(this);
    nan_but = (RadioButton)findViewById(R.id.nan);
    read = (CheckBox)findViewById(R.id.read_book);
    play = (CheckBox)findViewById(R.id.play_ball);
    music = (CheckBox)findViewById(R.id.music);
    register = (Button)findViewById(R.id.register);
    //添加监听事件
    register.setOnClickListener(this);
    spinner = (Spinner)findViewById(R.id.spinner);
    final String[] city = new String[]{"北京","上海","武汉","南京","南昌","信阳"};
    ArrayAdapter<String> adapter = newArrayAdapter<String>(this,
    android.R.layout.simple_list_item_1,city);
    spinner.setAdapter(adapter);
    //城市下拉列表添加监听事件
    spinner.setOnItemSelectedListener(new Spinner.OnItemSelectedListener() {
        @Override
    public void onItemSelected(AdapterView<?> adapterView, View view, int i, long l) {
            city_str = city[i];
        }
        @Override
        public void onNothingSelected(AdapterView<?> adapterView) {
        }
    });
}
@Override
public void onClick(View view) {
    switch (view.getId()){
        case R.id.register:
            //获取手机号和密码
            phone_str = phone_edit.getText().toString();
            paswd_str = paswd_edit.getText().toString();
            //获取兴趣爱好即复选框的值
            hobby_str = "";          //清除上一次已经选中的选项
            if(read.isChecked()){
```

```
                hobby_str += read.getText().toString();
            }if (play.isChecked()){
                hobby_str += play.getText().toString();
            }if(music.isChecked()){
                hobby_str += music.getText().toString();
            }
                Intent intent = new Intent(this,SecondActivity.class);
                Bundle bundle = new Bundle();
                bundle.putString("phone",phone_str);
                bundle.putString("paswd",paswd_str);
                bundle.putString("sex",sex_str);
                bundle.putString("hobby",hobby_str);
                bundle.putString("city",city_str);
                intent.putExtras(bundle);
                startActivity(intent);
                break;
        }
    }
    @Override
    public void onCheckedChanged(RadioGroup radioGroup, @IdRes int i) {
        //根据用户选择来改变 sex_str 的值
        sex_str = i == R.id.nan?"男性":"女性";
    }
}
```

上述代码主要是对 main_activity_layout.xml 中的控件进行初始化以及添加监听事件，然后对选择的数据进行传递。

(3) SecondActivity 负责接收数据并显示出来。布局文件 second_lay.xml 中定义了一个 TextView 负责显示数据，代码如下所示：

```
<?xml version = "1.0" encoding = "utf-8"?>
<LinearLayout xmlns:android = "http://schemas.android.com/apk/res/android"
    android:layout_width = "match_parent"
    android:layout_height = "match_parent">
    <TextView
        android:id = "@+id/show_content"
        android:layout_width = "wrap_content"
        android:layout_height = "wrap_content"
        android:layout_weight = "1"
        android:text = "TextView" />
</LinearLayout>
```

(4) SecondActivity 代码如下所示：

```
public class SecondActivity extends Activity {
    protected void onCreate(Bundle savedInstanceState) {
        super.onCreate(savedInstanceState);
```

```
        setContentView(R.layout.second_layout);
        Intent intent = this.getIntent();
        Bundle bundle = intent.getExtras();
        String phone = bundle.getString("phone");
        String paswd = bundle.getString("paswd");
        String sex = bundle.getString("sex");
        String hobby = bundle.getString("hobby");
        String city = bundle.getString("city");
        TextView show_text = (TextView)findViewById(R.id.show_content);
show_text.setText("手机号为: " + phone + "\n" + "密码为: " + paswd + "\n" + "性别是: " + sex +
"\n" + "爱好是: " + hobby + "\n" + "城市是: " + city);
    }
}
```

(5) 在 AndroidManofest.xml 文件中注册 SecondActivity，代码如下所示：

```
<activity android:name = ".SecondActivity"></activity>
```

上述代码编写完成以后，接下来输入手机号、密码，选择性别、爱好、城市，然后单击“注册”按钮，跳转到接收数据的界面。注册界面和接收数据界面分别如图 3-10 和图 3-11 所示。

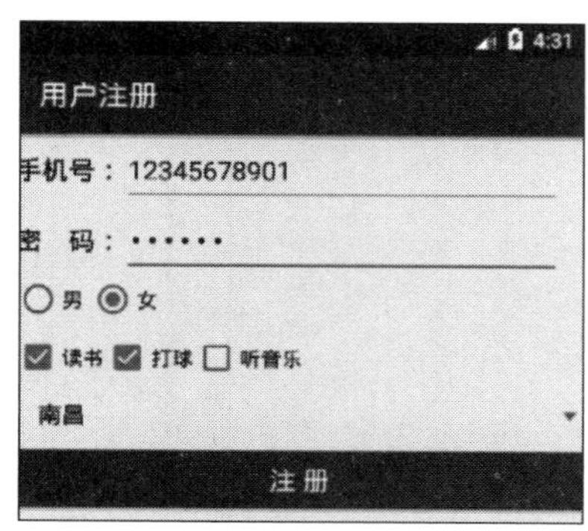

图 3-10 注册界面

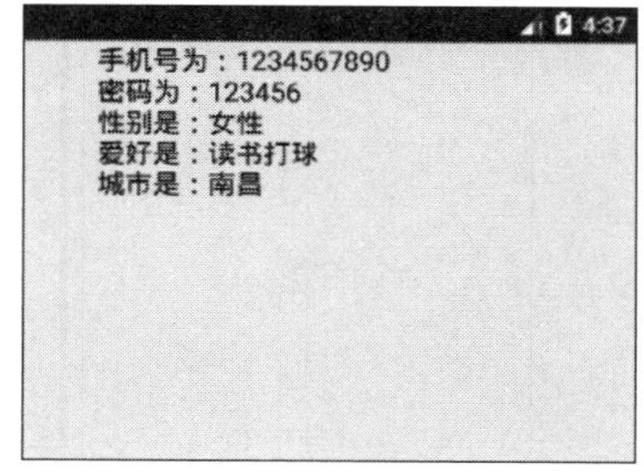

图 3-11 接收数据界面

以上就是用户注册的详细介绍，其中包含了组件的使用、数据的传递和接收、按钮的单击事件等，这些都是进行 Android 开发的基本知识，需要熟练掌握和应用。

3.5 本章小结

本章首先讲解了 Activity 的基本知识，包含了从 Activity 的概念、生命周期，到后面的从一个 Activity 跳转到另外一个 Activity 生命周期中方法的执行过程；然后讲解了 Intent 的使用以及数据的传递和接收；最后结合了一个用户注册的实例讲解了控件的使用以及监听事件的处理，这些都需要开发者熟练掌握。

3.6 课后习题

1. 简述一个 Activity 跳转到另一个 Activity 时，两个 Activity 生命周期方法的执行过程。

2. 编写一个程序，要求在第一个界面中输入两个数字，在第二个界面显示第一个界面两个数字的和。

第4章

Android事件处理

当进行 Android 程序开发时，首先对用户界面进行编程，然后就是用户与界面的交互了。当用户对界面进行各种操作时，程序需要为用户提供响应的动作，这种响应的动作就需要通过事件处理来完成。

Android 为用户提供了两种方式的事件处理：基于回调的事件处理与基于监听的事件处理。本章将会详细介绍 Android 的事件处理方式。

学习目标

- 掌握 Android 基于监听的事件处理。
- 掌握 Android 基于回调的事件处理。
- 掌握 AnsyncTask 异步类的功能与用法。

4.1 Android 事件处理机制

UI 编程通常都会伴随事件处理，Android 也不例外，它提供了两种方式的事件处理：基于回调的事件处理和基于监听的事件处理。

对于基于监听的事件处理而言，主要就是为 Android 界面组件绑定特定的事件监听器；对于基于回调的事件处理而言，主要做法是重写 Android 组件特定的回调函数，Android 大部分界面组件都提供了事件响应的回调函数，主要是重写这些回调函数。

4.2 基于监听的事件处理

视频讲解

基于监听的事件处理相比于基于回调的事件处理，是更具“面向对象”性质的事件处理方式。在监听器模型中，主要涉及 3 类对象。

- 事件源 Event Source：产生事件的来源，通常是各种组件，如按钮等。
- 事件 Event：事件封装了界面组件上发生的特定事件的具体信息，如果监听器需要获取界面组件上所发生事件的相关信息，一般通过事件 Event 对象来传递。

- 事件监听器 Event Listener：负责监听事件源发生的事件，并对不同的事件做相应的处理。

基于监听的事件处理机制是一种委派式(Delegation)事件处理方式：事件源将整个事件处理委托给事件监听器；当该事件源发生指定的事件时，就通知委托的事件监听器，由事件监听器来处理它。

下面将通过一个按钮单击显示用户在 EditText 中输入的内容的例子来讲述基于监听的事件处理方式。

首先创建一个新的 Android 项目 chapter4_listener，界面布局代码如下所示：

```
<?xml version = "1.0" encoding = "utf - 8"?>
< LinearLayout xmlns:android = "http://schemas.android.com/apk/res/android"
    xmlns:app = "http://schemas.android.com/apk/res - auto"
    xmlns:tools = "http://schemas.android.com/tools"
    android:layout_width = "match_parent"
    android:layout_height = "match_parent"
    android:orientation = "vertical"
    tools:context = "com.jxust.cn.chapter4_listener.MainActivity">
    < EditText
        android:id = "@ + id/edittext1"
        android:layout_width = "match_parent"
        android:layout_height = "50dp"
        android:hint = "请输入内容: "
        android:textColor = "@android:color/black"
        android:textSize = "18sp"/>
    < Button
        android:id = "@ + id/bt1"
        android:layout_width = "match_parent"
        android:layout_height = "50dp"
        android:textColor = "@android:color/black"
        android:text = "获取 Ediext 内容"/>
</LinearLayout >
```

上面程序中定义的按钮将会作为事件源，接下来程序将会为该按钮绑定一个事件监听器。

MainActivity 类主要是获取应用程序的按钮，然后为其添加监听事件并且处理，具体代码如下所示：

```
public class MainActivity extends Activity
implements View.OnClickListener {
    EditText editText;
    @Override
    protected void onCreate(Bundle savedInstanceState) {
        super.onCreate(savedInstanceState);
        setContentView(R.layout.activity_main);
        editText = (EditText)findViewById(R.id.edittext1);
```

```
        Button bt1 = (Button)findViewById(R.id.bt1);
        bt1.setOnClickListener(this);         //为按钮绑定事件监听器
    }
    //实现监听器类必须实现的方法,该方法将会作为事件处理器
    @Override
    public void onClick(View view) {
        String str = editText.getText().toString();
        Toast.makeText(this,str,Toast.LENGTH_SHORT).show();
    }
}
```

上面的程序通过 MainActivity 实现 OnClickListener 接口，然后重写该方法，该方法作为事件处理器来处理按钮的单击事件。当界面中的按钮被单击时，出现 EditText 中输入的内容。运行效果如图 4-1 所示。

图 4-1 基于监听事件处理效果

从上面的程序可以看出，基于监听的事件处理机制的步骤如下：

(1) 获取普通界面的组件即事件源。

(2) 实现事件的监听器类，该监听器类是一个特殊的 Java 类，必须实现一个 XxxListener 接口。

(3) 调用事件源的 setXxxListener 方法将事件监听器对象注册给事件源。

当事件源上发生指定事件时，Android 会触发事件监听器，由事件监听器调用相应的方法来处理事件。

关于什么样的类可以作为监听器类，在 3.1.4 节已经讲解过，例如内部类作为事件监听器类、外部类作为事件监听器类、匿名内部类作为事件监听器类、Activity 作为事件监听器类等。

4.3 基于回调的事件处理

相比基于监听器的事件处理模型，基于回调的事件处理模型要简单些，在该模型中，事件源和事件监听器是合一的，也就是说，没有独立的事件监听器存在。当用户在 GUI 组件上触发某事件时，由该组件自身特定的函数负责处理该事件。通常通过重写 Override 组件类的事件处理函数实现事件的处理。

为了使用回调机制类处理 GUI 组件上所发生的事件，需要通过继承 GUI 组件类，并重写该类的事件处理方法来实现。

为了实现回调机制的事件处理，Android 为所有的 GUI 组件都提供了事件处理的回调方法，例如对 View 来说，该类包含如下方法：

- boolean onKeyDown(int keycode, KeyEvent event)——用户在该组件上按下某个

按键时触发的方法。

- boolean onKeyLongPress(int keycode, KeyEvent event)——用户在该组件上长按某个组件时触发的方法。
- boolean onKeyUp(int keycode, KeyEvent event)——用户在该组件上松开某个按键时触发的方法。

下面将通过一个自定义按钮的实现类来讲解基于回调的事件处理机制。

首先自定义实现类的代码如下所示：

```
public class TestButton extends Button {
    public TestButton(Context context, AttributeSet attrs) {
        super(context, attrs);
    }
    /* 重写 onTouchEvent 触碰事件的回调方法 */
    @Override
    public boolean onTouchEvent(MotionEvent event) {
        Log.i("测试 CallBack", "我是 Button,你触碰了我: " + event.getAction());
        Toast.makeText(getContext(), "我是 MyButton,你触碰了我: " + event.getAction(),
Toast.LENGTH_SHORT).show();
        return true; //返回 true,表示事件不会向外层(即父容器)扩散
    }
}
```

在上述代码中，通过自定义一个 TestButton 类继承 Button 类，然后重写该类的 onTouchEvent 方法来负责处理屏幕上按钮的触摸事件。

布局文件中使用了这个自定义 View，具体代码如下所示：

```
<?xml version="1.0" encoding="utf-8"?>
<LinearLayout xmlns:android="http://schemas.android.com/apk/res/android"
    tools:context="com.jxust.cn.chapter4_callback.MainActivity">
    <com.jxust.cn.chapter4_callback.testButton
        android:layout_width="match_parent"
        android:layout_height="wrap_content"
        android:textSize="18sp"
        android:text="测试基于回调的事件处理机制"/>
</LinearLayout>
```

上述代码中加粗部分的代码使用 MyButton 组件，接下来 Java 程序也不需要再为该按钮绑定事件监听器，因为该按钮自己重写了 onTouchEvent 方法，这意味着该按钮将会自己处理相应的事件。

上面的代码运行效果如图 4-2 和图 4-3 所示。

通过上面的学习，可以发现对于基于监听的事件处理机制来说，事件源和事件监听器是分离的，当事件源上发生特定事件时，该事件交给事件监听器负责处理；对于基于回调的事件处理机制来说，事件源和事件监听器是统一的，当事件源发生特定事件时，该事件还是由事件源自己负责处理。

图 4-2 单击按钮

Application	Tag	Text
com.jxust.cn.chap...	测试CallBack	我是Button，你触碰了我： 0

图 4-3 基于回调事件处理

4.4 AnsyncTask 异步类的功能与用法

视频讲解

Android 的 UI 线程主要负责处理用户的按键事件、触屏事件等，因此其他阻塞 UI 线程的操作不应该在主线程中进行。

为了避免 UI 线程失去响应的问题，Android 程序采用将耗时操作放在新线程中完成的方式，但是新线程可能需要动态更新 UI 组件，比如获取网络资源操作放在新线程中完成。但由于新线程不允许直接更新 UI 组件，为了解决这个问题，Android 提供了以下几种方式：

- 使用 Hanlder 实现线程之间的通信。
- View. post(Runnable)。
- Activity. runOnUiThread(Runnable)。

上述方式使用起来有点复杂，采用异步任务(AsyncTask)则可以进一步简化操作。相对来说，异步任务 AsyncTask 更轻量级一些，适用于简单的异步任务，例如获取网络数据、动态更改 UI 界面等。

AsyncTask < Params, Progress, Result >是一个抽象类，通常用于被继承，继承时需要指定如下 3 个泛型参数：

- Params——启动任务执行的输入参数的类型。
- Progress——后台任务完成的进度值的类型。
- Result——后台任务执行完成以后返回结果的类型。

使用 AsyncTask 的步骤如下：

(1) 创建 AsyncTask 的子类，并指定参数类型。如果某个参数不需要，则指定为 Void 类型。

(2) 实现 AsyncTask 的方法，如 doInBackground(Params...)：后台线程将要完成的功能，一般用于获取网络资源等耗时性的操作；第二个方法是 onPostExecute(Result result)：在 doInBackground()方法执行完以后，系统会自动调用 onPostExecute()方法，并接收其返回值。这里一般负责更新 UI 线程等操作。

(3) 调用 AsyncTask 子类的实例的 execute(Params... params)方法，执行耗时操作。

接下来通过一个从网络下载图片的具体例子来讲解如何使用 AsyncTask 类。

首先是界面布局，这里采用相对布局的方式，只需要一个 ImageView 显示图片和一个 progressBar 以查看是否下载完成，代码如下：

```
<RelativeLayout xmlns:android = "http://schemas.android.com/apk/res/android"
    xmlns:tools = "http://schemas.android.com/tools"
    android:id = "@ + id/RelativeLayout1"
    android:layout_width = "match_parent"
    android:layout_height = "match_parent"
    tools:context = "com.jxust.cn.chapter4_asynctask.MainActivity" >
    <ImageView
        android:id = "@ + id/imageView1"
        android:layout_width = "fill_parent"
        android:layout_height = "fill_parent"
        android:layout_alignParentLeft = "true"
        android:layout_alignParentTop = "true"
        />
    <ProgressBar
        android:id = "@ + id/progressBar1"
        android:visibility = "gone"
        style = "?android:attr/progressBarStyleLarge"
        android:layout_width = "wrap_content"
        android:layout_height = "wrap_content"
        android:layout_centerHorizontal = "true"
        android:layout_centerVertical = "true" />
</RelativeLayout>
```

上述代码中使用了 ProgressBar，并且使用了 android:visibility＝"gone"设置了隐藏属性。

MainActivity 中的代码如下所示：

```
public class MainActivity extends AppCompatActivity {
    private ImageView mImageView = null;
    private ProgressBar mProgressBar = null;
  private String URLs = "http://wallcoo.com/nature/iclickart_8_1024/
wallpapers/1280x1024/iclickart_nature_wallpaper_122414a.jpg";
    @Override
    protected void onCreate(Bundle savedInstanceState) {
```

```
        super.onCreate(savedInstanceState);
        setContentView(R.layout.activity_main);
        //实例化控件
        this.mImageView = (ImageView) findViewById(R.id.imageView1);
this.mProgressBar = (ProgressBar) findViewById(R.id.progressBar1);
        //实例化异步任务
        ImageDownloadTask task = new ImageDownloadTask();
        //执行异步任务
        task.execute(URLs);
    }
    class ImageDownloadTask extends AsyncTask<String,Void,Bitmap> {
        @Override
        protected Bitmap doInBackground(String... params) {
            Bitmap bitmap = null;                         //待返回的结果
            String url = params[0];                       //获取 URL
            URLConnection connection;                     //网络连接对象
            InputStream is;                               //数据输入流
            try {
                connection = new URL(url).openConnection();
                is = connection.getInputStream();         //获取输入流
            BufferedInputStream buf = new BufferedInputStream(is);
                //解析输入流
                bitmap = BitmapFactory.decodeStream(buf);
                is.close();
                buf.close();
            } catch (MalformedURLException e) {
                e.printStackTrace();
            } catch (IOException e) {
                e.printStackTrace();
            }
            //返回给后面调用的方法
            return bitmap;
        }
        @Override
        protected void onPreExecute() {
            //显示等待圆环
            mProgressBar.setVisibility(View.VISIBLE);
        }
        @Override
        protected void onPostExecute(Bitmap result) {
            //下载完毕,隐藏等待圆环
            mProgressBar.setVisibility(View.GONE);
            mImageView.setImageBitmap(result);
        }
    }
}
```

最后要在 AndroidManifest 中加上网络访问权限,代码如下所示:

```
<uses-permission android:name="android.permission.INTERNET"></uses-permission>
```

上述代码运行结果如图 4-4 所示。

MainActivity 中有一个内部类：ImageDownloadTask，这个内部类用来下载指定 URL 的图片，并把图片在 ImageView 中显示出来。

将内部类异步处理部分（即 doInBackground 方法）看作一个异步图片下载器，传入这个下载器的是图片的 URL，下载器传出的是图片，同时我们不需要知道图片的加载进度，所以 3 个泛型参数的类型分别为 String、Void 和 Bitmap。

当启动异步任务时，先执行 onPreExecute 方法，所以可以在这个方法中显示 progressBar；然后就是启动子线程执行 doInBackground，并将参数传给此方法，这个方法会进行网络操作，下载图片并将其转为 Bitmap 返回，返回后子线程也结束了；最后执行的是 onPostExecute 方法，这个方法获取的参数是异步处理后的结果，即下载好的图片，ImageView 显示下载好的图片，并隐藏 progressBary 等待圆环。

图 4-4　异步下载网络图片

4.5　本章小结

本章主要讲解了 Android 程序的两种事件处理机制，因为当开发一个应用界面时，用户需要与界面进行各种交互，界面需要通过事件处理来对用户的操作提供响应动作。接着又讲解了 Android 开发时使用较多的 AsyncTask（异步任务），这就解决了获取网络图片等耗时操作问题，避免了 UI 线程阻塞等。本章的内容较为重要，需要熟练掌握。

4.6　课后习题

1. 说明 Android 两种事件处理机制的不同。

2. 对于 Android 的两种事件处理机制，分别写一个案例测试，了解其执行过程。

3. 编写一个 Android 程序，使用 AsyncTask 实现获取网页的 Html 代码，并且使用 TextView 显示。

第5章

Fragment基础

学习目标

- 掌握 Fragment 的生命周期。
- 掌握 Fragment 的应用。
- 掌握 Fragment 与 Acitivity 之间的通信。

视频讲解

随着移动设备的快速发展,平板电脑越来越普及,而平板电脑与手机的最大差别就在于屏幕的大小。为了同时兼顾手机和平板电脑的开发,自 Android 3.0(API level 11)开始引入了 Fragment。接下来将对 Fragment 进行详细的介绍。

5.1 Fragment 基本概述

Fragment 翻译为中文就是“碎片”的意思,它是一种嵌入到 Activity 中使用的 UI 片段。一个 Activity 中可以包含一个或多个 Fragment,而且一个 Activity 可以同时展示多个 Fragment。使用它能够让程序更加合理地利用拥有大屏幕空间的移动设备,因此 Fragment 在平板电脑上应用非常广泛。

Fragment 与 Activity 类似,也拥有自己的布局与生命周期,但是它的生命周期会受到它所在的 Activity 的生命周期的控制。例如,当 Activity 暂停时,它所包含的 Fragment 也会暂停;当 Activity 被销毁时,该 Activity 内的 Fragment 也会被销毁;当该 Activity 处于活动状态时,开发者才可独立地操作 Fragment。

为了更加清楚地讲解 Fragment 的功能,接下来将会通过一个图例来说明,如图 5-1 所示。

从图 5-1 可以看出,在一般的手机上或者平板电脑竖屏情况下,Fragment1 需要嵌入到 Activity1 中,Fragment2 需要嵌入到 Activity2 中;如果在平板电脑横屏的情况下,则可以把两个 Fragment 同时嵌入到 Activity1 中,这样的布局既节约了空间,也会更美观。

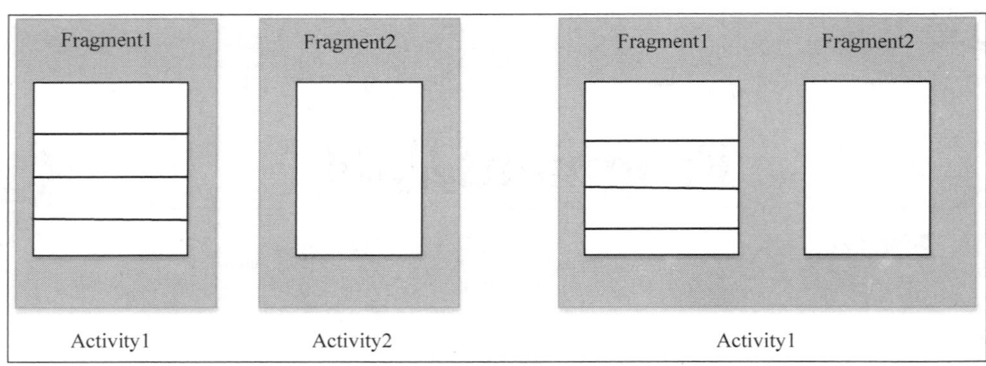

图 5-1 Fragment 的功能

5.2 Fragment 生命周期

通过第 3 章的学习，我们知道 Activity 生命周期有 3 种状态，分别是运行状态、暂停状态和停止状态。Fragment 与 Activity 非常相似，其生命周期也会经历这几种状态。接下来详细介绍这几种状态。

运行状态：当嵌入该 Fragment 的 Activity 处于运行状态时，并且该 Fragment 是可见的，那么该 Fragment 是处于运行状态的。

暂停状态：当嵌入该 Fragment 的 Activity 处于暂停状态时，那么该 Fragment 也是处于暂停状态的。

停止状态：当嵌入该 Fragment 的 Activity 处于停止状态时，那么该 Fragment 也会进入停止状态。或者通过调用 FragmentTransation 的 remove()、replace()方法将 Fragment 从 Activity 中移除。

Fragment 必须是依存于 Activity 而存在的，因此 Activity 的生命周期会直接影响到 Fragment 的生命周期。图 5-2 很好地说明了两者生命周期的关系。

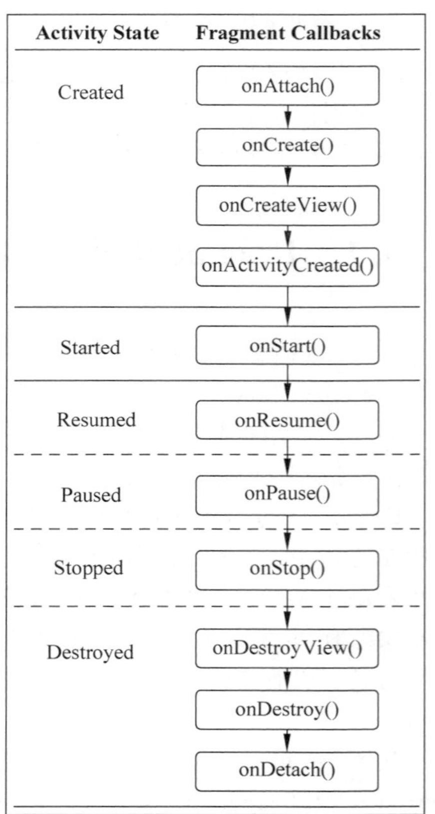

图 5-2 Fragment 和 Activity 生命周期对比图

可以看到，Fragment 比 Activity 多了几个额外的生命周期回调方法。

- onAttach（Activity）：当 Fragment 与 Activity 发生关联时调用。
- onCreateView（LayoutInflater，ViewGroup，

Bundle)：创建该 Fragment 的视图(加载布局)时调用。

- onActivityCreated(Bundle)：当 Activity(与 Fragment 相关联)的 onCreate 方法返回时调用。
- onDestoryView()：与 onCreateView 相对应，当与该 Fragment 关联的视图被移除时调用。
- onDetach()：与 onAttach 相对应，当 Fragment 与 Activity 关联被取消时调用。

以上就是 Fragment 的生命周期与 Activity 的生命周期之间的关系，接下来将会讲解如何创建 Fragment 以及 Fragment 之间的通信。

5.3 Fragment 的创建

Fragment 的创建与 Activity 的创建类似，要创建一个 Fragment 必须要创建一个类继承自 Fragment。Android 系统提供了两个 Fragment 类，分别是 android.app.Fragment 和 android.support.v4.app.Fragment。继承前者只能兼容 Android 4.0 以上的系统，继承后者可以兼容更低的版本。接下来将具体讲解 Fragment 的创建过程。

(1) 新建一个左侧的碎片布局文件 left_fragment_layout.xml，代码如下：

```
<LinearLayout xmlns:android="http://schemas.android.com/apk/res/android"
    android:layout_width="match_parent"
    android:layout_height="match_parent"
    android:orientation="vertical">
    <Button
        android:id="@+id/button"
        android:layout_width="wrap_content"
        android:layout_height="wrap_content"
        android:layout_gravity="center_horizontal"
        android:text="单击我"/>
</LinearLayout>
```

(2) 新建一个右侧的碎片布局文件 right_fragment_layout.xml，代码如下：

```
<LinearLayout xmlns:android="http://schemas.android.com/apk/res/android"
    android:layout_width="match_parent"
    android:layout_height="match_parent"
    android:background="@android:color/darker_gray"
    android:orientation="vertical">
<ImageView
    android:layout_width="wrap_content"
    android:layout_height="wrap_content"
    android:layout_marginLeft="60dp"
    android:src="@mipmap/ic_launcher"/>
</LinearLayout>
```

(3) 接着新建一个 testLeft_Fragment 类,继承自 Fragment,代码如下:

```
public class testLeft_Fragment extends Fragment {
    @Override
    public View onCreateView(LayoutInflater inflater, ViewGroup container,
                             Bundle savedInstanceState) {
    View view = inflater.inflate(R.layout.left_fragment, container, false);
        return view;
    }
}
```

(4) 这里仅仅是重写了 Fragment 的 onCreateView()方法,然后这个方法中通过 LayoutInflater 的 inflate()方法将刚才定义的 left_fragment 布局动态加载进来,然后再新建一个 testRight_Fragment 类,继承自 Fragment,代码如下:

```
public class testRight_Fragment extends Fragment {
    @Override
    public View onCreateView(LayoutInflater inflater, ViewGroup container,
                             Bundle savedInstanceState) {
        View view = inflater.inflate(R.layout.right_fragment, container, false);
        return view;
    }
}
```

(5) 新建 second_right_fragment.xml 文件,用来显示单击按钮时更换的界面,代码如下所示:

```
<LinearLayout xmlns:android = "http://schemas.android.com/apk/res/android"
    android:layout_width = "match_parent"
    android:layout_height = "match_parent"
    android:background = "@android:color/holo_blue_dark"
    android:orientation = "vertical" >
    <Button
        android:id = "@ + id/button2"
        android:layout_width = "match_parent"
        android:layout_height = "wrap_content"
        android:text = "我是左边单击出来的哦" />
</LinearLayout>
```

(6) 然后新建 testSecondRightFragment 作为另一个右侧碎片,代码如下所示:

```
public class testSecondRightFragment extends Fragment {
    @Override
public View onCreateView(LayoutInflater inflater, ViewGroup container,
                         Bundle savedInstanceState) {
        View view = inflater.inflate(R.layout.right_fragment, container, false);
        return view;
    }
}
```

(7) 修改 activity_main. xml,代码如下所示:

```
<LinearLayout xmlns:android = "http://schemas.android.com/apk/res/android"
    android:layout_width = "match_parent"
    android:layout_height = "match_parent">
    <fragment
        android:id = "@ + id/left_fragment"
        android:name = "com.example.fragmenttest.LeftFragment"
        android:layout_width = "0dp"
        android:layout_height = "match_parent"
        android:layout_weight = "1" />
    <FrameLayout
        android:id = "@ + id/right_layout"
        android:layout_width = "0dp"
        android:layout_height = "match_parent"
        android:layout_weight = "1" >
         <! -- 可以在这个容器中动态加载 Fragment -->
        <fragment
            android:id = "@ + id/right_fragment"
            android:name = "com.example.fragmenttest.RightFragment"
            android:layout_width = "match_parent"
            android:layout_height = "match_parent" />
    </FrameLayout>
</LinearLayout>
```

(8) 可以看到,现在将右侧碎片放在了一个 FrameLayout 中,这是 Android 中最简单的一种布局,它没有任何的定位方式,所有的控件都会摆放在布局的左上角。由于这里仅需要在布局中放入一个碎片,因此非常适合使用 FrameLayout。之后将在代码中替换 FrameLayout 里的内容,从而实现动态添加碎片的功能。修改 MainActivity 中的代码,如下所示:

```
public class MainActivity extends FragmentActivity implements View.OnClickListener {
    Button button;
    @Override
    protected void onCreate(Bundle savedInstanceState) {
        super.onCreate(savedInstanceState);
        setContentView(R.layout.activity_main);
        button = (Button)findViewById(R.id.button);
        button.setOnClickListener(this);
    }
    @Override
    public void onClick(View view) {
        switch (view.getId()){
            case R.id.button:
          testSecondRight_Fragment secFragment = new testSecondRight_Fragment();
android.support.v4.app.FragmentManager fragmentManager =  getSupportFragmentManager();
android.support.v4.app.FragmentTransaction transaction =
fragmentManager. beginTransaction();
```

```
                transaction.replace(R.id.right_layout, secFragment);
                transaction.commit();
                break;
            default:
                break;
        }
    }
}
```

可以看到，首先给左侧碎片中的按钮注册了一个单击事件，然后将动态添加碎片的逻辑都放在了单击事件中进行。结合代码可以看出，动态添加碎片主要分为如下 5 步：

（1）创建待添加的碎片实例。

（2）获取到 FragmentManager，在活动中可以直接调用 getFragmentManager()方法得到。

（3）开启一个事务，通过调用 beginTransaction()方法开启。

（4）向容器内加入碎片，一般使用 replace()方法实现，需要传入容器的 id 和待添加的碎片实例。

（5）提交事务，调用 commit()方法来完成。

这样就完成了在活动中动态添加碎片的功能，运行程序，可以看到启动界面如图 5-3 所示，然后单击一下按钮，效果如图 5-4 所示。

图 5-3　启动界面

图 5-4　单击按钮结果图

上述代码成功实现了向活动中动态添加碎片的功能，不过这时按下键盘上的返回键程序就会直接退出。如果这里想模仿类似返回栈的效果，可以通过 FragmentTransaction 中提供的一个 addToBackStack()方法，可以将一个事务添加到返回栈中，修改 MainActivity 中的代码，如下所示：

```
@Override
    public void onClick(View view) {
        switch (view.getId()){
```

```
                case R.id.button:
              testSecondRight_Fragment secFragment = new testSecondRight_Fragment();
    android.support.v4.app.FragmentManager fragmentManager = getSupportFragmentManager();
    android.support.v4.app.FragmentTransaction transaction =
    fragmentManager.beginTransaction();
                    transaction.replace(R.id.right_layout, secFragment);
                    transaction.addToBackStack(null);
                    transaction.commit();
                    break;
                default:
                    break;
            }
        }
```

这里在事务提交之前调用了 FragmentTransaction 的 addToBackStack()方法，它可以接收一个名字用于描述返回栈的状态，一般传入 null 即可。现在重新运行程序，并单击按钮将 AnotherRightFragment 添加到活动中，然后按下返回键，你会发现程序并没有退出，而是回到了 RightFragment 界面，再次按下返回键程序才会退出。

5.4　Fragment 与 Activity 之间的通信

视频讲解

由于 Fragment 与 Activity 各自存在于一个独立的类中，它们之间并没有明显的方式进行直接通信。在实际开发过程中，经常需要在 Activity 中获取 Fragment 实例或者在 Fragment 中获取 Activity 实例。接下来将详细讲解 Fragment 和 Activity 之间的通信。

- 在 Activity 中获取 Fragment 实例。

为了实现 Fragment 和 Activity 之间的通信，FragmentManager 提供了一个 findFragmentById()的方法，专门用于从布局文件中获取 Fragment 实例。该方法有一个参数，它代表 Fragment 在 Activty 布局中的 id。例如，在布局文件中指定 SecondFragment 的 id 为 R.id.second_fragment，这时就可以使用 getFragmentManager().findFragmentById(R.id.second_fragment)方法得到 SecondFragment 的实例。

为了更好理解，下面通过一段代码讲解，具体的代码如下所示：

```
SecondFragment second_frag = (SecondFragment) getFragmentManager()
.findRagmentById(R.id.second_fragmnet);
```

以上就是在 Activity 中获取 Fragment 实例的代码。

- 在 Fragment 中获取 Activity 实例。

在 Fragment 中获取 Activity 实例对象，可以通过在 Fragment 中调用 getActivity()方法来获取到与当前 Fragment 相关联的 Activity 实例对象。例如在 MainActivity 中添加了 SecondFragment，那么就可以通过在 Fragment 中调用 getActivity()来获取 MainActivity 实例对象。具体的代码如下所示：

```
MainActivity main = (MainActivity)getActivity();
```

获取到 Activity 中的实例以后，就可以调用该 Activity 中的方法了。当 Fragment 需要使用 Context 对象时，也可以使用该方法。

以上就是在 Activty 中获取 Fragment 实例和在 Fragment 中获取 Activity 实例对象的具体代码。接下来将通过具体的例子来讲解两者之间的通信方式。

为了更好地掌握 Fragment 与 Activity 之间的通信，接下来介绍一个左边显示新闻标题，右边展示单击新闻标题以后出现新闻的具体内容的例子，具体的操作步骤如下所示。

1. 创建新闻展示项目

首先创建新闻展示项目，然后修改 activity_main.xml 中的布局代码，因为需要展示标题和对应的内容，所以需要添加两个 FrameLayout，后边将会被 Fragment 所代替。具体如下所示：

```
<?xml version = "1.0" encoding = "utf - 8"?>
<LinearLayout xmlns:android = "http://schemas.android.com/apk/res/android"
    xmlns:app = "http://schemas.android.com/apk/res - auto"
    xmlns:tools = "http://schemas.android.com/tools"
    android:layout_width = "match_parent"
    android:layout_height = "match_parent"
    tools:context = "com.jxust.cn.chapter5_news.MainActivity"
    android:orientation = "horizontal">
    <! -- 标题 -->
    <FrameLayout
        android:id = "@ + id/settitle"
        android:layout_width = "0dp"
        android:layout_weight = "1"
        android:layout_height = "match_parent">
    </FrameLayout>
    <! -- 内容 -->
    <FrameLayout
        android:id = "@ + id/setcontent"
        android:layout_width = "0dp"
        android:layout_weight = "2"
        android:layout_height = "match_parent">
    </FrameLayout>
</LinearLayout>
```

2. 创建两个 Fragment 布局文件

由于需要实现在一个 Activity 中展示两个 Fragment，因此需要创建相应的 Fragment 的布局。用来展示新闻标题的布局文件 title_layout.xml 代码如下：

```
<?xml version = "1.0" encoding = "utf - 8"?>
<LinearLayout xmlns:android = "http://schemas.android.com/apk/res/android"
    android:layout_width = "match_parent"
```

```
    android:layout_height = "match_parent">
    <! -- 用来展示新闻标题列表 -- >
    < ListView
        android:id = "@ + id/titlelist"
        android:layout_width = "match_parent"
        android:layout_height = "wrap_content">
    </ListView >
</LinearLayout >
```

用来展示右边标题和内容的布局文件 content_layout. xml 代码如下：

```
<?xml version = "1.0" encoding = "utf - 8"?>
< LinearLayout xmlns:android = "http://schemas.android.com/apk/res/android"
    android:layout_width = "match_parent"
    android:layout_height = "match_parent"
    android:orientation = "vertical">
    < TextView
        android:id = "@ + id/show_title"
        android:layout_width = "match_parent"
        android:layout_height = "wrap_content"
        android:textSize = "20sp"
        android:text = "显示新闻标题" />
    < TextView
        android:id = "@ + id/show_content"
        android:layout_width = "match_parent"
        android:layout_marginTop = "20dp"
        android:layout_height = "wrap_content"
        android:textSize = "16sp"
        android:text = "显示新闻内容" />
</LinearLayout >
```

3. 创建 ListView 中每一项的内容布局

由于左边的新闻标题采用了 ListView，因此需要创建一个显示 ListView 中每一项的布局文件，title_item_layout. xml 文件的代码如下所示：

```
< TextView
    android:id = "@ + id/titles"
    android:layout_width = "wrap_content"
    android:layout_height = "wrap_content"
    android:textSize = "16sp"/>
```

4. 创建显示标题的 Fragment 类文件

创建一个 setTitleFragment 类文件(继承自 Fragment 类)，用来显示左边的新闻标题，具体的代码如下所示：

```
import android.support.v4.app.Fragment;
import android.view.LayoutInflater;
import android.view.View;
import android.view.ViewGroup;
import android.widget.AdapterView;
import android.widget.BaseAdapter;
import android.widget.ListView;
import android.widget.TextView;
public class setTitleFragment extends Fragment {
    private View view;
    private String[] title;
    private String[][] contents;
    private ListView listView;
    public View onCreateView(LayoutInflater inflater, final ViewGroup container, Bundle
savedInstanceState){
        view = inflater.inflate(R.layout.title_layout,container,false);
        //获取 Activty 实例对象
        MainActivity activity = (MainActivity)getActivity();
        //获取 Activty 中的标题
        title = activity.getTilte();
        //获取 Activty 中的标题和内容
        contents = activity.getSettingText();
        if (view!= null){
            init();
        }
        //为 listview 添加监听
        listView.setOnItemClickListener(new AdapterView.OnItemClickListener() {
            @Override
            public void onItemClick(AdapterView<?> adapterView, View view, int i, long l) {
                //通过 activity 实例获取另一个 Fragment 对象
                    setContentFragment content = (setContentFragment) ((MainActivity)
getActivity()).getSupportFragmentManager().findFragmentById(R.id.setcontent);
                content.setText(contents[i]);
            }
        });
        return view;
    }
    private void init() {
        listView = (ListView)view.findViewById(R.id.titlelist);
        if (title!= null){
            listView.setAdapter(new MyAdapter());
        }
    }
    //适配器
    class MyAdapter extends BaseAdapter{
        @Override
        public int getCount() {
```

```
            return title.length;
        }
        @Override
        public Object getItem(int i) {
            return title[i];
        }
        @Override
        public long getItemId(int i) {
            return i;
        }
        @Override
        public View getView(int i, View view, ViewGroup viewGroup) {
            view = View.inflate(getActivity(),R.layout.title_item_layout,null);
            TextView titletext = (TextView)view.findViewById(R.id.titles);
            titletext.setText(title[i]);
            return view;
        }
    }
}
```

5. 创建显示标题和内容的 Fragment 类文件

创建一个类 setContentFragment(继承自 Fragment 类),然后编写相应的逻辑代码,用来显示左边单击以后出现的内容,具体代码如下所示:

```
package com.jxust.cn.chapter5_news;
import android.app.Activity;
import android.os.Bundle;
import android.support.v4.app.Fragment;
import android.view.LayoutInflater;
import android.view.View;
import android.view.ViewGroup;
import android.widget.TextView;
public class setContentFragment extends Fragment {
    private View view;
    private TextView text1,text2;
    public void onAttach(Activity activity){
        super.onAttach(activity);
    }
     public  View  onCreateView ( LayoutInflater  inflater,  ViewGroup  container,  Bundle
savedInstanceState){
        //获取布局文件
        view = inflater.inflate(R.layout.content_layout,container,false);
        if (view!= null){
            init();
        }
        //获取 activity 中设置的文字
        setText(((MainActivity)getActivity()).getSettingText()[0]);
        return view;
    }
```

```
    private void init() {
        text1 = (TextView)view.findViewById(R.id.show_title);
        text2 = (TextView)view.findViewById(R.id.show_content);
    }
    public void setText(String[] text) {
        text1.setText(text[0]);
        text2.setText(text[1]);
    }
}
```

6. 编写 MainActivity 中的代码

编写好两个 Fragment 类的代码以后，就需要在 MainActivity 中添加，具体的代码如下所示：

```
import android.support.v4.app.FragmentActivity;
import android.os.Bundle;
public class MainActivity extends FragmentActivity {
    //设置标题
    private String tilte[] = {"标题一","标题二","标题三"};
    private String settingText[][] = {{"标题一","标题一的内容"},{"标题二","标题二的内
容"},{"标题三","标题三的内容"}};
    //获取标题数组的方法
    public String[] getTilte(){
        return tilte;
    }
    //获取标题和内容
    public String[][] getSettingText(){
        return settingText;
    }
    @Override
    protected void onCreate(Bundle savedInstanceState) {
        super.onCreate(savedInstanceState);
        setContentView(R.layout.activity_main);
        //创建 Fragment
        setTitleFragment TitleFragment = new setTitleFragment();
       setContentFragment ContentFragment = new setContentFragment();
        //获取事物
android.support.v4.app.FragmentManager fragmentManager
 = getSupportFragmentManager();
android.support.v4.app.FragmentTransaction transaction
 = fragmentManager.beginTransaction();
        //添加 Fragment
        transaction.replace(R.id.settitle,TitleFragment);
        transaction.replace(R.id.setcontent,ContentFragment);
        //提交事物
        transaction.commit();
    }
}
```

7. 测试运行

以上就是 Activity 与 Fragment 之间的通信过程。上述代码实现了如图 5-5 所示的界面。

图 5-5 Fragment 与 Activity 通信案例图

从图 5-5 可以看出，当单击屏幕左侧的标题以后，右侧的界面也会跟着显示对应的标题和内容，这就说明了本实例实现了 Activity 与 Fragment 之间的通信以及 Fragment 与 Fragment 之间的通信。需要开发者熟练掌握。

5.5 本章小结

本章主要讲解了 Fragment 的概念、生命周期、Fragment 与 Activity 之间的通信方式、以及 Fragment 和 Fragment 之间的通信方式，这些知识在平板电脑开发或者考虑到屏幕兼容性开发中经常使用，需要开发者熟练掌握并应用到实际的项目中。

5.6 课后习题

1. 说明 Fragment 的生命周期。
2. 对于 Android 的两种事件处理机制，分别写一个案例测试，了解其执行过程。
3. 实现一个类似于 5.4 节 Fragment 与 Activity 之间通信的例子。

第6章

Android数据存储

学习目标

- 了解数据存储方式的特点。
- 掌握 XML 文件、文件存储、SharedPreferences 的使用。
- 掌握 SQLite 数据库的使用。
- 掌握 JSON 类型的数据使用。

在 Android 开发中，大多数应用程序都需要存储一些数据，例如用户信息的保存、商品信息的展示、图片的存储等。Android 中的数据存储方式有文件存储、SharedPreferences、SQLite 数据库、网络存储、ContentProvider 5 种。文件存储中要掌握 XML 类型的数据存储结构，因为 XML 类型的数据存储结构清晰、应用广泛，所以需要重点掌握。本章将对文件存储、XML 的序列化与解析、SharedPreferences、SQLite 数据库以及 JSON 类型的数据结构进行详细的讲解。

6.1 数据存储方式简介

视频讲解

Android 中的 5 种数据存储方式有不同的特点，接下来将详细介绍这 5 种数据存储方式的特点。

文件存储：把要存储的文件，如音乐、图片等以 I/O 流的形式存储在手机内存或者 SD 卡中。

SharedPreferences：它和 XML 文件存储的类型相似，都是以键值对的形式存储数据，常用这种方式存储用户登录时的用户名和密码等信息。

SQLite 数据库：SQLite 是一个软件库，它实现了自给自足的、无服务器的、零配置的、事务性的 SQL 数据库引擎。SQLite 是世界上部署最广泛的 SQL 数据库引擎。它是一个轻量级、跨平台的数据库，通常用于存储用户的信息等。

网络存储：把数据存储到服务器中，使用的时候可以连接网络，然后从网络上获取信息,这就保证了信息的安全性等。

ContentProvider：ContentProvider(内容提供者)是Android中的四大组件之一。主要用于对外共享数据,也就是通过ContentProvider把应用中的数据共享给其他应用访问,其他应用可以通过ContentProvider对指定应用中的数据进行操作。ContentProvider分为系统的和自定义的,系统的ContentProvider也就是例如联系人、相册等数据。

以上就是Android的5种数据存储方式简介,需要注意的是,如果需要把数据共享给其他的应用程序使用,可以使用文件存储、SharedPreferences、ContentProvider方式,一般使用ContentProvider更好。

6.2 文件存储

6.2.1 文件存储简介

Android中的文件存储与Java中的文件存储类似,都是以I/O流的形式把数据存储到文件中;不同点在于Android中的文件存储分为外部存储和内部存储两种,接下来将详细介绍这两种方式。

1. 外部存储

外部存储就是指把文件存储到一些外部设备上,例如SD卡、设备内的存储卡等,属于永久性存储方式。使用这种类型存储的文件可以共享给其他的应用程序使用,也可以被删除、修改、查看等,它不是一种安全的存储方式。

由于外部存储方式一般存放在外部设备里,所以在使用之前要先检查外围设备是否存在。在Android中使用Environment.getExternalStorageState()方法来查看外部设备是否存在,当外部设备存在时,就可以使用FileInputStream、FileReader、FileWriter对象来读写外部设备中的文件。

向外部设备存储文件的具体代码如下所示:

```
//检查外部设备是否存在
        String environment = Environment.getExternalStorageState();
        if(Environment.MEDIA_MOUNTED.equals(environment)) {
            //外部设备可以进行读写操作
            File sd_path = Environment.getExternalStorageDirectory();
            File file = new File(sd_path,"test.txt");
            String str = "Android";
            FileOutputStream fi_out;
            try{
                //写入数据
                fi_out = new FileOutputStream(file);
                fi_out.write(str.getBytes());
                fi_out.close();
            }
            catch(Exception exception){
                exception.printStackTrace();
            }
        }
```

上述代码实现了向 SD 卡中的 test. txt 文件中存储一个字符串信息。首先使用了 Environment. getExternalStorageState ( ) 方法来检查是否存在外部设备，然后使用 Environment. getExternalStorageDirectory()获取 SD 卡的路径，由于不同的手机上 SD 卡的路径可能不同，使用这种方式可避免把路径写死而出现找不到路径的错误。

从外部设备读取文件的代码如下所示：

```
//检查外部设备是否存在
String environment = Environment.getExternalStorageState();
    if(Environment.MEDIA_MOUNTED.equals(environment)) {
        //外部设备可以进行读写操作
        File sd_path = Environment.getExternalStorageDirectory();
        File file = new File(sd_path,"test.txt");
        FileInputStream fi_input;
        try{
            //读取文件
            fi_input = new FileInputStream(file);
            BufferedReader buff_read = new BufferedReader(
            new InputStreamReader(fi_input));
            String str = buff_read.readLine();
            fi_input.close();
        }
        catch(Exception exception){
            exception.printStackTrace();
        }
    }
```

上述代码实现了从 test. txt 中读取数据的功能，同样需要先检查外部设备是否存在，然后再进行读取操作。

Android 为了保证应用程序的安全性，无论是读取还是写入操作，都需要添加权限，否则程序将会出错。在 AndroidManifest. xml 文件中添加如下所示的权限代码：

```
<! -- 向 sdcard 中写入数据的权限 -->
< uses - permission android:name = "android.permission.WRITE_EXTERNAL_STORAGE" />
<!—从 sdcard 中读取数据的权限 -->
< uses - permission android:name = "android.permission. READ_EXTERNAL_STORAGE " />
```

添加完上述代码以后，程序就可以操作 SD 卡中的数据了。

2. 内部存储

内部存储是指将应用程序的数据以文件的形式存储在应用程序的目录下(data/data/ < packagename/files/目录下>)，这个文件属于该应用程序私有，如果其他应用程序想要操作本应用程序的文件，就需要设置权限。内部存储的文件随着应用程序的卸载而删除，随着应用程序的生成而创建。

内部存储方式使用的是 Context 提供的 openFileOutput()方法和 openFileInput()方法，通过这两个方法获取 FileOutputStream 对象和 FileInputStream 对象的代码如下所示：

```
FileOutputStream openFileOutput(String name, int mode);
FileInputStream openFileInput(String name);
```

上述代码中，openFileOutput（）方法用于打开输出流，将数据存储到文件中；openFileInput()方法用于打开输入流读取文件数据。参数 name 代表文件名，mode 表示文件的操作权限，它有以下几种取值：

MODE_PRIVATE——默认的操作权限，只能被当前应用程序所读写。

MODE_APPEND——可以添加文件的内容。

MODE_WORLD_READABLE——可以被其他程序所读取，安全性较低。

MODE_WORLD_WRITEABLE——可以被其他的程序所写入，安全性低。

内部存储方式存储数据的具体操作代码如下所示：

```
        //文件名称
        String file_name = "test.txt";
        //写入文件的数据
        String str = "Android";
        FileOutputStream fi_out
        try{
            fi_out = openFileOutput (file_name,MODE_PRIVATE);
          fi_out.write(str.getBytes());
         fi_out.close();
        }
        catch(Exception exception){
            exception.printStackTrace();
        }
    }
```

上述代码通过创建 FileOutputStream 对象实现了向 test.txt 中写入"Android"字符串的功能。

内部存储方式读取数据的具体操作代码如下所示：

```
        //文件名称
        String file_name = "test.txt";
        //保存读取的数据
        String str = "";
        FileInputStream fi_in;
        try{
            fi_in = openFileInput(file_name);
            //fi_in.available()返回的实际可读字节数
            byte[] buffer = new byte[fi_in.available()];
            fi_in.read(buffer);
            str = new String(buffer);
        }
        catch(Exception exception){
            exception.printStackTrace();
        }
    }
```

上述代码通过 openFileInput()方法获取文件输入流对象，然后将存储在缓冲区 buffer 的数据赋值给字符串 str 变量。

6.2.2 使用文件存储用户注册信息

6.2.1 节讲述了文件存储的内部存储和外部存储两种方式如何操作，接下来将通过一个使用文件存储用户注册信息的案例讲解文件存储的使用过程。

1. 首先创建一个 chapter6_File 的 Android 项目

创建完成以后，修改布局文件的内容，设计如图 6-1 所示的用户界面。

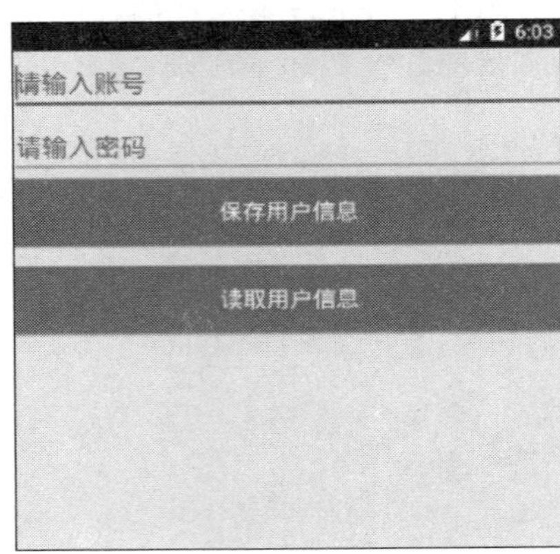

图 6-1 用户界面

实现上述界面的布局文件 activity_main 的代码如下所示：

```
<?xml version = "1.0" encoding = "utf - 8"?>
< LinearLayout xmlns:android = "http://schemas.android.com/apk/res/android"
    xmlns:app = "http://schemas.android.com/apk/res - auto"
    xmlns:tools = "http://schemas.android.com/tools"
    android:layout_width = "match_parent"
    android:layout_height = "match_parent"
    tools:context = "com.jxust.cn.chapter6_file.MainActivity"
    android:orientation = "vertical">
    < EditText
        android:id = "@ + id/zhanghao"
        android:layout_width = "match_parent"
        android:layout_height = "wrap_content"
        android:hint = "请输入账号"/>
    < EditText
        android:id = "@ + id/paswd"
        android:layout_width = "match_parent"
        android:layout_height = "wrap_content"
        android:inputType = "numberPassword"
        android:hint = "请输入密码"/>
    < Button
        android:id = "@ + id/save_mes"
        android:layout_width = "match_parent"
        android:layout_height = "wrap_content"
        android:background = " # 5CACEE"
```

```
            android:textColor = "#FFFFFF"
            android:textSize = "16sp"
            android:text = "保存用户信息"/>
        <Button
            android:id = "@ + id/show_mes"
            android:layout_width = "match_parent"
            android:layout_height = "wrap_content"
            android:layout_marginTop = "15dp"
            android:background = "#5CACEE"
            android:textColor = "#FFFFFF"
            android:textSize = "16sp"
            android:text = "读取用户信息"/>
</LinearLayout>
```

上述界面中定义了两个 EditText 用来输入用户的账号和密码，定义了两个按钮用来保存输入的信息和读取保存到文件中的信息。

2. 编写 MainActivity 中的代码，实现保存和读取功能

上述界面设计完成以后，接下来就需要在 MainActivity 中初始化上述布局的组件，然后为按钮添加监听以实现用户信息的保存和读取，具体代码如下所示：

```
public class MainActivity extends Activity implements View.OnClickListener {
    public EditText username,paswd;
    public Button save, show;
    @Override
    protected void onCreate(Bundle savedInstanceState) {
        super.onCreate(savedInstanceState);
        setContentView(R.layout.activity_main);
        init();
    }
    //组件初始化方法
    public void init(){
        username = (EditText)findViewById(R.id.zhanghao);
        paswd = (EditText)findViewById(R.id.paswd);
        save = (Button)findViewById(R.id.save_mes);
        show = (Button)findViewById(R.id.show_mes);
        //为按钮添加监听
        save.setOnClickListener(this);
        show.setOnClickListener(this);
    }
    @Override
    public void onClick(View view) {
        switch (view.getId()){
            case R.id.save_mes:
                //获取输入的账号和密码
                String user_str = username.getText().toString();
                String paswd_str = paswd.getText().toString();
```

```
                String user_mes = "用户名为：" + user_str + "\n" + "密码为" + paswd_str;
                FileOutputStream fi_out;
                try {
                    //保存输入的数据
                fi_out = openFileOutput("user_mes.txt",MODE_PRIVATE);
                    fi_out.write(user_mes.getBytes());
                    fi_out.close();
                }catch (Exception e){
                    e.printStackTrace();
                }
                Toast.makeText(this,"用户信息已保存",Toast.LENGTH_SHORT).show();
                break;
            case R.id.show_mes:
                //存储读取到的信息
                String mes = "";
                try {
                    FileInputStream fi_input;
                    fi_input = openFileInput("user_mes.txt");
                    byte[] buffer = new byte[fi_input.available()];
                    fi_input.read(buffer);
                    mes = new String(buffer);
                    fi_input.close();
                }catch (Exception e){
                    e.printStackTrace();
                }
                Toast.makeText(this,mes,Toast.LENGTH_SHORT).show();
                break;
            default:
                break;
        }
    }
}
```

上述代码把用户输入的账号和密码保存到 user_mes.txt 文件，并且实现了从文件中读取并且显示的功能，重点在于对按钮监听事件的处理。

3. 程序运行

完成了布局文件和 MainActivity 代码的编写以后，运行程序，单击"保存用户信息"按钮就会把用户信息保存到 user_mes.txt 文件中，并且提示用户保存成功；单击"读取用户信息"按钮就会从 user_mes.txt 文件中读取保存的信息，然后通过 Toast 的形式显示出来。具体的实现如图 6-2 和图 6-3 所示。

4. 查看 user_mes.txt 文件是否存在

为了确定上述代码是否产生了 user_mes.txt 文件，可以在 data/data/目录下查找。在 Android Studio 中查看文件的操作如下所示。

- 单击 Tools→Android→Android Device Monitor 命令，找到运行的模拟器，如图 6-4 所示。

图 6-2 保存用户信息

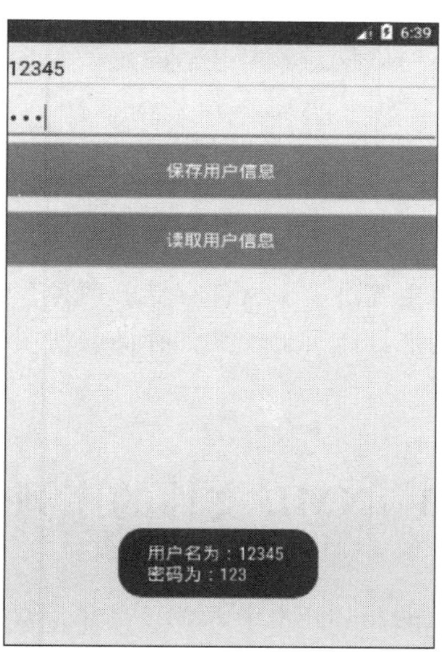

图 6-3 读取用户信息

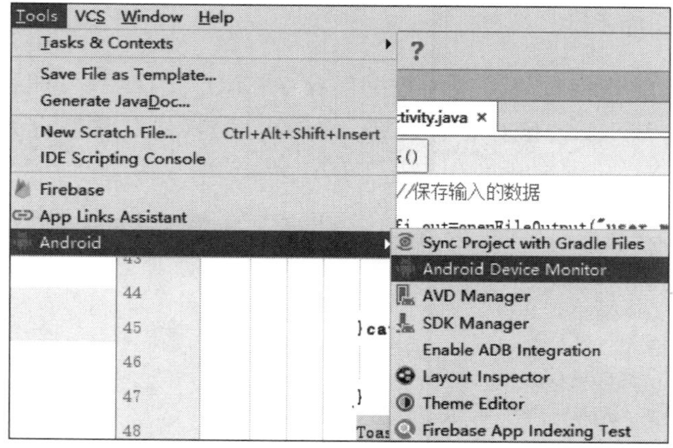

图 6-4 打开 Android 模拟器

• 打开 File Explorer，然后查找文件，如图 6-5 所示。

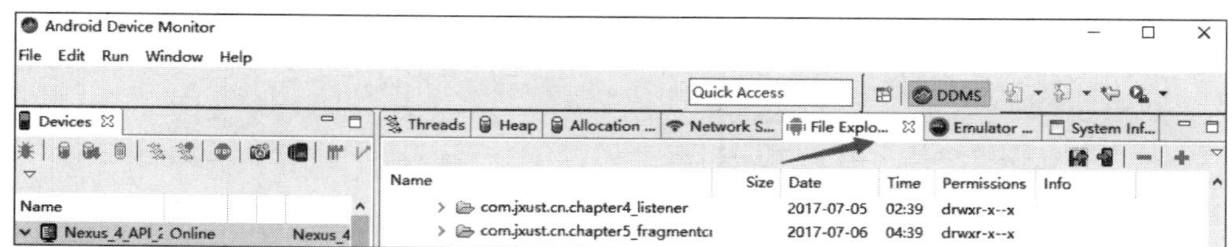

图 6-5 打开 File Explorer

• 打开 data/data/com.jxust.cn.chapter6_file/files/目录，可以看到生成了一个名为 user_mes.txt 的文件，这就说明上述代码成功实现了文件保存用户名的功能，如图 6-6 所示。

∨ com.jxust.cn.chapter6_file		2017-07-10	06:27	drwxr-x--x	
> cache		2017-07-10	05:59	drwxrwx--x	
∨ files		2017-07-10	06:27	drwxrwx--x	
user_mes.txt	36	2017-07-10	06:38	-rw-rw----	
lib		2017-07-10	05:59	lrwxrwxrwx	-> /data/a...

图 6-6　查看文件

上面主要讲解了文件存储的两种存储方式，通过一个使用文件存储的方式保存用户信息的案例来具体讲解了文件存储的使用。核心就是使用 I/O 流进行读写操作，需要开发者熟练掌握。

6.3　XML 文件的序列化与解析

视频讲解

在 Android 开发中，XML 是非常常用的一种封装数据的形式，从服务器中获取的数据也经常是这种形式的，所以学会生成和解析 XML 是非常有用的，接下来就对这两个知识点进行详细介绍。

6.3.1　XML 序列化

XML 的序列化就是将对象类型的数据保存在 XML 文件中，又叫持久化。要将数据序列化，首先要创建与该 XML 相对应的 XML 文件生成器，然后将要存入的对象类型的数据转换为 XML 文件，XML 序列化的代码如下所示：

```
// xml 文件生成器
  XmlSerializer serializer = Xml.newSerializer();
  FileOutputStream fos = null;
//设置文件编码格式
  serializer.setOutput(fos, "utf-8");
// 开始文档,参数分别为字符编码和是否保持独立
  serializer.startDocument("utf-8",true);
  serializer.startTag(null, "persons");              // 开始标签
  for (Person person : list) {
      serializer.startTag(null, "person");
      serializer.attribute(null, "id", person.getId() + "");
      serializer.startTag(null, "name");             // 开始标签
      serializer.text(person.getName());             // 文本内容
      serializer.endTag(null, "name");               // 结束标签
      serializer.endTag(null, "person");
  }
  serializer.endTag(null, "persons");                // 结束标签
  serializer.endDocument();                          // 结束 xml 文档
```

上述代码通过 XmlSerializer 对象可以设置 XML 文件的编码格式，然后向文件写入 XML 文件的开始标志“<? xml version="1.0" encoding="utf-8"? >”代码。接着通过设置开始节点、开始标签、添加内容、结束标签、结束节点完成 XML 文件的生成。下面通过一

个保存用户信息的案例来讲解 XML 文件的序列化。

6.3.2 XML 序列化实例

6.3.1 节简单介绍了 XML 文件序列化的步骤，接下来将通过一个具体的实例——保存用户登录的信息，来讲解 XML 文件序列化的使用，具体的步骤如下。

1. 修改 activity_main.xml 布局文件的代码

修改 activity_main.xml 布局文件的代码，实现如图 6-7 所示的界面。activity_main.xml 的布局代码如下所示：

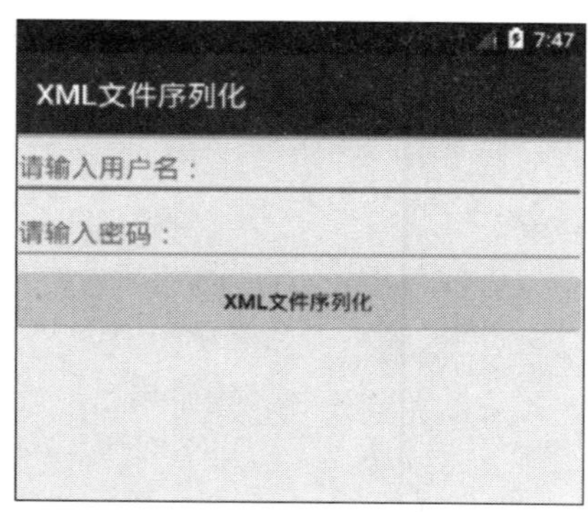

图 6-7 “XML 文件序列化”界面

```
<?xml version = "1.0" encoding = "utf - 8"?>
< LinearLayout xmlns:android = "http://schemas.android.com/apk/res/android"
    xmlns:app = "http://schemas.android.com/apk/res - auto"
    xmlns:tools = "http://schemas.android.com/tools"
    android:layout_width = "match_parent"
    android:layout_height = "match_parent"
    tools:context = "com.jxust.cn.chapter6_xml.MainActivity"
    android:orientation = "vertical">
    < EditText
        android:id = "@ + id/username"
        android:layout_width = "match_parent"
        android:layout_height = "wrap_content"
        android:hint = "请输入用户名: "/>
    < EditText
        android:id = "@ + id/paswd"
        android:layout_width = "match_parent"
        android:layout_height = "wrap_content"
        android:inputType = "numberPassword"
        android:hint = "请输入密码: "/>
    < Button
        android:id = "@ + id/button"
        android:layout_width = "match_parent"
        android:layout_height = "wrap_content"
        android:text = "XML 文件序列化" />
</LinearLayout >
```

2. 创建 Person 类

创建与 XML 文件对应的 Person 类，该类封装了用户的两个属性，用户名和密码，具体的代码如下所示：

```
public class Person {
    private String username;
    private String paswd;
    public Person(String username, String paswd) {
        this.username = username;
        this.paswd = paswd;
    }
    public void setUsername(String username) {
        this.username = username;
    }
    public String getUsername() {
        return username;
    }
    public void setPaswd(String paswd) {
        this.paswd = paswd;
    }
    public String getPaswd() {
        return paswd;
    }
    @Override
    public String toString() {
        return "Person{" + "username='" + username + '\'' + ", paswd='" + paswd + '\'' +
'}';
    }
}
```

3. 编写 MainActivity 代码

编写 MainActivity 代码，为按钮添加监听事件，单击"XML 文件序列化"按钮以后，将数据保存到 SD 卡中的 person_mes.xml 文件中。具体的代码如下所示：

```
public class MainActivity extends AppCompatActivity implements View.OnClickListener {
    private EditText username,paswd;
    private Button button;
    @Override
    protected void onCreate(Bundle savedInstanceState) {
        super.onCreate(savedInstanceState);
        setContentView(R.layout.activity_main);
        init();
    }
    //组件初始化方法
    public void init(){
        username = (EditText)findViewById(R.id.username);
        paswd = (EditText)findViewById(R.id.paswd);
        button = (Button)findViewById(R.id.button);
```

```
            button.setOnClickListener(this);
        }
        @Override
        public void onClick(View view) {
            switch (view.getId()){
                case R.id.button:
                    //XML文件序列化操作
                    //取得输入的数据
                    String name_str = username.getText().toString();
                    String paswd_str = paswd.getText().toString();
                    //创建Person对象
                    Person person = new Person(name_str,paswd_str);
                    //将Person对象保存为XML格式
                    try{
                        //XML文件生成器
                       XmlSerializer serializer =  Xml.newSerializer();
            File file = new File(Environment.getExternalStorageDirectory(),
                            "person_mes.xml");
            FileOutputStream fi_out = new FileOutputStream(file);
                        serializer.setOutput(fi_out,"UTF-8");
                        serializer.startDocument("UTF-8",true);
                        serializer.startTag(null,"persons");
                        serializer.startTag(null,"person");
                        //将Person对象的用户名属性写入
                        serializer.startTag(null,"name");
                        serializer.text(person.getUsername());
                        serializer.endTag(null,"name");
                        //将Person对象的密码写入
                        serializer.startTag(null,"password");
                        serializer.text(person.getPaswd());
                        serializer.endTag(null,"password");
                        //结束标签
                        serializer.endTag(null,"person");
                        serializer.endTag(null,"persons");
                        serializer.endDocument();
                        serializer.flush();
                        fi_out.close();
        Toast.makeText(this,"XML序列化成功!",Toast.LENGTH_SHORT).show();
                    }catch (Exception e){
                        e.printStackTrace();
        Toast.makeText(this,"XML序列化失败!",Toast.LENGTH_SHORT).show();
                    }
                    break;
                default:
                    break;
            }
        }
    }
```

4. 添加权限

由于上述代码实现的是将数据保存到 SD 卡中的 person_mes.xml 文件中，所以需要添加权限才能使用。具体的代码如下所示：

```
<uses-permission android:name="android.permission.WRITE_EXTERNAL_STORAGE" />
```

5. 运行程序

在完成了代码的编写和权限的添加以后，就可以运行程序。在用户界面输入用户的账号和密码，然后单击“XML 文件序列化”按钮，出现如图 6-8 所示的界面，表明程序成功实现了用户注册信息的序列化。

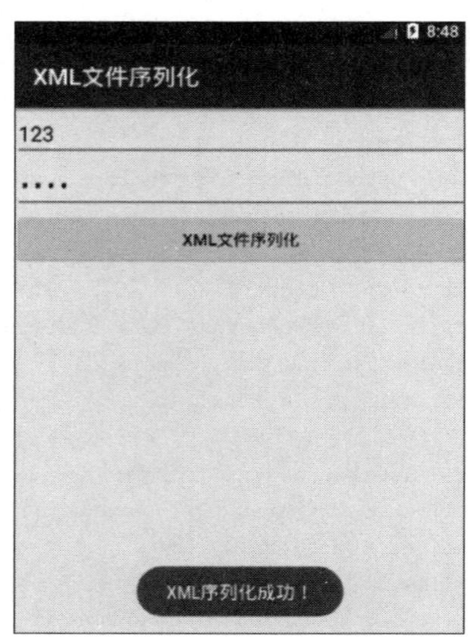

图 6-8　XML 文件序列化

6. 检查 person_mes.xml 文件是否生成

打开 File Explorer 视图，然后找到 SD 卡目录，person_mes.xml 文件就在 mnt/media_rw/sdcard/目录下，如图 6-9 所示。

Name	Size	Date	Time	Permissions
mnt		2017-07-10	08:48	drwxrwxr-x
asec		2017-07-10	08:48	drwxr-xr-x
media_rw		2017-07-10	08:48	drwx------
sdcard		1970-01-01	00:00	drwxrwx---
Alarms		2017-06-21	08:21	drwxrwx---
Android		2017-06-21	08:21	drwxrwx---
DCIM		2017-06-29	10:00	drwxrwx---
Download		2017-06-21	08:21	drwxrwx---
LOST.DIR		2017-06-21	08:21	drwxrwx---
Movies		2017-06-21	08:21	drwxrwx---
Music		2017-06-21	08:21	drwxrwx---
Notifications		2017-06-21	08:21	drwxrwx---
Pictures		2017-06-21	08:21	drwxrwx---
Podcasts		2017-06-21	08:21	drwxrwx---
Ringtones		2017-06-21	08:21	drwxrwx---
person_mes.xml	133	2017-07-10	08:48	-rwxrwx---

图 6-9　SD 卡目录

7. 导出 person_mes. xml 文件

单击 按钮将 person_mes. xml 文件导出到桌面上，查看内容是否与输入的一致，具体的内容如下所示：

```
<?xml version = "1.0" encoding = "UTF - 8" standalone = "true"?>
<persons>
  <person>
    <name>123</name>
    <password>1213</password>
  </person>
</persons>
```

出现上述的内容就说明 XML 序列化成功，需要注意的是，在使用 XML 序列化时，要注意节点的开始和结束、标签的开始和结束、字符的编码等。本节内容需要熟练掌握，因为使用的是类似于键值对的形式，所以在保存用户信息时经常使用。

6.3.3 XML 文件解析

视频讲解

在使用 XML 文档中的数据时，首先需要解析 XML 文档。通常解析 XML 文档有 3 种方式，分别是 DOM 解析、SAX 解析、PULL 解析。接下来将详细介绍这 3 种方式。

1. DOM 解析

DOM 即 Document Object Model，文档对象模型。在应用程序中，基于 DOM 的 XML 分析器将一个 XML 文档转换成一个对象模型的集合(通常称 DOM 树)，应用程序通过对这个对象模型的操作，来实现对 XML 文档数据的操作。

通过 DOM 接口，应用程序可以在任何时候访问 XML 文档中的任意一部分数据，因此，这种利用 DOM 接口的机制也被称作随机访问机制。

由于 DOM 分析器把整个 XML 文档转化成 DOM 树放在了内存中，因此，当文档比较大或结构比较复杂时，对内存的需求就比较高。所以较小的 XML 文件可以采用这种方式解析，但较大的文件不建议采用这种方式来解析。

2. SAX 解析

SAX 即事件驱动型的 XML 解析方式。顺序读取 XML 文件，不需要一次全部装载整个文件。当遇到像文件开头、文档结束或者标签开头与标签结束时，会触发一个事件，用户通过在其回调事件中写入处理代码来处理 XML 文件，适合对 XML 的顺序访问，且是只读的。由于移动设备的内存资源有限，SAX 的顺序读取方式更适合移动开发。

3. PULL 解析

PULL 是 Android 内置的 XML 解析器。PULL 解析器的运行方式与 SAX 解析器相似，它提供了类似的事件，如：开始元素和结束元素事件，使用 parser. next()可以进入下一个元素并触发相应事件。事件将作为数值代码被发送，因此可以使用一个 switch 对感兴趣的事件进行处理。当元素开始解析时，调用 parser. nextText()方法可以获取下一个 Text 类型节点的值。

以上就是 XML 文件解析常用的 3 种方式，接下来将通过具体的案例讲解其中的一种——如何使用 PULL 解析 XML 文件。

6.3.4 XML 解析实例

在实际开发中,解析 XML 文件是常有的事,例如对保存的用户信息查看、天气预报信息展示等,所以掌握解析 XML 文件很重要。

使用 PULL 解析 XML 文档,首先要创建 XmlPullParser 解析器,通过该解析器提供的属性可以解析出 XML 文件中各个节点的内容。常用属性如下所示:

XmlPullParser. START_DOCUMENT——XML 文档的开始,如<? xml version="1. 0" encoding="utf-8"? >。

XmlPullParser. END_DOCUMENT——XML 文档的结束。

XmlPullParser. START_TAG——XML 的开始节点,如<. . >这种类型的。

XmlPullParser. END_TAG——XML 文档的结束节点,如<. . />这种类型的。

PULL 解析器的具体使用步骤如下所示:

(1) 调用 Xml. newPullParser()得到一个 XmlPullParser 对象。

(2) 通过 parser. getEventType()获取当前的事件类型。

(3) 通过 while 循环判断当前的事件类型是否为文档结束。

(4) 通过在 while 循环中使用 switch 判断是否为开始标签,如果是,就获得标签的内容。

接下来将通过一个使用 PULL 解析用户信息的例子讲解 XML 文件的解析。PULL 解析的具体步骤如下。

1. 放入需要解析的 XML 文件

在 App 目录下创建一个 assets 文件夹,存放解析的文件,如图 6-10 所示。

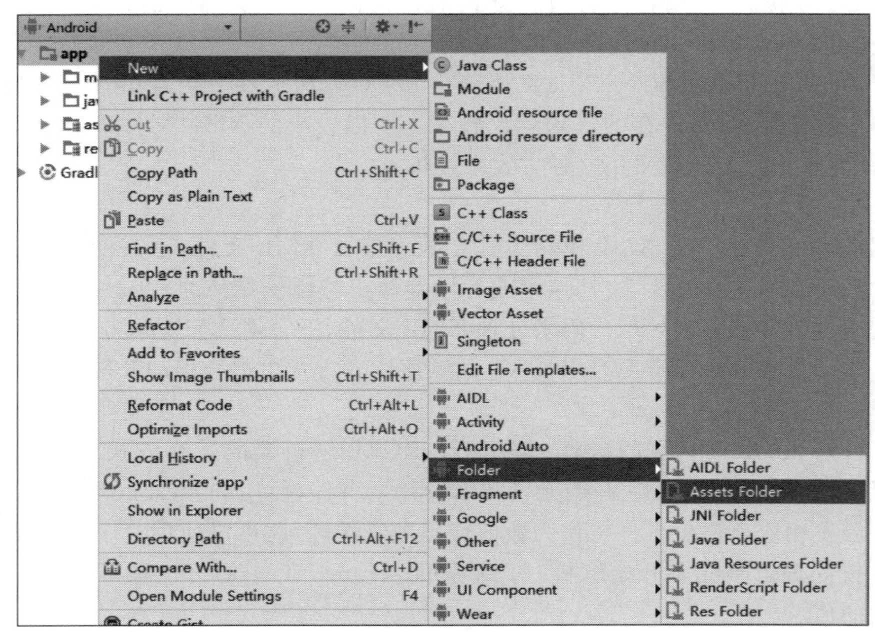

图 6-10　创建 assets 文件夹

把需要解析的 student. xml 文件放入 assets 文件夹下，student. xml 文件的具体代码如下所示：

```
<?xml version = "1.0" encoding = "utf - 8"?>
<persons>
    <person id = "1">
        <name>liming</name>
        <age>23</age>
    </person>
    <person id = "2">
        <name>zhangsan</name>
        <age>32</age>
    </person>
</persons>
```

2. 创建 Person 类

创建与上述 XML 文件中属性相对应的 Person 类，这个类封装了 id、姓名、年龄。Person 类的代码如下所示：

```
public class Person {
    private int id;
    private String name;
    private String age;
    public int getId() {
        return id;
    }
    public void setId(int id) {
        this.id = id;
    }
    public String getName() {
        return name;
    }
    public void setName(String name) {
        this.name = name;
    }
    public String getAge() {
        return age;
    }
    public void setAge(String age) {
        this.age = age;
    }
    @Override
    public String toString() {
        return "Person [id = " + id + ", name = " + name + ", age = " + age + "]";
    }
}
```

3. 创建 PersonService 类

为了更好地理解 PULL 解析 XML 文件的过程，特意采用将整个过程放在一个单独的类中，通过在 MainActivity 中调用而解析使用的方式。具体代码如下所示：

```
public class PersonService {
    public static List<Person> getPersons(InputStream xml) throws
    IOException, XmlPullParserException {
        List<Person> persons = null;
        Person person = null;
        XmlPullParser pullParser = Xml.newPullParser();
        try {
//为 PULL 解析器设置要解析的 XML 数据
            pullParser.setInput(xml,"UTF-8");
            int event = pullParser.getEventType();
            while(event!= XmlPullParser.END_DOCUMENT){
                switch (event) {
                    case XmlPullParser.START_DOCUMENT:
                        persons = new ArrayList<Person>();
                        break;
                    case XmlPullParser.START_TAG:
                        if("person".equals(pullParser.getName())){
         int id = new Integer(pullParser.getAttributeValue(0));
                            person = new Person();
                            person.setId(id);
                        }
                        if("name".equals(pullParser.getName())){
                            String name = pullParser.nextText();
                            person.setName(name);
                        }
                        if("age".equals(pullParser.getName())){
                            String age = pullParser.nextText();
                            person.setAge(age);
                        }
                        break;
                    case XmlPullParser.END_TAG:
                        if("person".equals(pullParser.getName())){
                            persons.add(person);
                            person = null;
                        }
                        break;
                }
                event = pullParser.next();
            }

        } catch (XmlPullParserException e) {
            e.printStackTrace();
        }
        return persons;
    }
}
```

在上述代码中，需要注意的是 event=pullParser.next()这一句代码，因为在 while 循环中，当一个节点的信息解析完以后，会继续解析下一个节点，只有 type 的类型为 END_DOCUMENT 时才会结束循环，因此要把 pullParser.next()取到的值赋给 event。

4. *修改 activity_main.xml 布局代码*

修改布局界面代码，布局中定义一个按钮"使用 PULL 解析 XML 文档"和一个文本区域，单击该按钮会在下方的文本区域显示解析到的内容。具体的代码如下所示：

```
<?xml version = "1.0" encoding = "utf - 8"?>
<LinearLayout xmlns:android = "http://schemas.android.com/apk/res/android"
    xmlns:app = "http://schemas.android.com/apk/res - auto"
    xmlns:tools = "http://schemas.android.com/tools"
    android:layout_width = "match_parent"
    android:layout_height = "match_parent"
    tools:context = "com.jxust.cn.chapter6_pullxml.MainActivity"
    android:orientation = "vertical">
    <Button
        android:id = "@ + id/pulls"
        android:layout_width = "match_parent"
        android:layout_height = "wrap_content"
        android:text = "使用 PULL 解析 xml 文档" />
    <TextView
        android:id = "@ + id/show_person"
        android:layout_marginLeft = "30dp"
        android:layout_marginTop = "50dp"
        android:layout_width = "wrap_content"
        android:layout_height = "wrap_content" />
</LinearLayout>
```

5. *修改 MainActivity 代码*

因为在布局界面中定义了按钮和文本区域，所以需要在 Activity 中初始化按钮，然后为其添加监听。具体的代码如下所示：

```
public class MainActivity extends Activity {
    private Button button;
    private TextView show_person;
    @Override
    protected void onCreate(Bundle savedInstanceState) {
        super.onCreate(savedInstanceState);
        setContentView(R.layout.activity_main);
        show_person = (TextView)findViewById(R.id.show_person);
        button = (Button)findViewById(R.id.pulls);
        button.setOnClickListener(new View.OnClickListener() {
            @Override
            public void onClick(View view) {
                InputStream xml = this.getClass().getClassLoader().getResourceAsStream(
                 "assets/person.xml");
                 List<Person> persons = null;
                 try {
```

```
                    persons = PersonService.getPersons(xml);
                } catch (IOException e) {
                    e.printStackTrace();
                } catch (XmlPullParserException e) {
                    e.printStackTrace();
                }
                for(Person person:persons){
                  show_person.setText(show_person.getText().toString() + "\n"
                    + person.toString());
                }
            }
        });
    }
}
```

上述代码中，通过“InputStream xml=this.getClass().getClassLoader().getResourceAsStream("assets/person.xml");”这句代码取得文件，之后文件读取流对象，然后把获取到的信息以 TextView 文本的信息显示出来。

6. 运行程序

完成编码以后，运行程序，出现如图 6-11 所示的界面。

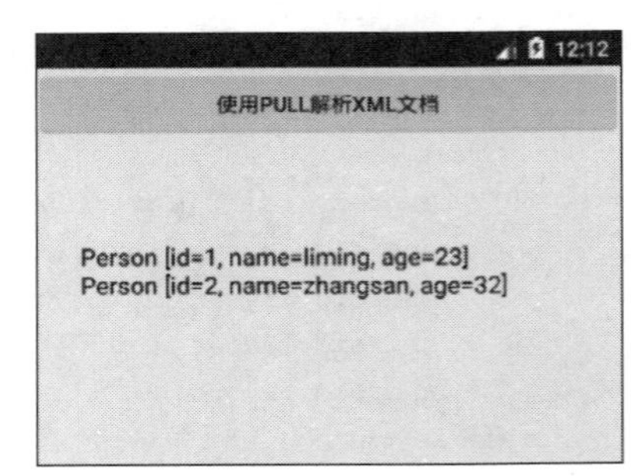

图 6-11 使用 PULL 解析 XML 文档

以上就是使用 PULL 解析 XML 文档的具体操作过程，由于 XML 文件经常使用在服务器与客户端的数据交互中，所以需要对 XML 文件的生成以及解析熟练掌握与应用。

6.4 SharedPreferences 的使用

视频讲解

6.4.1 SharedPreference 简介

SharedPreferences 类是一个轻量级的存储类，特别适合用于保存软件配置参数，例如用于登录时的用户名、密码、性别等参数。SharedPreferences 保存数据，其背后是用 XML 文件存放数据，文件存放在/data/data/< package name >/shared_prefs 目录下。

要使用 SharedPreferences，需要先了解以下几个方法。

context.getSharedPreferences(name,mode)：获取 SharedPreferences 的实例对象，方法的第一个参数用于指定该文件的名称，名称不用带后缀，后缀会由 Android 自动加上；方法的第二个参数指定文件的操作模式，共有 4 种操作模式。4 种操作模式分别为：

(1) MODE_APPEND——追加方式存储。

(2) MODE_PRIVATE——私有方式存储，其他应用无法访问。

(3) MODE_WORLD_READABLE——表示当前文件可以被其他应用读取。

(4) MODE_WORLD_WRITEABLE——表示当前文件可以被其他应用写入。

edit()方法：edit()方法获取 editor 对象，editor 存储对象采用键值对形式进行存放。

commit()方法：提交数据。

上面讲解了使用 SharedPreferences 中需要用到的方法，接下来将分别通过一段示例代码讲解如何使用 SharedPreferences 存储数据、读取数据以及删除数据。

1. 使用 SharedPreferences 存储数据

使用 SharedPreferences 存储数据时，首先需要获取 SharedPreferences 对象，然后通过该对象获取到 Editor 对象，最后调用 Editor 对象的相关方法存储数据。具体代码如下所示：

```
SharedPreferences sharedPreferences = getSharedPreferences("test",
Context.MODE_PRIVATE);                              //私有数据
Editor editor = sharedPreferences.edit(); //获取编辑器
editor.putString("name", "江西");                   //存入数据
editor.putString("history ","yejin" );
editor.commit();                                    //提交修改
```

2. 使用 SharedPreferences 读取数据

使用 SharedPreferences 读取数据时，代码写起来相对较少，只需要创建 SharedPreferences 对象，然后使用该对象从对应的 key 取值即可。具体的代码如下所示：

```
SharedPreferences sharedPreferences = context.getSharedPreferences();//获取实例对象
String name = sharedPreferences.getString("name");获取名字
Stringhistory = sharedPreferences.getString("history ");获取历史
```

3. 使用 SharedPreferences 删除数据

使用 SharedPreferences 删除数据时，首先需要获取到 Editor 对象，然后调用该对象的 remove()方法或者 clear()方法删除数据，最后提交。具体的代码如下所示：

```
SharedPreferences sharedPreferences = context.getSharedPreferences();  //获取实例对象
Editor editor = sharedPreferences.edit();                              //获取编辑器
editor.remove("name");删除一条数据
editor.clear();删除所有数据
editor.commit();                                                       //提交修改
```

以上就是使用 SharedPreferences 存储数据、删除数据以及读取数据的步骤。总结一下，就是在使用 SharedPreferences 存储数据和删除数据时需要使用 editor.commit()提交数据，取值时注意 key 的正确性即可。为了更好地学习 SharedPreferences 的使用，接下来将通过一个存储用户注册信息的例子来讲解。

6.4.2 使用 SharedPreferences 存储用户注册信息

6.4.1 节学习了 SharedPreferences 的简介以及存储数据、读取数据、删除数据的过程，下面将讲解如何使用 SharedPreferences 存储用户注册信息。

1. 创建用户注册信息的界面

首先需要设计用户注册的界面，修改 activity_main.xml 文件代码，实现如图 6-12 所示

的用户注册界面。

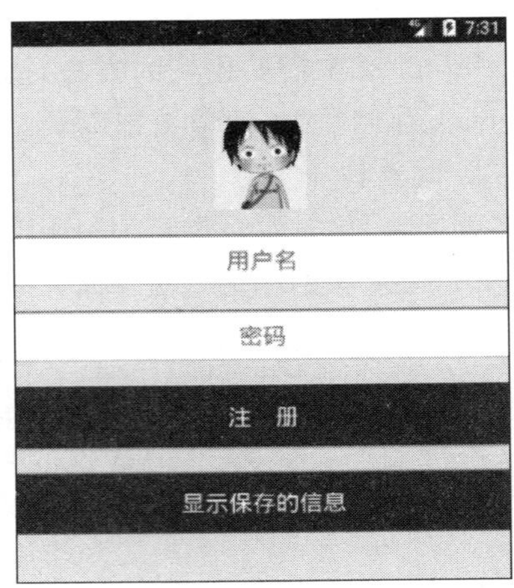

图 6-12 用户注册界面

上述界面采用了线性布局的方式，先设置了一个 ImageView 组件显示头像，然后放置了两个 EditText 和两个按钮，最后写了自定义样式的文件来设置 EditText 的样式。

activity_main.xml 文件的具体代码如下所示：

```
<?xml version="1.0" encoding="utf-8"?>
<LinearLayout xmlns:android="http://schemas.android.com/apk/res/android"
    xmlns:app="http://schemas.android.com/apk/res-auto"
    xmlns:tools="http://schemas.android.com/tools"
    android:layout_width="match_parent"
    android:layout_height="match_parent"
    tools:context="com.jxust.cn.chapter6_share.MainActivity"
    android:orientation="vertical">
    <LinearLayout
        android:layout_width="match_parent"
        android:layout_height="wrap_content"
        android:layout_marginTop="60dp"
        android:orientation="vertical">
        <ImageView
            android:layout_gravity="center_horizontal"
            android:layout_width="70dp"
            android:layout_height="70dp"
            android:background="@drawable/icon"/>
    </LinearLayout>
    <LinearLayout
        android:layout_width="match_parent"
        android:layout_height="wrap_content"
        android:orientation="vertical">
        <EditText
            android:id="@+id/username"
            android:layout_marginTop="20dp"
            android:layout_width="match_parent"
```

```
            android:background = "@drawable/edit_shape"
            android:hint = "用户名"
            android:gravity = "center"
            android:layout_height = "40dp" />
        <EditText
            android:id = "@ + id/paswd"
            android:layout_marginTop = "20dp"
            android:background = "@drawable/edit_shape"
            android:layout_width = "match_parent"
            android:inputType = "numberPassword"
            android:gravity = "center"
            android:hint = "密码"
            android:layout_height = "40dp" />
        <Button
            android:id = "@ + id/register"
            android:layout_width = "match_parent"
            android:layout_height = "wrap_content"
            android:textSize = "18sp"
            android:text = "注 册"
            android:layout_marginTop = "20dp"
            android:background = "#3F51B5"
            android:textColor = "#FFFFFF"/>
        <Button
            android:id = "@ + id/show"
            android:layout_width = "match_parent"
            android:layout_height = "wrap_content"
            android:textSize = "18sp"
            android:text = "显示保存的信息"
            android:layout_marginTop = "20dp"
            android:background = "#3F51B5"
            android:textColor = "#FFFFFF"/>
    </LinearLayout>
</LinearLayout>
```

放在 drable 目录下的自定义样式布局文件 edit_shape. xml 代码如下所示：

```
<?xml version = "1.0" encoding = "UTF - 8"?>
<shape xmlns:android = "http://schemas.android.com/apk/res/android">
    <solid android:color = "#FFFFFF" />
    <corners android:radius = "5dip"/>
    <stroke
        android:width = "1dip"
        android:color = "#728ea3" />
</shape>
```

2. 编写 MainActivity 代码

编写 MainActivity 中的代码，首先对两个 EditText 和两个按钮组件进行初始化，然后对按钮添加监听事件。第一个按钮的监听事件负责把用户输入的用户名和密码保存在 user_mes. xml 文件中；第二个按钮的监听事件负责把数据从文件中读取出来，然后显示给用户。具体代码如下所示：

```
public class MainActivity extends Activity implements View.OnClickListener {
    private EditText username,paswd;
    private Button register_btn,show_btn;
    @Override
    protected void onCreate(Bundle savedInstanceState) {
        super.onCreate(savedInstanceState);
        setContentView(R.layout.activity_main);
        init();
    }
    //组件初始化方法
    private void init(){
        username = (EditText)findViewById(R.id.username);
        paswd = (EditText)findViewById(R.id.paswd);
        register_btn = (Button)findViewById(R.id.register);
        show_btn = (Button)findViewById(R.id.show);
        //按钮添加监听
        register_btn.setOnClickListener(this);
        show_btn.setOnClickListener(this);

    }
    @Override
    public void onClick(View view) {
        switch (view.getId()){
            case R.id.register:
                //获取输入的用户名和密码
                String name_str = username.getText().toString();
                String paswd_str = paswd.getText().toString();
                boolean flag = save_userMes(MainActivity.this,name_str,paswd_str);
                if (flag){
          Toast.makeText(MainActivity.this,"保存成功",Toast.LENGTH_SHORT).show();
                }else {
          Toast.makeText(MainActivity.this,"保存失败",Toast.LENGTH_SHORT).show();
                }
                break;
            case R.id.show:
                Map<String,String> user = getuser_mes(MainActivity.this);
                if (user!= null){
                    String username = user.get("username");
                    String paswd = user.get("paswd");
              Toast.makeText(MainActivity.this,"用户名为: " + username + "\n" + "密码为: "
 + paswd,Toast.LENGTH_SHORT).show();
                }
                break;
            default:
                break;
        }
    }
    //保存用户名和密码,并且生成 user_mes.xml 文件的方法
```

```
    private boolean save_userMes(Context context, String username, String paswd){
        SharedPreferences sharedPreferences = context.getSharedPreferences("user_mes",MODE_
PRIVATE);
        SharedPreferences.Editor editor = sharedPreferences.edit();
        editor.putString("username",username);
        editor.putString("paswd",paswd);
        editor.commit();
        return true;
    }
    //从 user_mes.xml 文件中取出用户名和密码的方法
    private Map<String,String> getuser_mes(Context context){
        SharedPreferences sharedPreferences = context.getSharedPreferences("user_mes",MODE_
PRIVATE);
        String username = sharedPreferences.getString("username",null);
        String paswd = sharedPreferences.getString("paswd",null);
        Map<String,String> user = new HashMap<String,String>();
        user.put("username",username);
        user.put("paswd",paswd);
        return user;
    }
}
```

上述代码包含了两个方法：一个是 save_userMes 方法用来保存用户输入的信息，另一个是 getuser_mes，它添加了验证，判断是否获取到用户信息，如果获取到则显示给用户。

3. 运行程序

完成以上的编码以后，运行程序，首先输入用户名和密码，然后单击“注册”按钮，看是否提示用户，运行结果如图 6-13 所示；最后单击“显示保存的信息”按钮，看是否有信息显示，运行结果如图 6-14 所示。

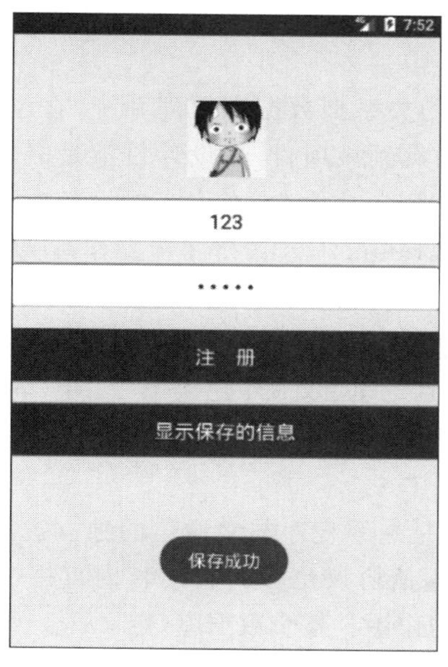

图 6-13 “注册”结果图

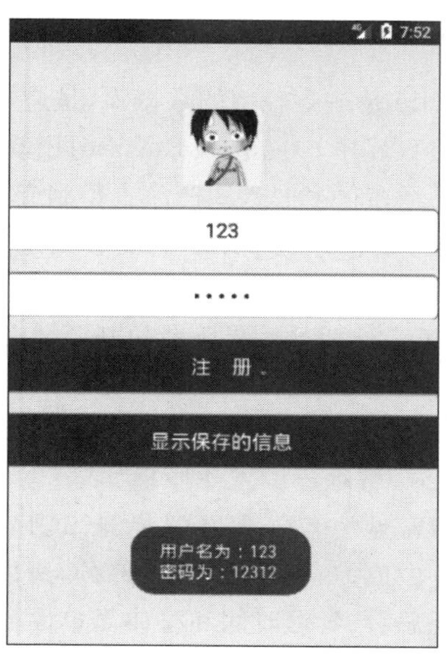

图 6-14 “显示保存的信息”结果图

4. 查看是否生成了 user_mes. xml 文件

单击 Tools→Android→Android Device Monitor 命令，然后单击 File Explorer，找到 data/data/com. jxust. cn. chapter6 _ share/shared _ prefs/目录，可以看到结果如图 6-15 所示。

com.jxust.cn.chapter6_share		2017-07-11	07:43	drwxr-x--x
cache		2017-07-11	06:51	drwxrwx--x
lib		2017-07-11	06:51	lrwxrwxrwx
shared_prefs		2017-07-11	07:43	drwxrwx--x
user_mes.xml	151	2017-07-11	07:43	-rw-rw----

图 6-15 user_mes 文件生成图

5. 查看 user_mes 文件内容

把 user_mes. xml 文件导入到计算机桌面上，然后打开查看其中内容。具体内容如下所示：

```
<?xml version = '1.0' encoding = 'utf - 8' standalone = 'yes' ?>
< map >
    < string name = "username"> 123 </string >
    < string name = "paswd"> 12312 </string >
</map >
```

以上就是使用 SharedPreferences 存储用户注册信息案例的操作过程，使用这种方式代码量相对较少，操作较简单，需要开发者熟练掌握。

6.5 SQLite 数据库

6.5.1 SQLite 数据库简介

SQLite 是一款轻型的数据库，是遵守 ACID 的关系型数据库管理系统，它包含在一个相对小的 C 库中。它是 D. RichardHipp 建立的公有领域项目，其设计目标是嵌入式的，而且目前已经在很多嵌入式产品中得到应用，它占用资源非常少，在嵌入式设备中，可能只需要几百 KB 的内存就够了。它能够支持 Windows/Linux/UNIX 等主流操作系统，同时能够跟很多程序语言相结合，比如 Tcl、C＃、PHP、Java 等，还有 ODBC 接口，比起 MySQL、PostgreSQL 这两款世界著名的开源数据库管理系统，它的处理速度比它们都快。

SQLite 第一个 Alpha 版本诞生于 2000 年 5 月。至 2015 年已经有 15 年，同时也迎来了 SQLite 3 新版本的发布。

SQLite 数据库的工作原理如下。

不像常见的客户-服务器范例，SQLite 引擎不是一个程序与之通信的独立进程，而是连接到程序中成为它的一个主要部分，所以主要的通信协议是在编程语言内直接 API 调用。这在消耗总量、延迟时间和整体简单性上有积极的作用。整个数据库(定义、表、索引和数据本身)都存放在宿主主机上，以一个单一文件的形式存储。

6.5.2　SQLite 数据库操作类以及接口

视频讲解

为了在 Android 中更方便地使用 SQLite 数据库，Android SDK 提供了许多对数据库操作的类和接口，接下来将针对常用的类及接口做详细介绍。

1. SQLiteOpenHelper 类

SQLiteOpenHelper 是 SQLiteDatabse 的一个帮助类，用来管理数据的创建和版本的更新。一般的用法是定义一个类继承 SQLiteOpenHelper，并实现两个回调方法：OnCreate(SQLiteDatabase db)和 onUpgrade(SQLiteDatabse, int oldVersion, int newVersion)来创建和更新数据库。

onCreate()方法在初次生成数据库时才会被调用，在 onCreate()方法中可以生成数据库表结构及添加一些应用使用到的初始化数据。

onUpgrade()方法在数据库的版本发生变化时会被调用，一般在软件升级时才需改变版本号，而数据库的版本是由程序员控制的。

当程序调用 SQLiteOpenHelper 类的 getWritableDatabase()方法或者 getReadableDatabase()方法获取用于操作数据库的 SQLiteDatabase 实例的时候，如果数据库不存在，则 Android 系统会自动生成一个数据库，接着调用 onCreate()方法。

2. SQLiteDatabase 类

Android 提供了一个名为 SQLiteDatabase 的类(SQLiteOpenHelper 类中的 getWritableDatabase()和 getReadableDatabase()方法返回这个类的对象)，使用该类可以完成对数据的添加(Create)、查询(Retrieve)、更新(Update)和删除(Delete)操作(这些操作简称为 CRUD)。

SQLiteDatabase 类的常用方法如下所示。

- long insert(String table, String nullColumnHack, ContentValues values)——table 代表想插入数据的表名；nullColumnHack 代表强行插入 null 值的数据列的列名；values 代表一行记录的数据。insert 方法插入的一行记录使用 ContentValues 存放，ContentValues 类似于 Map，它提供了 put(String key, Xxx value)(其中 key 为数据列的列名)方法用于存入数据，getAsXxx(String key)方法用于取出数据。
- update(String table, ContentValues values, String whereClause, String[] whereArgs)——修改满足条件的数据。
- delete(String table, String whereClause, String[] whereArgs)——删除满足特定条件的数据。
- exceSQL(String sql, Object[] bindArgs)——执行一条占位符 SQL 语句。
- close()——关闭数据库。
- Cursor query(boolean distinct, String table, String[] columns, String selection, String[] selectionArgs, String groupBy, String having, String orderBy, String limit)——该方法用于查询数据。

3. Cursor 接口

Cursor 是一个游标接口，在数据库中作为返回值，相当于结果集 ResultSet。Cursor 的一些常用方法如下所示：

- moveToFirst()——移动光标到第一行。
- moveToLast()——移动光标到最后一行。
- moveToNext()——移动光标到下一行。
- moveToPosition(int position)——移动光标到一个绝对的位置。
- moveToPrevious()——移动光标到上一行。
- getColumnCount()——返回所有列的总数。
- getColumnIndex(String columnName)——返回指定列的名称,如果不存在,则返回−1。
- getColumnName(int columnIndex)——从给定的索引返回列名。
- getColumnNames()——返回一个字符串数组的列名。
- getCount()——返回 Cursor 中的行数。

以上就是 SQLite 数据库常用的操作类以及接口,熟练掌握这些能够更好地进行数据库的开发。

6.5.3 SQLite 数据库的操作

前面讲解了操作 SQLite 数据库常用的类及接口,接下来就通过这些类和接口来操作数据库,例如,数据库的创建、数据的添加、数据的删除、数据的更改等。下面将详细讲解这几种操作的过程。

1. SQLite 数据库的创建

Android 系统在使用 SQLite 数据库时,一般使用 SQLiteOpenHelper 的子类创建 SQLite 数据库。因此需要创建一个类继承自 SQLiteOpenHelper。然后重写 oncreate()方法,在方法中执行创建数据库的语句。具体的代码如下所示:

```
public class user_database extends SQLiteOpenHelper {
    public user_database(Context context) {
        super(context, "user_db",null,1);
    }
    //数据库第一次创建时调用该方法
    @Override
    public void onCreate(SQLiteDatabase sqLiteDatabase) {
        String sql = "create table user(id integer primary key autoincrement,username varchar
(20),paswd varchar(20))"; //数据库执行语句
        sqLiteDatabase.execSQL(sql);
    }
    //数据库版本号更新时调用
    @Override
    public void onUpgrade(SQLiteDatabase sqLiteDatabase, int i, int i1) {
    }
}
```

上述代码创建了一个名为 user_db 的数据库,然后通过 oncreate()方法创建了一个 user 表,里面有 id、username、paswd 属性。当数据库的版本更新时才会调用 onUpgrade()方法,如果版本没改变,则不调用该方法。MainActivity 中调用该方法在 data/data/ com.

jxust.cn.chapter6_sqlite/databases/目录下创建数据库的代码如下所示：

```
public class MainActivity extends AppCompatActivity {
    @Override
    protected void onCreate(Bundle savedInstanceState) {
        super.onCreate(savedInstanceState);
        setContentView(R.layout.activity_main);
        user_database user = new user_database(MainActivity.this);
        /* 只有调用 getReadableDatabase()或者 getWriteableDatabase()函数后才能返回一个
SQLiteDatabase 对象 */
        SQLiteDatabase sqLiteDatabase = user.getReadableDatabase();
    }
}
```

MainActivity 类调用执行完成以后会产生一个名为 user_db 的数据库文件，如图 6-16 所示。

com.jxust.cn.chapter6_sqlite	2017-07-12	01:53	drwxr-x--x
cache	2017-07-12	01:46	drwxrwx--x
databases	2017-07-12	01:53	drwxrwx--x
user_db 20480	2017-07-12	01:53	-rw-rw----
user_db-journal 8720	2017-07-12	01:53	-rw-------

图 6-16　数据库文件

关于 SQLite 创建的数据库可以通过 SQLite Expert Professional 软件来查看。SQLite Expert Professional 是一款可视化 SQLite 数据库管理工具，SQLite Expert 允许用户在 SQLite 服务器上执行创建、编辑、复制、提取等操作。SQLite Expert Professional 支持所有的图形界面的 SQLite 特征，包括可视化的查询生成器、SQL 编辑与语法突出、代码自动完成、table 和 view 设计与导入导出等。开发者可以通过这款可视化操作的软件查看和编辑所创建的数据库，下载地址为 http://www.sqliteexpert.com/download.html。

2. 数据的添加

完成了数据库的创建，接下来就需要添加数据。添加数据的时候，首先需要获取一个 SQLiteDatabase 对象，在 user_database 中添加一个 add()方法，该方法用于添加数据，具体的代码如下所示：

```
    //添加数据
    public void adddata(SQLiteDatabase sqLiteDatabase){
        ContentValues values = new ContentValues();
        values.put("username","张三");
        values.put("paswd","12222");
        sqLiteDatabase.insert("user",null,values);
        sqLiteDatabase.close();
    }
}
```

MainActivity 调用该方法的代码如下所示：

```
SQLiteDatabase sql_date = user.getWritableDatabase();
user.adddata(sql_date);
```

最后把添加完数据以后的 user_db 文件导出到桌面，用 SQLite Expert Professional 软件打开，查看是否出现了添加的数据，打开以后的内容如图 6-17 所示。

图 6-17　数据添加结果

以上就是使用 SQLite 数据库添加数据的操作，从图 6-17 可以看出，user 表中多了一条数据，与代码中添加语句的数据一致，说明数据添加成功。

3．数据的删除

数据的删除首先也需要获取一个可写的 SQLiteDatabase 对象，在 user_database 中添加一个 delete()方法，具体的代码如下所示：

```
//删除数据方法
public void delete(SQLiteDatabase sqLiteDatabase){
/*第一个参数：表名；第二个参数：需要删除的属性名，?代表占位符；第三
个参数：属性名的属性值*/
sqLiteDatabase.delete("user","username = ?", new String[]{"张三"});
sqLiteDatabase.close();}
```

以上就是数据的删除方法，在 MainActivity 中调用的方法和数据的添加是一样的。这里删除方法使用一个字符串和一个字符串数组来说明要删除的参数名和参数的值，删除后的结果如图 6-18 所示。

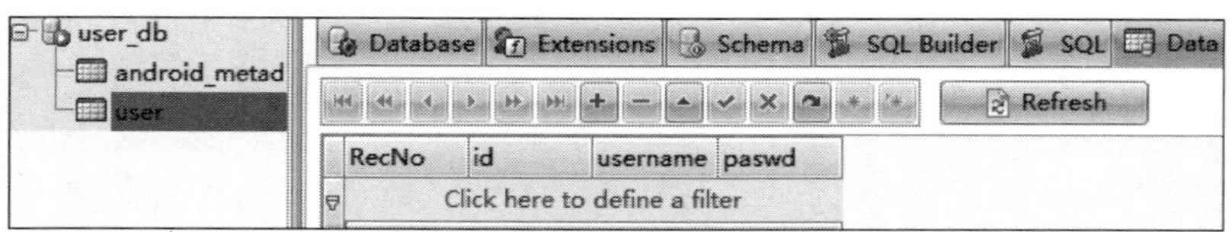

图 6-18　数据删除结果

4．数据的更新

数据的更新使用 SQLiteDatabase 的 update()方法来修改表中的数据，也是首先需要获取一个可写的 SQLiteDatabase 对象，具体代码如下所示：

```
//更新数据
public void update(SQLiteDatabase sqLiteDatabase){
    //创建一个 ContentValues 对象
    ContentValues values = new ContentValues();
```

```
        //以键值对的形式插入
        values.put("paswd","22233333");
        //执行修改的方法(修改 username = 张三的密码)
        sqLiteDatabase.update("user",values,"username = ?",new String[]{"张三"});
        sqLiteDatabase.close();
    }
```

上述就是把 user 表中 username="张三"的密码更新为 22233333 的具体操作，查看数据库文件的内容如图 6-19 所示。

图 6-19 数据的更新结果图

以上就是数据库的更新操作的具体过程。在使用 SQLiteDatabase 对象后，要记得关闭数据库，否则会一直消耗内存，并且会报出数据库未关闭异常等。

6.5.4 使用 SQLite 数据库展示用户信息

6.5.3 节学习了数据库的增、删、查、改操作，接下来将通过一个具体的案例了解使用 SQLite 数据库实现用户信息的添加、删除、修改、查询等操作。用户的信息使用 ListView 来显示，接下来将详细讲解这些功能如何实现。

1. *主界面布局设计*(activity_main.xml)

主界面布局中放置 3 个按钮，分别是"查询/删除用户信息""修改用户信息""添加用户信息"，单击按钮后分别出现对应的界面。具体的代码如下所示：

```
<?xml version = "1.0" encoding = "utf - 8"?>
<LinearLayout xmlns:android = "http://schemas.android.com/apk/res/android"
    android:layout_width = "match_parent"
    android:layout_height = "match_parent"
    tools:context = "com.jxust.cn.chapter6_sqlite.MainActivity"
    android:orientation = "vertical">
    <Button
        android:id = "@ + id/search_delete"
        android:layout_width = "match_parent"
        android:layout_height = "wrap_content"
        android:layout_marginTop = "20dp"
        android:textSize = "17sp"
        android:textColor = "#FFFFFF"
        android:background = "#4169E1"
        android:text = "查询/删除用户信息" />
    <Button
        android:id = "@ + id/update"
```

```
            android:layout_width = "match_parent"
            android:layout_height = "wrap_content"
            android:layout_marginTop = "20dp"
            android:textSize = "17sp"
            android:textColor = "#FFFFFF"
            android:background = "#4169E1"
            android:text = "修改用户信息" />
        <Button
            android:id = "@ + id/add"
            android:layout_width = "match_parent"
            android:layout_height = "wrap_content"
            android:layout_marginTop = "20dp"
            android:textSize = "17sp"
            android:textColor = "#FFFFFF"
            android:background = "#4169E1"
            android:text = "添加用户信息" />
</LinearLayout>
```

上述代码采用线性垂直的布局方式定义了3个按钮,实现界面如图6-20所示。

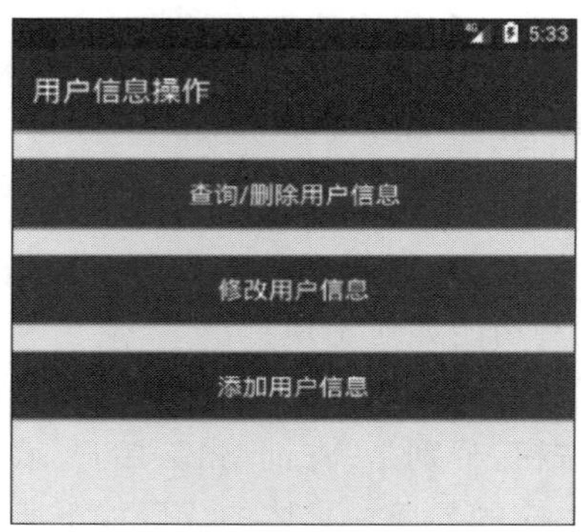

图 6-20 主界面

2. 数据库创建以及操作方法类(user_database)

数据库的创建类user_database包含了数据库创建的oncreate()方法、版本更新的onUpgrade()方法、数据添加的adddata()方法、数据删除的delete()方法以及数据更新的update()方法,具代码如下所示:

```
public class user_database extends SQLiteOpenHelper {
    public user_database(Context context) {
        super(context, "user_db",null,1);
    }
    //数据库第一次创建时调用该方法
    @Override
    public void onCreate(SQLiteDatabase sqLiteDatabase) {
        //数据库执行语句
       String sql = "create table user(id integer primary key autoincrement,
        username varchar(20),paswd varchar(20),sex varchar(20),age integer)";
```

```
        sqLiteDatabase.execSQL(sql);
    }
    //数据库版本号更新时调用
    @Override
    public void onUpgrade(SQLiteDatabase sqLiteDatabase, int i, int i1) {
    }
    //添加数据
    public void adddata(SQLiteDatabase sqLiteDatabase, String username, String paswd, String
sex, int age){
        ContentValues values = new ContentValues();
        values.put("username",username);
        values.put("paswd",paswd);
        values.put("sex",sex);
        values.put("age",age);
        sqLiteDatabase.insert("user",null,values);
        sqLiteDatabase.close();
    }
    //删除数据
    public void delete(SQLiteDatabase sqLiteDatabase, int id){
    /*第一个参数：表名；第二个参数：需要删除的属性名,?代表占位符；第三个参数：属性名的
属性值*/
        sqLiteDatabase.delete("user","id = ?", new String[]{id + ""});
        sqLiteDatabase.close();
    }
    //更新数据
    public void update(SQLiteDatabase sqLiteDatabase, int id, String username,
                        String paswd, String sex, int age){
        //创建一个 ContentValues 对象
        ContentValues values = new ContentValues();
        //以键值对的形式插入
        values.put("username",username);
        values.put("paswd",paswd);
        values.put("sex",sex);
        values.put("age",age);
        //执行修改的方法
        sqLiteDatabase.update("user",values,"id = ?",new String[]{id + ""});
        sqLiteDatabase.close();
    }
}
    //查询数据
    public List<userInfo> querydata(SQLiteDatabase sqLiteDatabase){
        Cursor cursor = sqLiteDatabase.query("user",null,null,null,null,null,"id ASC");
        List<userInfo> list = new ArrayList<userInfo>();
        while(cursor.moveToNext()){
            int id = cursor.getInt(cursor.getColumnIndex("id"));
            String username = cursor.getString(1);
            String paswd = cursor.getString(2);
            String sex = cursor.getString(3);
            int age = cursor.getInt(cursor.getColumnIndex("age"));
            list.add(new userInfo(id,username,paswd,sex,age));
```

```
        }
        cursor.close();
        sqLiteDatabase.close();
        return list;
    }
```

3. 创建一个 userInfo 的 JavaBean 类

在操作数据库时,把数据存放在一个 JavaBean 对象中操作起来会相对简单一点。因此创建一个 userInfo 类,具体的代码如下所示:

```
    public userInfo(int id,String username, String paswd, String sex, int age) {
        this.id = id;
        this.username = username;
        this.paswd = paswd;
        this.sex = sex;
        this.age = age;
    }
    public void setId(int id) {
        this.id = id;
    }
    public void setUsername(String username) {
        this.username = username;
    }
    public void setPaswd(String paswd) {
        this.paswd = paswd;
    }
    public void setSex(String sex) {
        this.sex = sex;
    }
    public void setAge(int age) {
        this.age = age;
    }
    public int getId() {
        return id;
    }
    public String getUsername() {
        return username;
    }
    public String getPaswd() {
        return paswd;
    }
    public String getSex() {
        return sex;
    }
    public int getAge() {
        return age;
    }
    @Override
    public String toString() {
```

```
        return "userInfo{" + "id=" + id + ", username='" + username + '\'' + ", paswd='" +
                                paswd + '\'' + ", sex='" + sex + '\'' + ", age=" + age + '}';
    }
}
```

4. 主界面功能实现类(MainActivity)

MainActivity 负责数据库的创建以及对布局中的 3 个按钮添加监听，然后跳转到不同的功能界面中去。具体的代码如下所示：

```
public class MainActivity extends Activity implements View.OnClickListener {
    public user_database user;
    public SQLiteDatabase sqL_read;
    private Button search_del_btn,insert_btn,update_btn;
    @Override
    protected void onCreate(Bundle savedInstanceState) {
        super.onCreate(savedInstanceState);
        setContentView(R.layout.activity_main);
        user_database user = new user_database(MainActivity.this);
        //获取一个可读的数据库
        sqL_read = user.getReadableDatabase();
        init();
    }
    //组件初始化方法
    public void init(){
        search_del_btn = (Button)findViewById(R.id.search_delete);
        insert_btn = (Button)findViewById(R.id.add);
        update_btn = (Button)findViewById(R.id.update);
        //添加监听
        search_del_btn.setOnClickListener(this);
        insert_btn.setOnClickListener(this);
        update_btn.setOnClickListener(this);
    }
    @Override
    public void onClick(View view) {
        switch (view.getId()){
            case R.id.search_delete:
                Intent intent1 = new Intent(MainActivity.this,Sea_deluser_Activity.class);
                startActivity(intent1);
                break;
            case R.id.add:
                Intent intent2 = new Intent(MainActivity.this,Insertuser_Activity.class);
                startActivity(intent2);
                break;
            case R.id.update:
                Intent intent3 = new Intent(MainActivity.this,Updareuser_Activity.class);
                startActivity(intent3);
                break;
            default:
```

```
                break;
            }
        }
    }
```

上述程序运行以后，可以看到在项目的目录下产生了一个名为 user_db 的文件，为了下面查询与删除操作功能的实现，先手动在数据库中添加几条数据。具体如图 6-21 所示。

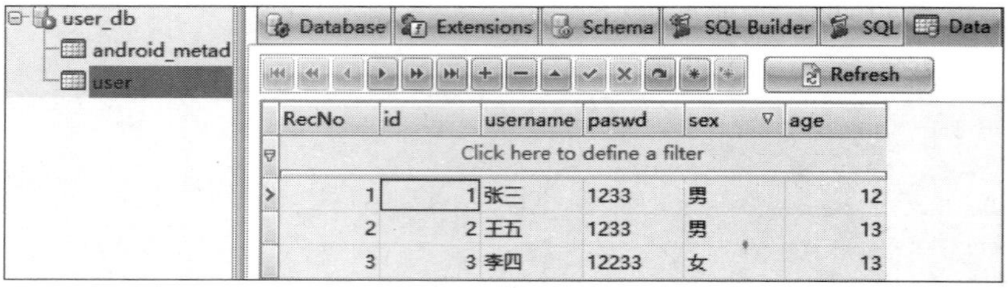

RecNo	id	username	paswd	sex	age
1	1	张三	1233	男	12
2	2	王五	1233	男	13
3	3	李四	12233	女	13

图 6-21　手动添加数据

5. 用户信息查询 & 删除界面设计(user_search_delete. xml&detail. xml)

考虑到用户信息的删除，需要先查询到用户信息，然后再根据 id 删除数据，所以把用户的信息查询与删除放在一个界面里实现。在显示用户的信息时，单击用户名弹出一个对话框，提示用户是否删除。user_search_delete. xml 的具体代码如下所示：

```
<?xml version = "1.0" encoding = "utf - 8"?>
<LinearLayout xmlns:android = "http://schemas.android.com/apk/res/android"
    android:layout_width = "match_parent"
    android:layout_height = "match_parent"
    android:orientation = "vertical">
    <LinearLayout
        android:layout_width = "match_parent"
        android:layout_height = "50dp"
        android:background = "#3F51B5"
        android:orientation = "horizontal">
        <ImageView
            android:layout_width = "50dp"
            android:layout_height = "50dp"
            android:layout_marginLeft = "10dp"
            android:src = "@mipmap/ic_launcher"/>
        <TextView
            android:layout_width = "wrap_content"
            android:layout_height = "match_parent"
            android:text = "查询用户"
            android:textSize = "18sp"
            android:gravity = "center_vertical"
            android:textColor = "#FFFFFF"/>
    </LinearLayout>
    <ListView
        android:id = "@ + id/mes"
```

```
        android:layout_width = "match_parent"
        android:dividerHeight = "2dp"
        android:layout_height = "wrap_content">
    </ListView>
</LinearLayout>
```

6. 用户信息查询 & 删除功能实现类(Sea_deluser_Activity)

具体代码如下所示：

```
public class Sea_deluser_Activity extends Activity {
    public ListView user_list;
    private List<userInfo> list;
    private SQLiteDatabase sqLiteDatabase;
    //假设数据库用户不超过 10 个
    private String[] user_mes;
    @Override
    protected void onCreate(Bundle savedInstanceState) {
        super.onCreate(savedInstanceState);
        requestWindowFeature(Window.FEATURE_NO_TITLE);
        setContentView(R.layout.user_search_delete);
        user_list = findViewById(R.id.mes);
        user_database users = new user_database(Sea_deluser_Activity.this);
        sqLiteDatabase = users.getReadableDatabase();
        //获取从数据库查询到的数据
        list = users.querydata(sqLiteDatabase);
        //把获取到的信息添加到用户名数组中
        user_mes = new String[list.size()];
        for(int i = 0;i < list.size();i++){
            user_mes[i] = list.get(i).getUsername() + " " +
                    list.get(i).getPaswd() + " " + list.get(i).getAge() + " " +
                    list.get(i).getSex();
        }
          //把用户名显示在 ListView 上
          final ArrayAdapter<String> adapter = new ArrayAdapter<String>
          (Sea_deluser_Activity.this,android.R.layout.simple_list_item_1,user_mes);
        user_list.setAdapter(adapter);
        //为 listview 每个元素添加单击事件
        user_list.setOnItemClickListener(new AdapterView.OnItemClickListener() {
            @Override
            public void onItemClick(AdapterView<?> adapterView, View view, int i, long l) {
                final int id = list.get(i).getId();
                //弹出一个对话框
                new AlertDialog.Builder(Sea_deluser_Activity.this).setTitle("系统提示")
                        //设置显示的内容
                        .setMessage("确定删除该条数据吗!")
                        //添加确定按钮
                        .setPositiveButton("确定",new DialogInterface.OnClickListener() {
              public void onClick(DialogInterface dialog, int which) {
               //删除数据操作,首先获取到 id
```

```
                user_database user_database = new user_database(Sea_deluser_Activity.this);
                SQLiteDatabase sqLiteDatabase = user_database.getWritableDatabase();
                        user_database.delete(sqLiteDatabase,id);
                          refresh();
Toast.makeText(Sea_deluser_Activity.this,"删除成功",Toast.LENGTH_SHORT).show();
                }
        }).setNegativeButton("取消",new DialogInterface.OnClickListener() {//添加返回按钮
                    @Override
                    public void onClick(DialogInterface dialog, int which) {

                    }
                }).show();          //在按键响应事件中显示此对话框
            }
        });
    }
    //刷新页面方法
    private void refresh() {
        finish();
        Intent intent = new Intent(Sea_deluser_Activity.this, Sea_deluser_Activity.class);
        startActivity(intent);
    }
}
```

以上就是用户信息查询和删除的代码，需要注意的是，因为把数据库操作的方法放在一个单独的类中，每次SQLDatabase的对象都会把数据库关闭，所以需要重新创建一个SQLDatabase对象。以上代码的实现效果如图6-22所示。

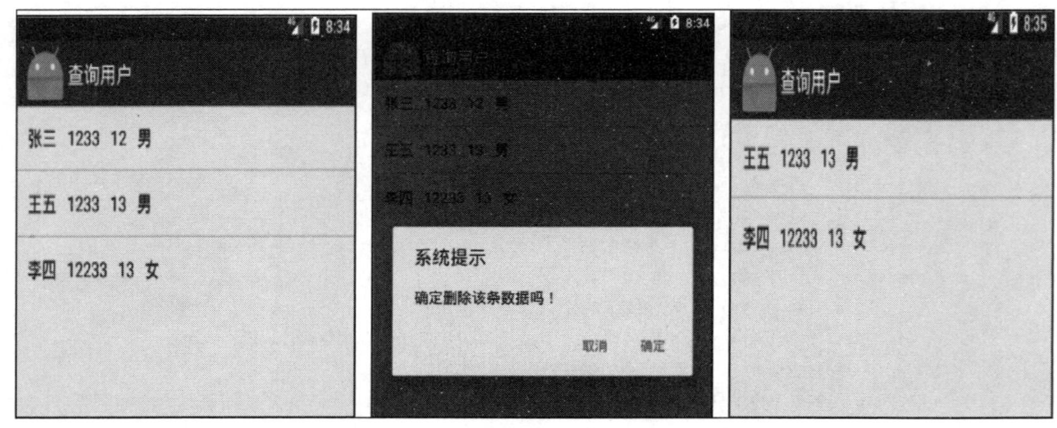

图6-22 查询、删除对话框及删除结果图

7. 用户信息添加界面设计(user_insert.xml)

用户信息添加界面主要包含3个EditText组件，分别对应数库中的username、paswd、age。另外还包括一个按钮和一个Spinner组件：Spinner组件负责让用户选择性别；按钮负责把数据添加到数据库当中。user_insert.xml文件的具体代码如下所示：

```
<?xml version = "1.0" encoding = "utf - 8"?>
<LinearLayout xmlns:android = "http://schemas.android.com/apk/res/android"
    android:layout_width = "match_parent"
    android:layout_height = "match_parent"
    android:orientation = "vertical">
    <EditText
        android:id = "@ + id/insert_name"
        android:layout_width = "match_parent"
        android:layout_height = "40dp"
        android:gravity = "center"
        android:background = "@drawable/edit_shape"
        android:layout_marginTop = "10dp"
        android:hint = "请输入用户名"/>
    <EditText
        android:id = "@ + id/insert_paswd"
        android:layout_width = "match_parent"
        android:layout_height = "40dp"
        android:inputType = "numberPassword"
        android:gravity = "center"
        android:background = "@drawable/edit_shape"
        android:layout_marginTop = "10dp"
        android:hint = "请输入密码"/>
    <Spinner
        android:id = "@ + id/insert_sex"
        android:layout_width = "match_parent"
        android:layout_height = "wrap_content"
        android:gravity = "center"
        android:layout_marginTop = "10dp"
        android:entries = "@array/sex" />
    <EditText
        android:id = "@ + id/insert_age"
        android:layout_width = "match_parent"
        android:layout_height = "40dp"
        android:gravity = "center"
        android:background = "@drawable/edit_shape"
        android:hint = "请输入年纪"/>
    <Button
        android:id = "@ + id/save_usermes"
        android:layout_marginTop = "20dp"
        android:layout_width = "match_parent"
        android:textSize = "17sp"
        android:textColor = "#FFFFFF"
        android:background = "#4169E1"
        android:text = "添加该用户信息"
        android:layout_height = "50dp" />
</LinearLayout>
```

上述代码是添加用户信息的布局代码，实现界面如图 6-23 所示。

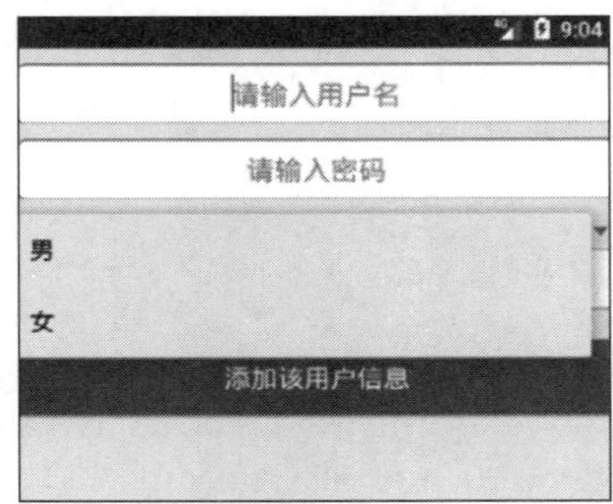

图 6-23 添加用户信息

8. 用户信息添加功能实现类(Insertuser_Activity)

Insertuser_Activity 首先需要获取各个组件，然后为按钮添加监听事件，为 Spinner 组件添加选择事件。按钮的监听事件负责把 EditText 中输入的信息和 Spinner 中选择的性别添加到数据库中，然后跳转到用户数据查询页面，查看插入的信息，添加的事件通过调用数据库创建类的数据插入方法实现。具体的实现代码如下：

```
public class Insertuser_Activity extends Activity {
    private EditText name_edit,paswd_edit,age_edit;
    private Spinner spinner;
    private Button save_btn;
    private String select_sex = "男";
    @Override
    protected void onCreate(Bundle savedInstanceState) {
        super.onCreate(savedInstanceState);
        requestWindowFeature(Window.FEATURE_NO_TITLE);
        setContentView(R.layout.user_insert);
        init();
    }
    public void init(){
        name_edit = (EditText)findViewById(R.id.insert_name);
        paswd_edit = (EditText)findViewById(R.id.insert_paswd);
        spinner = (Spinner) findViewById(R.id.insert_sex);
        //为选择性别下拉列表框添加选择事件
        spinner.setOnItemSelectedListener(new AdapterView.OnItemSelectedListener() {
            @Override
          public void onItemSelected(AdapterView<?> adapterView, View view, int i, long l){
           //获取选择的值
          select_sex = Insertuser_Activity.this.getResources().getStringArray(R.array.sex)[i];
           }
            @Override
            public void onNothingSelected(AdapterView<?> adapterView) {
            }
        });
        age_edit = (EditText)findViewById(R.id.insert_age);
```

```
            save_btn = (Button)findViewById(R.id.save_usermes);
            save_btn.setOnClickListener(new View.OnClickListener() {
                @Override
                public void onClick(View view) {
                    //获取用户输入的用户名、密码、年纪
                    String name_str = name_edit.getText().toString();
                    String paswd_str = paswd_edit.getText().toString();
                    int age = Integer.parseInt(age_edit.getText().toString());
                    //调用数据库操作类的插入方法
                    user_database us_db = new user_database(Insertuser_Activity.this);
                    SQLiteDatabase sqLiteDatabase = us_db.getWritableDatabase();
                    us_db.adddata(sqLiteDatabase,name_str,paswd_str,select_sex,age);
                    Intent intent = new Intent(Insertuser_Activity.this,
                    Sea_deluser_Activity.class);
                    startActivity(intent);
                }
            });
        }
    }
```

以上就是添加数据的处理代码，因为性别下拉列表框中的值是存放在 values/arrays 下的，所以通过 Insertuser_Activity.this.getResources().getStringArray(R.array.sex)[i]方法取得选择的值。在取得用户输入的用户名、密码、年龄以后，创建 user_database 类实例，调用该实例的添加数据方法。添加数据操作以及添加完重新查询更新后的数据结果如图 6-24 所示。

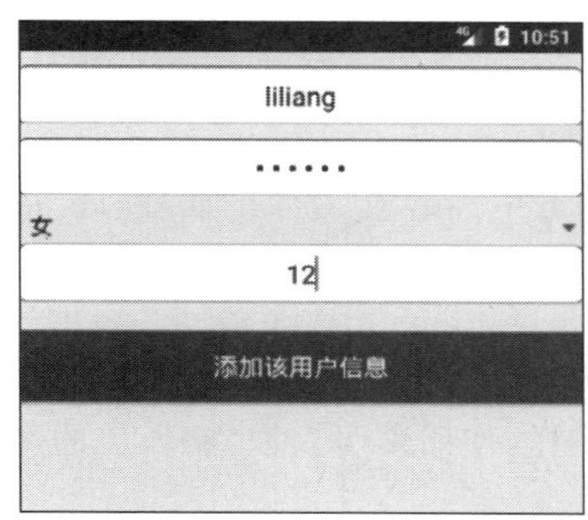

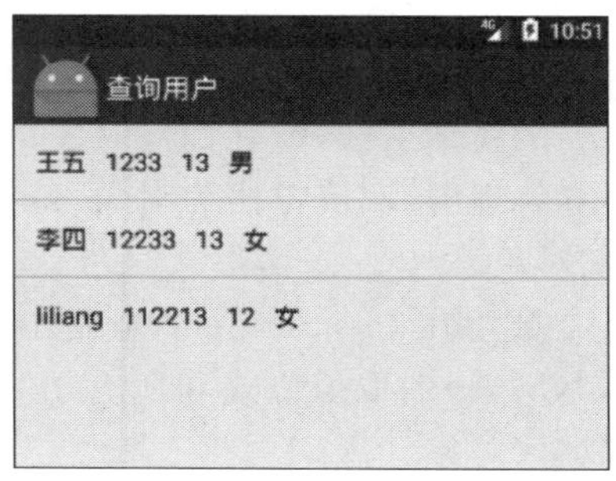

图 6-24 添加数据操作以及结果

以上就是添加数据的操作过程，从图 6-24 中可以看到，在左图中填写数据以后，单击"添加该用户信息"按钮，会跳转到"查询用户"界面，此时数据是从数据库重新获取到的，实现了数据的实时刷新。为了更加清楚地看到数据的变化，可以把数据库文件 user_db 导出到桌面上。user_db 打开后的具体内容如图 6-25 所示。

本节通过使用 SQLite 数据库管理用户信息的案例，讲解了如何创建数据库以及数据的添加、数据的删除、数据的查询、数据的更新操作。在这里没有写出用户信息更新的功能，可以按照用户删除的操作，使用对话框的形式来实现。

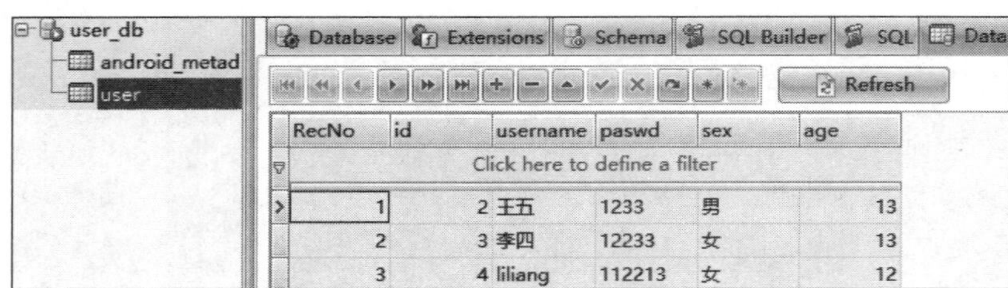

图 6-25　数据库变化

6.6　JSON

视频讲解

6.6.1　JSON 简介

JSON 的全称是 JavaScript Object Notation，是一种轻量级的数据交换语言，以文字为基础，且易于让人阅读，同时也方便了机器进行解析和生成。

简单地说，JSON 就是 JavaScript 中的对象和数组，这两种结构就是对象和数组两种结构，通过这两种结构可以表示各种复杂的结构，其可以将 JavaScript 对象中表示的一组数据转换为字符串，然后可以在函数之间轻松地传递这个字符串，或者在异步应用程序中将字符串从 Web 客户机传递给服务器端程序。

JSON 采用完全独立于程序语言的文本格式，但是也使用了类似 C 语言的习惯(包括 C、C++、C＃、Java、JavaScript、Perl、Python 等)。这些特性使 JSON 成为理想的数据交换语言。

1. JSON 的基础结构

(1) 对象：对象在 JavaScript 中表示为“{}”括起来的内容，数据结构为{key：value，key：value，...}的键值对形式，在面向对象的语言中，key 为对象的属性，value 为对应的属性值，所以很容易理解，取值方法为对象.key 获取属性值，这个属性值的类型可以是数字、字符串、数组、对象。

(2) 数组：数组在 JavaScript 中是用中括号“[]”括起来的内容，数据结构为["java"，"javascript"，"vb"，…]，取值方式和所有语言一样，使用索引获取，字段值的类型可以是数字、字符串、数组、对象。

2. 使用 JSON 语法创建对象

使用 JSON 语法创建对象是一种更简单的方式，它直接获取各 JavaScript 对象。对于以前旧版本的 JavaScript 来说，JSON 使用它创建对象的方式如下所示：

```
//定义一个函数
function user(name,age){
    this.name = name;
    this.age = age;
}
//创建一个 user 对象
var ur = new user("小明","12");
```

```
//输出 user 实例的年龄
alert(ur.name);
```

从 JavaScript 1.2 版本以后，创建对象有了一种更快捷的方法，代码如下所示：

```
var ur = {"name":'小明',"age",'12'};
alert(ur);
```

上述语法就是一种 JSON 语法，显然使用 JSON 语法创建对象会更加简便。用这种语法创建对象时，总以“{”开始，以“}”结束，对象的每个属性名和属性值之间用英文冒号(:)隔开，多个属性值之间用英文逗号(,)隔开。需要注意的是，只有当前属性值后面还有定义的属性时，才用逗号隔开。

3. 使用 JSON 语法创建数组

使用 JSON 语法创建数组也是非常常见的，在早期 JavaScript 语法中，开发者通过如下所示的方式创建数组：

```
//首先创建数组对象
var arr = new Array();
//为数组元素赋值
arr[0] = '1';
arr[1] = '1';
```

如果使用 JSON 语法，则可以通过如下方式创建数组：

```
//使用 JSON 语法创建数组
var arr = ['1','2'];
```

从上述代码中可以看到，JSON 创建数组总以“[”开始，然后依次放入数组元素，元素与元素之间以英文逗号隔开，最后一个数组元素不需要逗号，最后以“]”结束。

4. Java 对 JSON 的支持

当服务器返回一个满足 JSON 格式的字符串后，开发者可以利用项目提供的工具类将该字符串转换为 JSON 对象或 JSON 数组。

在 Android 系统中，内置了对 JSON 的支持，在 Android SDK 的 org.json 包下提供了 JSONArray、JSONObject、JSONStringer 等类，通过这些类即可完成 JSON 字符串与 JSONArray、JSONObject 之间的转换。

Java 的 JSON 支持主要依赖于 JSONArray、JSONObject 两个类。其中 JSONArray 代表一个数组，它可完成 Java 集合(集合元素可以是对象)与 JSON 字符串之间的相互转换；JSONObject 代表一个 JSON 对象，它可完成 Java 对象与 JSON 字符串之间的相互转换。

6.6.2 JSON 解析案例

在了解了 JSON 创建对象、数组以及 Java 对 JSON 的支持以后，接下来将通过一个解析 JSON 数据格式文件的案例来讲解 JSON 解析的使用。具体步骤如下。

1. 在 Eclipse for Java 中创建 test 项目

创建一个 Java 项目，然后在同级目录下创建一个 test.json 文件，在 src 下创建一个包，同时创建一个 java 文件。下载解析需要使用到的 JSON 包，下载地址为 https://repo1.maven.org/maven2/com/google/code/gson/gson/2.8.1/。然后将下载的包导入到项目当中。项目的具体结构如图 6-26 所示。

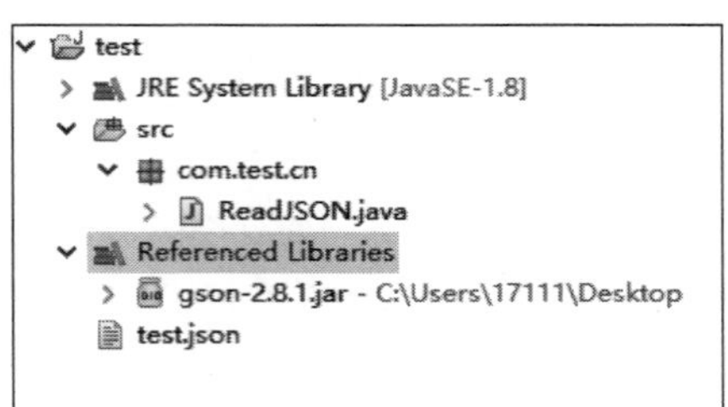

图 6-26 项目结构

2. 编写 test.json 文件

编写需要解析的文件内容，test.json 文件的具体代码如下所示：

```
{
    "cat":"it",
    "languages":[
        {"id":1,"ide":"Eclipse","name":"Java"},
        {"id":2,"ide":"Xcode","name":"Swift"},
        {"id":3,"ide":"Visual Studio","name":"C#"}
    ],
    "pop":true
}
```

3. 编写负责解析的 Java 类

编写 ReadJSON.java 类的代码，关于具体的解析步骤，会在代码中加上注释进行详细的介绍。ReadJSON.java 具体的代码如下所示：

```
import java.io.FileNotFoundException;
import java.io.FileReader;
import com.google.gson.JsonArray;
import com.google.gson.JsonIOException;
import com.google.gson.JsonObject;
import com.google.gson.JsonParser;
import com.google.gson.JsonSyntaxException;
public class ReadJSON {
    public static void main(String args[]){
        try {
            JsonParser parser = new JsonParser(); //创建 JSON 解析器
            //创建 JsonObject 对象
            JsonObject object = (JsonObject) parser.parse(new FileReader("test.json"));
            //将 json 数据转为 String 型的数据
```

```
            System.out.println("cat = " + object.get("cat").getAsString());
            //将 json 数据转为 Boolean 型的数据
            System.out.println("pop = " + object.get("pop").getAsBoolean());
            //得到 json 的数组
            JsonArray array = object.get("languages").getAsJsonArray();
            for(int i = 0;i < array.size();i++){
                System.out.println("-- -- -- -- -- -- -- -");
                JsonObject subObject = array.get(i).getAsJsonObject();
                System.out.println("id = " + subObject.get("id").getAsInt());
                System.out.println("name = " + subObject.get("name").getAsString());
                System.out.println("ide = " + subObject.get("ide").getAsString());
            }
        } catch (JsonIOException e) {
            e.printStackTrace();
        } catch (JsonSyntaxException e) {
            e.printStackTrace();
        } catch (FileNotFoundException e) {
            e.printStackTrace();
        }
    }
}
```

4. 运行程序

上述代码完成以后，单击运行 ReadJSON.java 程序，在控制台会打印如图 6-27 所示的结果。

从图 6-27 可以看到，文件的内容解析正确，每一组值都以键值对的形式打印出来。解析 JSON 文件的首要步骤是创建 JSON 解析器，其次是创建 JSONObject 对象，最后是得到 JSON 数组，然后根据“键”来取值。

以上就是使用 Java 解析 JSON 文件的具体操作步骤，开发者可以学习使用 Java 来生成 JSON 文件或者在后续的章节中通过网络请求与服务器进行 JSON 格式的数据交换。

```
Console
<terminated> ReadJSON [Java
cat=it
pop=true
---------------
id=1
name=Java
ide=Eclipse
---------------
id=2
name=Swift
ide=Xcode
---------------
id=3
name=C#
ide=Visual Studio
```

图 6-27　解析结果图

6.7　本章小结

本章主要讲解了 Android 中的数据存储以及 SQLite 数据库的使用。首先讲解了 Android 中常见的几种数据存储方式的异同，然后讲解了文件存储、XML 文件序列化与解析、SharedPreferences、SQLite 数据库的增删查改操作，最后讲解了 JSON 文件的解析。本章所讲解的知识需要熟练掌握，特别是 XML 文件的使用需要熟练应用，这在 Android 开发中会经常用到。

6.8 课后习题

1. 简介几种数据存储方式的各自特点。

2. 使用 SharedPreferences 保存用户登录的信息，并且在用户下次登录时自动填写用户已经保存的信息。

3. 自定义 XML 文件，并且将内容解析出来。

4. 使用 SQLite 数据库和 ListView 显示一个仓库信息，数据库以及数据通过代码创建和添加。

5. 使用 Java 生成一个 JSON 文件，内容自定。

第7章

ContentProvider的使用

学习目标

- 掌握 ContentProvider 的基本概念。
- 掌握 ContentProvider 的操作。
- 掌握 ContentProvider 的数据共享。
- 掌握 ContentObserver 的使用。

在 Android 开发中，经常需要使用到其他程序中的数据，例如获取用户的手机通讯录、获取发送的验证码。为了实现这种数据的共享使用，Android 系统提供了一个组件 ContentProvider（内容提供者），本章将对 ContentProvider 的使用做详细的讲解。

7.1 ContentProvider 简介

Android 官方指出的数据存储方式总共有 5 种，分别是 SharedPreferences、网络存储、文件存储、外部存储、SQLite。但是一般这些存储都只是在单独的一个应用程序之中实现一个数据的共享，有些情况下应用程序需要操作其他应用程序的一些数据，例如获取操作系统里的媒体库、通讯录等，这时就可能通过 ContentProvider 来实现了。

ContentProvider 是 Android 系统的四大组件之一，用于存储和检索数据，是 Android 系统中不同应用程序之间共享数据的接口。它以 Uri 的形式对外提供数据，允许其他应用操作本应用程序的数据，其他应用通过 ContentResolver 提供的 Uri 操作指定的数据。

下面将通过具体的图展示 A 应用与 B 应用之间的数据共享，如图 7-1 所示。

从图 7-1 可以看出，A 应用程序通过 ContentProvider 将数据暴露出来，供其他应用程序操作。B 应用程序通过 ContentResolver 接口操作暴露的数据，A 应用程序将数据返回到 ContentResolver，然后 ContentResolver 再把数据返回到 B 应用程序。

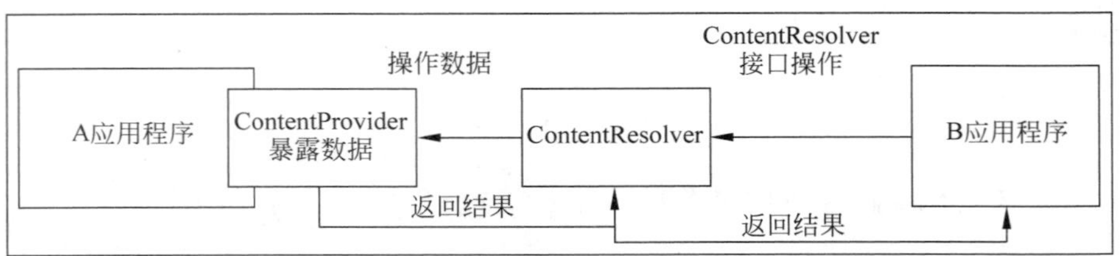

图 7-1　应用程序共享原理图

7.2　操作 ContentProvider

本节主要讲解如何创建和注册 ContentProvider、Uri 参数的基本应用以及通过获取用户通讯录来讲解 ContentProvider 的使用。

7.2.1　ContentProvider 的创建

开发 ContentProvider 时只需要两步，首先需要创建一个它的子类，该类需要实现它的抽象方法，如 query()、insert()、update()和 delete()等方法；然后在 AndroidManifest. xml 文件中注册 ContentProvider。

上面几个抽象方法的具体作用如下所示：

- public boolean onCreate()——ContentProvider 创建时调用。
- public int delete()——根据传入的 Uri 删除指定条件下的数据。
- public Uri insert()——根据传入的 Uri 插入数据。
- public Cursor query()——根据传入的 Uri 查询指定的数据。
- public int update()——根据传入的 Uri 更新指定的数据。

为了更好地讲解 ContentProvider，接下来将通过具体的代码讲解 CntentProvider 的创建以及注册。

1. 创建 ContentProvider

创建一个类继承自 ContentProvider，实现它的抽象方法，具体代码如下所示：

```
public class testContentProvider extends ContentProvider {
    public boolean onCreate() {
        return false;
    }
    public Cursor query( Uri uri, String[] strings, String s, String[] strings1, String s1) {
        return null;
    }
    public String getType(Uri uri) {
        return null;
    }
    public Uri insert(Uri uri, ContentValues contentValues) {
        return null;
```

```
    }
    public int delete(Uri uri, String s, String[] strings) {
        return 0;
    }
    public int update(Uri uri, ContentValues contentValues, String s, String[] strings) {
        return 0;
    }
}
```

2. 注册 ContentProvider

由于 ContentProvider 是 Android 的四大组件之一，所以也需要在 AndroidManifest.xml 文件中注册已经定义的 ContentProvider 子类，具体代码如下所示：

```
<provider
android:authorities = "com.jxust.cn.chapter7_contentprovider.testContentProvider "
android:name = ".testContentProvider">
</provider>
```

上述就是注册 ContentProvider 的代码，注册时指定了两个属性 android:name 和 android:authorities。android:name 代表的是 ContentProvider 子类的类名，android:authorities 代表的是访问本 provider 的路径。

为了保证数据的安全，有时需要为 provider 添加权限，这些都可以在清单文件中通过 android:permission 来添加，这里不做具体讲解，用到时可以查一下。

7.2.2　Uri 简介

在介绍创建 ContentProvider 时，提到了一个参数 Uri，它代表了数据的操作方法。Uri 由 scheme、authorites、path 3 部分组成，其中 schame 部分 content://是一个标准的前缀，表明了这个数据被 ContentProvider 管理，它不会修改。authorites 部分是在清单文件注册的 android:authorites 属性值，该值唯一，表明了当前的 ContentProvider。path 部分代表数据，当访问者操作不同数据时，这个值是动态变化的。

以下是一些示例 Uri：

content://media/internal/images——将返回设备上存储的所有图片。

content://contacts/people/——返回设备上的所有联系人信息。

content://contacts/people/45——返回单个结果(联系人信息中 ID 为 45 的联系人记录)。

以上就是 ContentProvider 和 Uri 的简介，接下来将通过获取手机通讯录的案例来具体讲解 ContentProvider 的使用。

7.2.3　使用 ContentProvider 获取通讯录

视频讲解

1. activity_main.xml 文件的编辑

修改布局文件，采用线性布局的方式，添加一个 ListView 用来显示获取到的姓名和手机号。activity_main.xml 文件的具体代码如下所示：

```
<LinearLayout xmlns:android="http://schemas.android.com/apk/res/android"
    xmlns:tools="http://schemas.android.com/tools"
    android:layout_width="match_parent"
    android:layout_height="match_parent"
    tools:context="com.jxust.cn.chapter7_getnumber.MainActivity"
    android:orientation="vertical">
<ListView
    android:id="@+id/show_people"
    android:layout_width="match_parent"
    android:layout_height="wrap_content">
</ListView>
</LinearLayout>
```

2. MainActivity 中的代码

修改 MainActivity 的代码，首先获取布局中定义的 ListView 组件，然后定义获取系统通讯录的 Uri，然后获取电话本开始一项的 Uri，最后逐行读取，把信息存储到 List 数组中。MainActivity 的具体代码如下所示：

```
public class MainActivity extends Activity {
    @Override
    protected void onCreate(Bundle savedInstanceState) {
        super.onCreate(savedInstanceState);
        List<String> string;
        setContentView(R.layout.activity_main);
        //得到 ContentResolver 对象
        ContentResolver cr = getContentResolver();
    //取得电话本中开始一项的光标
    Cursor cursor = cr.query(ContactsContract.Contacts.CONTENT_URI, null, null, null,
null);
        string = new ArrayList<String>();
        //向下移动光标
        while(cursor.moveToNext())
        {
            //取得联系人名字
            int nameFieldColumnIndex = cursor.getColumnIndex(
            ContactsContract.PhoneLookup.DISPLAY_NAME);
            String contact = cursor.getString(nameFieldColumnIndex);
            //取得电话号码
            String ContactId = cursor.getString(cursor.getColumnIndex(
                                        ContactsContract.Contacts._ID));
Cursor phone = cr.query(ContactsContract.CommonDataKinds.Phone.CONTENT_URI, null,
    ContactsContract.CommonDataKinds.Phone.CONTACT_ID + "=" + ContactId, null, null);
            while(phone.moveToNext())
            {
              String PhoneNumber = phone.getString(phone.getColumnIndex(
                     ContactsContract.CommonDataKinds.Phone.NUMBER));
                string.add (contact + ": " + PhoneNumber + "\n");
            }
```

```
        }
        cursor.close();
        //获取定义的 ListView 用来显示通讯录信息
        ListView peo_list = findViewById(R.id.show_people);
      peo_list.setAdapter(new
       ArrayAdapter < String >(MainActivity.this, android.R.layout.simple_list_item_1,
string));
    }
}
```

3. 添加权限

以上就是获取手机通讯录 MainActivity.java 中的详细代码，在完成布局文件和 Activity 的代码编写以后，需要在清单文件中添加联系人读写权限，具体的代码如下所示：

```
<uses-permission android:name="android.permission.READ_CONTACTS" />
```

4. 运行程序

完成了上述编码以后，运行程序，程序会把系统上的手机通讯录信息读取出来，读取的信息包括联系人姓名和手机号，然后通过 ListView 显示出来。具体的结果如图 7-2 所示。

以上就实现了使用系统提供的自带的 Uri 来获取手机通讯录的信息。通过系统自带的这些 Uri 还可以获取媒体信息、短信等信息。如果想自定义 ContentProvider 类来获取用户信息，可以借助 SQLite 数据库自定义用户数据来实现。

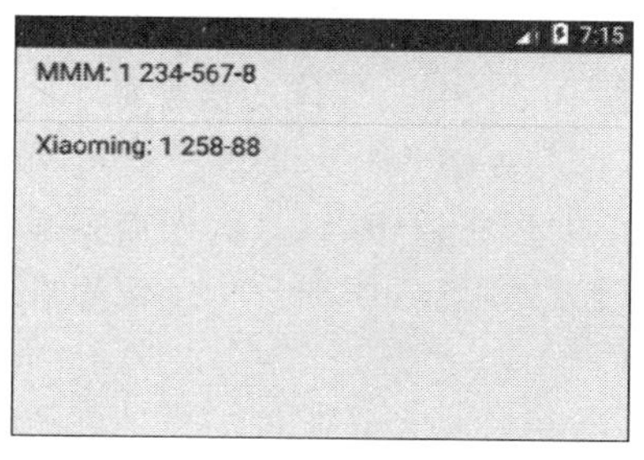

图 7-2 手机通讯录信息

7.3 使用 ContentProvider 共享数据

Android 系统应用一般会对外提供 ContentProvider 接口，例如短信、图片以及手机联系人信息等，以便实现应用程序之间的数据共享。应用程序之间的数据共享操作通过 ContentResolver 进行，接下来将详细介绍 ContentResolver 的相关知识。

7.3.1 ContentResolver 的简介

在 Android 系统中，应用程序通过 ContentProvider 来暴露自己的数据，然后其他的应用程序通过 ContentResolver 对应用程序暴露的数据进行操作。由于使用 ContentProvider 暴露数据时，提供了相应操作的 Uri，所以在使用 ContentResolver 获取数据的时候，需要指定相应的 Uri。具体代码如下所示：

```
//得到 ContentResolver 对象
ContentResolver cr = getContentResolver();
```

```
//取得电话本中开始一项的光标
// ContactsContract.Contacts.CONTENT_URI 手机通讯录的 Uri
Cursorcursor = cr.query(ContactsContract.Contacts.CONTENT_URI,
                        null, null, null, null);
string = new ArrayList<String>();
//向下移动光标
while(cursor.moveToNext())
{
    …;
}
cursor.close();
```

在上述代码中，通过 ContentResolver 的 query()方法实现了对应用程序数据的查询，这个方法只适用于查询，不适用于更新、删除等操作。

7.3.2 系统短信备份案例

视频讲解

在学习了如何使用 ContentResolver 访问系统应用程序共享的数据之后，下面将给出一个具体的案例——获取系统短信并保存成 XML 文件存放在 SD 卡中。具体的步骤如下。

1. 创建 Android 程序 chapter7_Sms

创建完程序以后，首先需要修改布局文件 activity_main.xml，把布局文件修改为线性布局方式，然后添加一个按钮组件，单击按钮以后会读取系统的短信并在 SD 卡下保存一个文件。

activity.xml 文件的具体代码如下所示：

```
<?xml version = "1.0" encoding = "utf - 8"?>
<LinearLayout xmlns:android = "http://schemas.android.com/apk/res/android"
    xmlns:tools = "http://schemas.android.com/tools"
    android:layout_width = "match_parent"
    android:layout_height = "match_parent"
    tools:context = "com.jxust.cn.chapter7_sms.MainActivity"
    android:orientation = "vertical">
<Button
    android:id = "@ + id/button1"
    android:layout_width = "match_parent"
    android:layout_height = "wrap_content"
    android:text = "短信备份"/>
</LinearLayout>
```

以上就是程序的布局界面代码，实现的效果如图 7-3 所示。

2. 编写 SmsInfo 类

因为获取到的短信较多，需要使用到 list，而且每条短信包含的内容较多，如信息内容、时间、类型、发送地址，此时就需要一个类来封装这些信息，这样能够减少代码量，使代码更加容易理解。SmsInfo.java 的具体代码如下所示：

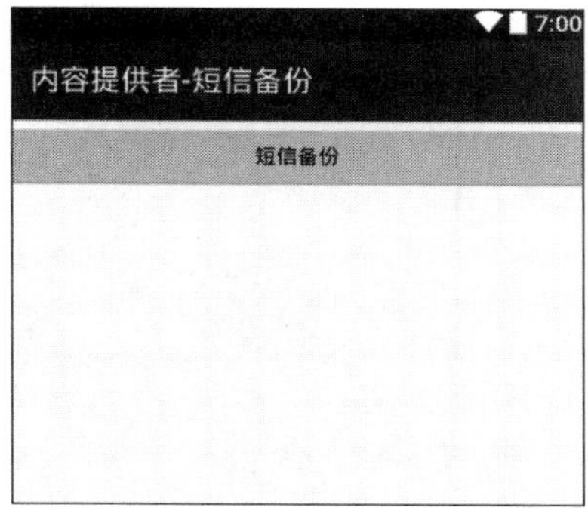

图 7-3 布局界面

```
class SmsInfo {
    private String address;     //发送地址
    private long date;          //发送时间
    private int type;           //类型
    private String body;        //内容
    private int id;
    //构造方法
    public SmsInfo(String address, long date, int type, String body) {
        this.address = address;
        this.date = date;
        this.type = type;
        this.body = body;
    }
    public SmsInfo(String address, long date, int type, String body, int id) {
        this.address = address;
        this.date = date;
        this.type = type;
        this.body = body;
        this.id = id;
    }
    public void setAddress(String address) {
        this.address = address;
    }
    public String getAddress() {
        return address;
    }
    public void setDate(long date) {
        this.date = date;
    }
    public long getDate() {
        return date;
    }
    public void setBody(String body) {
        this.body = body;
    }
    public String getBody() {
```

```
        return body;
    }
    public void setId(int id) {
        this.id = id;
    }
    public int getId() {
        return id;
    }
    public void setType(int type) {
        this.type = type;
    }
    public int getType() {
        return type;
    }
}
```

上述就是 SmsInfo JavaBean 对象的具体代码，其中封装了 date、type、address、body 以及 id 属性。

3. 创建 XML 文件生成类 Sms_Xml.java

该类负责把获取到的信息保存成一个 mes.xml 文件，存放在 SD 卡下。具体的代码如下所示：

```
class Sms_Xml {
    //将短信保存在 sd 卡下的 mes.xml 文件下
    public static void beifen_sms(List<SmsInfo> list, Context context){
        try{
            XmlSerializer serial = Xml.newSerializer();
            File file = new File(Environment.getExternalStorageDirectory(),"mes.xml");
            FileOutputStream fi_out = new FileOutputStream(file);
            //初始化序列号器,指定 xml 数据写入到哪个文件以及编码
            serial.setOutput(fi_out,"utf-8");
            serial.startDocument("utf-8",true);
            //根节点
            serial.startTag(null,"smss");
            for (SmsInfo info : list){
                //构建父节点
                serial.startTag(null,"sms");
                serial.attribute(null,"id",info.getId() + "");
                //body 部分
                serial.startTag(null,"body");
                serial.text(info.getBody());
                serial.endTag(null,"body");
                //address 部分
                serial.startTag(null,"address");
                serial.text(info.getAddress());
                serial.endTag(null,"address");
                //type 部分
                serial.startTag(null,"type");
```

```
                serial.text(info.getType() + "");
                serial.endTag(null,"type");
                //date 部分
                serial.startTag(null,"date");
                serial.text(info.getDate() + "");
                serial.endTag(null,"date");
                //父节点结束
                serial.endTag(null,"sms");
            }
            serial.endTag(null,"smss");
            serial.endDocument();
            fi_out.close();
            Toast.makeText(context,"短信备份成功",Toast.LENGTH_SHORT).show();
        }catch (Exception e){
            e.printStackTrace();
            Toast.makeText(context,"短信备份失败",Toast.LENGTH_SHORT).show();
        }
    }
}
```

以上就是使用了 XmlSerializer 对象把短信内容以 XML 的形式写入到 mes.xml 文件的具体代码。

4. MainActivity 代码(界面交互类)

MainActivity 类负责实现短信的备份功能,首先需要初始化按钮组件,然后为其添加监听事件,负责读取短信内容并存储。具体代码如下所示:

```
public class MainActivity extends Activity {
    private Button button;
    @Override
    protected void onCreate(Bundle savedInstanceState) {
        super.onCreate(savedInstanceState);
        setContentView(R.layout.activity_main);
        button = findViewById(R.id.button1);
        button.setOnClickListener(new View.OnClickListener() {
            @Override
            public void onClick(View view) {
                //content://sms 查询所有短信的 uri
                Uri uri =  Uri.parse("content://sms/");
                //获取 ContentResolver 对象
                ContentResolver contentResolver = getContentResolver();
                //通过 ContentResolver 对象查询系统短信
                Cursor cursor = contentResolver.query(uri,new String[]{"address","date",
                        "type","body"},null,null,null);
                List<SmsInfo> list = new ArrayList<SmsInfo>();
                while (cursor.moveToNext()){
                    String address = cursor.getString(0);
                    long date = cursor.getLong(1);
                    int type = cursor.getInt(2);
```

```
                String body = cursor.getString(3);
                SmsInfo smsInfo = new SmsInfo(address,date,type,body);
                list.add(smsInfo);
            }
            cursor.close();
            Sms_Xml.beifen_sms(list,MainActivity.this);
        }
    });
  }
}
```

上述代码中，首先使用了 ContentResolver 读取系统的短信，然后将读取的信息保存为 mes.xml 文件。需要注意的是，使用完 Cursor 之后，一定要关闭，否则会造成内存泄漏。

5. 添加权限

该程序需要读取系统的短信信息以及操作 SD 卡，所以需要在清单文件中添加权限。具体代码如下所示：

```
<uses-permission android:name="android.permission.READ_SMS" />
<uses-permission android:name="android.permission.WRITE_EXTERNAL_STORAGE"/>
```

6. 运行程序

上述代码完成以后，运行程序。单击界面中的"短信备份"按钮，在 SD 卡下查看生成的 mes.xml 文件。将文件导出到桌面，查看内容，mes.xml 具体的内容如下所示：

```
<?xml version='1.0' encoding='utf-8' standalone='yes' ?>
<smss>
    <sms id="0">
        <body>Upper</body>
        <address>897-89</address>
        <type>2</type>
        <date>1500269244758</date>
    </sms>
    <sms id="0">
        <body>12121</body>
        <address>1 234-567-8</address>
        <type>2</type>
        <date>1500269178055</date>
    </sms>
</smss>
```

在查看完生成的文件内容后，需要与短信的发送记录进行对比。程序的运行结果如图 7-4 所示，系统短信的发送记录界面如图 7-5 所示。

从图 7-5 可以看出，生成的 mes.xml 文件的内容与短信发送的记录内容一致，这就说明读取并保存正确。以上就是使用 ContentResolver 读取系统短信内容的详细使用过程。

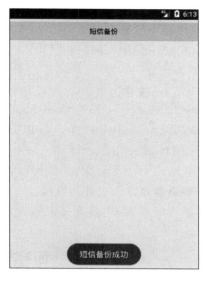

图 7-4　运行结果图

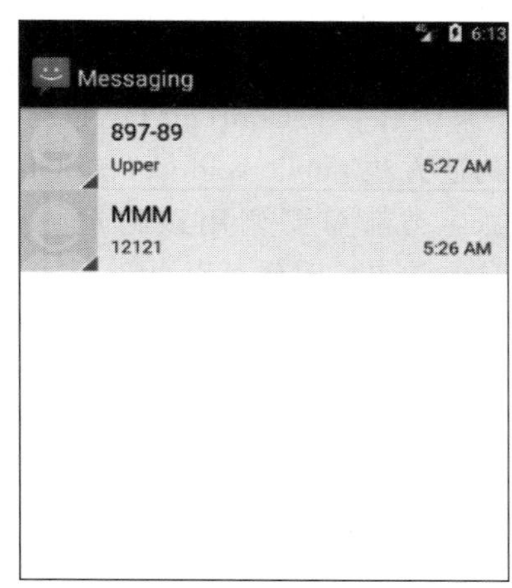

图 7-5　系统短信发送记录图

7.4　ContentObserver

7.4.1　ContentObserver 简介

ContentObserver(内容观察者)的目的是观察(捕捉)特定 Uri 引起的数据库的变化,继而做一些相应的处理,它类似于数据库技术中的触发器(Trigger),当 ContentObserver 所观察的 Uri 发生变化时,便会触发 ContentObserver 的 onChange()方法。触发器分为表触发器、行触发器,相应地 ContentObserver 也分为"表"ContentObserver、"行"ContentObserver,当然这是与它所监听的 Uri MIME Type 有关的。

ContentObserver 的工作原理如图 7-6 所示。

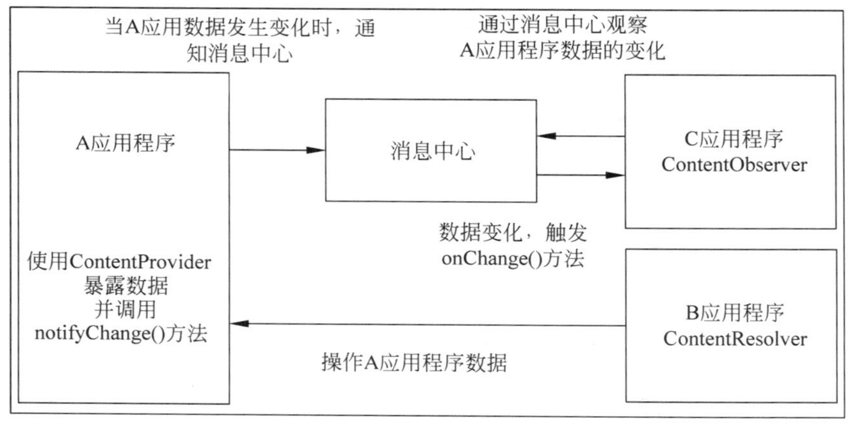

图 7-6　ContentObserver 工作原理图

从图 7-6 可以看出，A 应用程序通过 ContentProvider 暴露自己的数据，B 应用程序通过 ContentResolver 操作 A 应用程序的数据，当 A 应用程序的数据发生变化时，A 应用程序调用 notifyChange()方法向消息中心发送消息，然后 C 应用程序观察到数据变化时，就会触发 ContentObserver 的 onChange()方法。

接下来讲解一下 ContentObserver 的几个常用方法，具体如下所示：

- 构造方法 public void ContentObserver(Handler handler)——所有 ContentObserver 的派生类都需要调用该构造方法，参数：handler，Handler 对象。可以是主线程 Handler(这时候可以更新 UI)，也可以是任何 Handler 对象。
- void onChange(boolean selfChange)——观察到的 Uri 发生变化时，回调该方法去处理。所有 ContentObserver 的派生类都需要重载该方法去处理数据。

接下来将通过“监控短信发送案例”讲解如何注册内容观察者、自定义观察者以及当数据变化时怎么处理。

7.4.2 监控短信发送案例

视频讲解

7.4.1 节学习了 ContentObserver 的基本知识以及常用的方法，本节将通过具体的例子来讲解如何使用 ContentObserver。具体的操作步骤如下。

1. 创建 chapter7_SmsListener 程序

本案例通过监听 Uri 为 content://sms 的数据改变即可监听到用户信息的数据改变，并且在监听器的 onChange(Boolean selfChange)方法查询 Uri 为 content://sms/outbox 的数据，获取用户正在发送的短信(用户正在发送的短信是保存在发件箱内的)。

修改 activity_main.xml 文件代码，采用相对布局的方式，放置一个 TextView 组件，用来显示发送消息的内容。具体代码如下所示：

```
<?xml version = "1.0" encoding = "utf - 8"?>
< RelativeLayout xmlns:android = "http://schemas.android.com/apk/res/android"
    xmlns:tools = "http://schemas.android.com/tools"
    android:layout_width = "match_parent"
    android:layout_height = "match_parent"
    tools:context = "com.jxust.cn.chapter7_smslistener.MainActivity">
    < TextView
        android:layout_width = "wrap_content"
        android:layout_height = "wrap_content"
        android:text = "显示发送消息的内容"
        android:layout_centerHorizontal = "true"
        android:layout_centerVertical = "true"
        android:textSize = "17sp"/>
</RelativeLayout >
```

上述代码定义了一个居中显示的 TextView 组件，用来显示发送消息的内容。具体的界面如图 7-7 所示。

2. MainActivity 代码

在完成了布局界面的设计以后，接下来需要在 MainActivity 中监听发送的消息，并且

图 7-7　布局界面

把消息显示出来。具体的代码如下所示：

```
public class MainActivity extends Activity {
    private TextView mes_text;
    @Override
    protected void onCreate(Bundle savedInstanceState) {
        super.onCreate(savedInstanceState);
        setContentView(R.layout.activity_main);
        mes_text = findViewById(R.id.show_mes);
        //为 content://sms 的数据改变注册监听器
        ContentResolver contentResolver = getContentResolver();
        Uri uri =  Uri.parse("content://sms/");
        contentResolver.registerContentObserver(uri,true,new SmsObsever(new Handler()));
    }
    //自定义的 ContentObserver 监听器类
    private class SmsObsever extends ContentObserver {
        public SmsObsever(Handler handler) {
            super(handler);
        }
        @Override
        public void onChange(boolean selfChange) {
            //查询发件箱中的短信
            Cursor cursor = getContentResolver().query(Uri.parse("content://sms/outbox"),
                    null,null,null,null);
            //遍历查询的结果集
            while(cursor.moveToNext()){
                String address = cursor.getString(cursor.getColumnIndex("address"));
                String body = cursor.getString(cursor.getColumnIndex("body"));
                String time = cursor.getString(cursor.getColumnIndex("date"));
                mes_text.setText("收件人：" + address + "\n 内容：" + body + "\n 发送时间："
+ time);
            }
            cursor.close();
        }
    }
}
```

上述代码首先通过监听 Uri 为 content://sms/的数据改变，从而监听用户信息数据的改变；然后监听 Uri 为 content://sms/outbox 的全部数据，从而查询用户刚发送的短信。

3. 添加权限

因为需要读取用户的短信数据，所以需要在清单文件中添加权限。具体代码如下所示：

```
<uses-permission android:name="android.permission.READ_SMS" />
```

4. 运行程序

运行该程序，在不关闭程序的情况下(按 Home 键返回到桌面)打开系统自带的短信发送程序，发送一条信息，如图 7-8 所示。该程序后台检测到的发送信息的内容如图 7-9 所示。

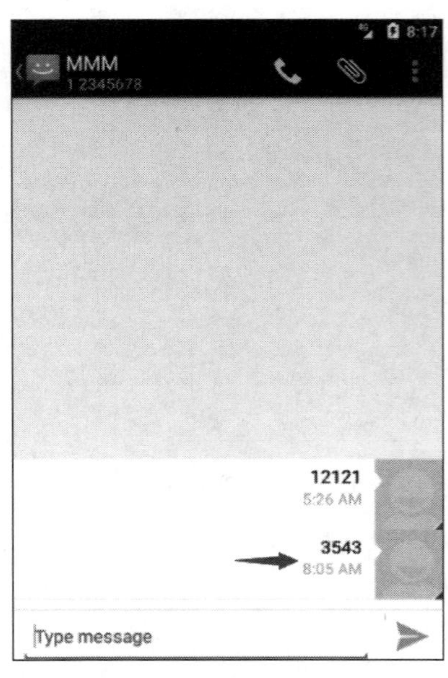

图 7-8　发送信息界面

图 7-9　程序运行结果图

以上就是监听用户发送短信的具体操作，这个案例采用 Activity 来实现并不合适，因为用户需要先打开该应用程序，然后在保持该 Activity 不关闭的情况下去发送短信，这样才能监听到发送的短信，这样不符合用户的操作习惯。在第 8 章中会讲解如何利用 Android 中的 Service 组件来实现以后台进程的方式监听用户发送的信息。

7.5　本章小结

本章主要讲解了 Android 系统中 ContentProvider 组件的功能和用法，首先对 ContentProvider 进行了简单的介绍，然后讲解了如何创建 ContentProvider 以及如何使用 ContentResolver 访问其他应用程序的数据，最后讲解了 ContentObserver，通过 ContentObserver 观察数据的变化。

至此，Android 中的四大组件已经讲了 Activity 和 ContentProvider，还有两个组件，分别为 Service 和 BroadcastReceiver，将在接下来的两章进行讲解。已经学过的两大组件需要熟练掌握，在实际的项目开发中，有很大的用处。

7.6 课后习题

1. 简述 ContentProvider 的工作原理。
2. 简述 ContentProvider、ContentResolver、ContentObserver 之间的关系。
3. 使用 ContentObserver 监听用户接收的短信数据，使用 TextView 显示监听到的数据。
4. 自定义联系人数据库，使用 ContentProvider 将联系人的信息显示在 ListView 组件上。

第8章

Service和广播的使用

学习目标

- 掌握 Service 组件的生命周期。
- 掌握 Service 组件的创建、配置。
- 掌握 Service 组件的两种启动方式以及停止方式。
- 掌握 Service 组件的通信。
- 掌握广播(Broadcast)组件的使用。

Service 是 Android 四大组件中与 Activity 最相似的组件,它们都代表可执行的程序,都有自己的生命周期,不同的是:Service 一直在后台运行,它没有界面;而 Activity 有自己的运行界面。因此 Service 经常用于处理一些耗时的程序,例如网络传输、视频播放等。

广播就是一种广泛运用在应用程序之间传输消息的机制,而广播接收器(BroadcastReceiver)是 Android 应用程序的四大组件之一,对发送出来的广播进行接收并响应的一类组件。接下来将详细介绍广播和 Service 的使用。

8.1 Service 简介

Service 组件是可执行的程序,它能够长期在后台运行且不提供用户界面,它也有自己的生命周期。创建、配置 Service 与创建、配置 Activity 的过程基本相似,只需要继承 Service 类,接下来将详细介绍 Service 的开发。

8.1.1 Service 的创建和配置

前面学过 Activity 的创建与配置。首先要创建 Activity 子类,然后在 AndroidManifest.xml 文件中配置 Activty。开发 Service 也需要两步:首先创建 Service 子类,然后在清单文件中配置。

Service 与 Activity 都是从 Context 派生出来的,因此都可调用 Context 中定义的如

getResources()、getContentResolver()等方法。

1. Service 的创建

创建一个 test_Service 类继承 Service，此时该类会自动实现 onBind()方法。test_Service 类的具体代码如下所示：

```
public class test_Service extends Service {
    @Override
    public IBinder onBind(Intent intent) {
        return null;
    }
}
```

上述代码中创建了一个 test_Service 类继承自 Service，在该类中实现了一个 onBind()方法，关于该方法会在后面进行详细讲解。

2. Service 的配置

由于 Service 是 Android 的四大组件之一，因此需要在清单文件中注册。注册的具体代码如下所示：

```
<application
    …
        <service android:name = ".test_Service"></service>
</application>
```

以上就是 Service 组件的创建与配置，需要注意的是创建完成以后，一定要在清单文件中配置，否则服务是无效的。

8.1.2 Service 的启动与停止

当 Service 创建与配置完成以后，接下来就可以在程序中运行该 Service 了。在 Android 系统中运行 Service 有如下两种方式：

- 通过 Context 的 startService()方法。通过该方法启动 Service，访问者与 Service 之间没有关联，即使访问者退出，Service 也仍然在运行。
- 通过 Context 的 bindService()方法。这种方式启动的 Service，访问者与 Service 绑定在一起，访问者退出，Service 也就终止了。

接下来将详细讲解这两种启动方式。

1. start 方式启动服务

学习 start 方式启动服务，首先要学会使用 startService()方式开启服务和使用 stopService()关闭服务。具体代码如下所示：

```
Intent intent = new Intent(this,test_Service.class);
startService(intent);//开启服务
stopService(intent);//关闭服务
```

以上就是开启 test_Service 服务的方法，接下来将通过具体的例子讲解 start()方式启动服务的过程。

1）创建 chapter8_start_Service 项目

首先创建一个项目，然后修改 activity_main. xml 布局文件，采用线性布局的方式，放置两个按钮组件，分别用来启动和停止服务。代码如下所示：

```
<?xml version = "1.0" encoding = "utf - 8"?>
< LinearLayout xmlns:android = "http://schemas.android.com/apk/res/android"
    xmlns:tools = "http://schemas.android.com/tools"
    android:layout_width = "match_parent"
    android:layout_height = "match_parent"
    tools:context = "com.jxust.cn.chapter8_start_service.MainActivity"
    android:orientation = "vertical">
    < Button
        android:id = "@ + id/start"
        android:layout_width = "match_parent"
        android:layout_height = "wrap_content"
        android:text = "启动服务" />
    < Button
        android:id = "@ + id/stop"
        android:layout_width = "match_parent"
        android:layout_height = "wrap_content"
        android:text = "停止服务" />
</LinearLayout >
```

上述布局代码实现的界面如图 8-1 所示。

图 8-1 程序界面

2）创建 Service 子类

创建一个 test_Service 类继承自 Service，重写生命周期中的 onCreate()、onStartCommand()和 onDestory()方法，然后通过输出 Log 信息，观察服务的执行过程。具体的代码如下所示：

```
public class test_Service extends Service {
    @Override
```

```
    public IBinder onBind(Intent intent) {
        return null;
    }
    @Override
    public void onCreate() {
        super.onCreate();
        Log.v("test_Service","onCreate()");
    }
    @Override
    public int onStartCommand(Intent intent, int flags, int startId) {
        Log.v("test_Service","onStartCommand()");
        return super.onStartCommand(intent, flags, startId);
    }
    public void onDestroy() {
        Log.v("test_Service","onDestroy()");
        super.onDestroy();
    }
}
```

3）配置 Service

清单文件中配置的具体代码如下所示：

```
<service android:name=".test_Service"></service>
```

4）编写 MainActivity 代码

MainActivity 主要负责实现按钮的单击事件，分别是启动服务和关闭服务。具体的代码如下所示：

```
public class MainActivity extends Activity implements View.OnClickListener {
    private Button start_btn,stop_btn;
    @Override
    protected void onCreate(Bundle savedInstanceState) {
        super.onCreate(savedInstanceState);
        setContentView(R.layout.activity_main);
        start_btn = findViewById(R.id.start);
        stop_btn = findViewById(R.id.stop);
        start_btn.setOnClickListener(this);
        stop_btn.setOnClickListener(this);
    }
    @Override
    public void onClick(View view) {
        switch (view.getId()){
            //启动服务
            case R.id.start:
                Intent intent = new Intent(this,test_Service.class);
                startService(intent);
                break;
```

```
                //关闭服务
                case R.id.stop:
                    Intent intent11 = new Intent(this,test_Service.class);
                    stopService(intent11);
                    break;
                default:
                    break;
            }
        }
    }
```

5）运行程序

运行程序，单击界面上的“启动服务”按钮，出现的 Log 信息如图 8-2 所示。

L...	Time	PID	TID	Application	Tag	Text
V	07-19 02:37:00.688	2731	2731	com.jxust.cn.chap...	test_Service	onCreate()
V	07-19 02:37:00.689	2731	2731	com.jxust.cn.chap...	test_Service	onStartCommand()

图 8-2 “启动服务”结果

从 Log 信息可以看出，服务创建时首先执行的是 onCreate()方法，当服务启动时执行的是 onStartCommand()。需要注意的是，onCreate()方法只在服务创建时执行，而 onStartCommand()方法则在每次启动服务时调用。

单击“停止服务”按钮，打印的 Log 信息如图 8-3 所示。

L...	Time	PID	TID	Application	Tag	Text
V	07-19 02:37:00.688	2731	2731	com.jxust.cn.chap...	test_Service	onCreate()
V	07-19 02:37:00.689	2731	2731	com.jxust.cn.chap...	test_Service	onStartCommand()
V	07-19 02:37:09.744	2731	2731	com.jxust.cn.chap...	test_Service	onDestroy()

图 8-3 “停止服务”结果

从如图 8-3 所示的 Log 信息可以看出，当单击“停止服务”按钮以后，服务会执行 onDestory()方法销毁。以上就是使用 start()方式启动服务的方法，如果不调用 stopService()方法，那么服务会在后台一直运行，除非用户强制停止服务。

2. *bind 方式启动服务*

当程序使用 startService()和 stopService()启动和关闭服务时，服务与调用者之间基本不存在太多的关联，因此 Service 无法与访问者之间进行数据交换和通信等。

如果 Service 和访问者之间需要进行通信和数据交换，则应该使用 bindService()和 unbindService()方法启动、关闭服务。

Context 的 bindService()方法的完整形式如下所示：

```
bindService(Intent service,ServiceConnection conn,int flags)
```

该方法的 3 个参数说明如下：

service——该参数通过 Intent 指定要启动的 Service。

conn——该参数是一个 ServiceConnection 对象，用于监听访问者与 Service 之间的连接情况。当访问者与 Service 连接成功时将调用 ServiceConnection 对象的 onServiceConnected(ComponentName name, IBinder service)方法,当 Service 与访问者之间断开连接时将调用 ServiceConnection 对象的 onServiceDisconnected(ComponentName name)方法。

flags——指定绑定时是否自动创建 Service(如果 Service 还没创建)。该参数可指定为 0(不自动创建)或 BIND_AUTO_CREATE(自动创建)。

实际的开发中通常会采用继承 Binder(IBinder 的实现类)的方式实现自己的 IBinder 对象。接下来通过一个具体的例子讲解使用 bind 方式启动和关闭服务的执行过程。

1) 创建 chapter8_bind_Service 项目

首先修改布局界面的代码,采用线性布局的方式放置 3 个按钮。activity_main.xml 的具体代码如下所示:

```
<?xml version = "1.0" encoding = "utf - 8"?>
<LinearLayout xmlns:android = "http://schemas.android.com/apk/res/android"
    xmlns:tools = "http://schemas.android.com/tools"
    android:layout_width = "match_parent"
    android:layout_height = "match_parent"
    tools:context = "com.jxust.cn.chapter8_bind_service.MainActivity"
    android:orientation = "vertical">
    <Button
        android:id = "@ + id/button1"
        android:layout_width = "match_parent"
        android:layout_height = "wrap_content"
        android:text = "绑定服务" />
    <Button
        android:id = "@ + id/button2"
        android:layout_width = "match_parent"
        android:layout_height = "wrap_content"
        android:text = "调用服务的方法" />
    <Button
        android:id = "@ + id/button3"
        android:layout_width = "match_parent"
        android:layout_height = "wrap_content"
        android:text = "解除绑定" />
</LinearLayout>
```

上述代码中定义了 3 个按钮,分别对应绑定服务、调用服务的方法和解除绑定的事件。上述程序实现的用户界面如图 8-4 所示。

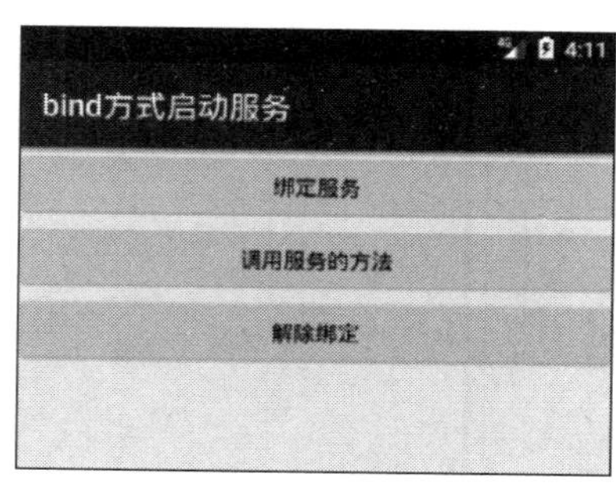

图 8-4 程序界面

2）创建 Service 类

创建一个 test_bindService 类继承自 Service，该类中实现了绑定服务生命周期中的 3 个方法以及自定义的 1 个 custom_metod 方法。该类的具体实现代码如下：

```
public class test_bindService extends Service {
    //创建服务的代理，调用服务中的方法
    class MyBinder extends Binder{
        public void test(){
            custom_metod();
        }
    }
    //自定义方法
    private void custom_metod() {
        Log.v("test_bindService","自定义的方法 custom_metod()");
    }
    @Override
    public void onCreate() {
        Log.v("test_bindService","创建服务 onCreate()");
        super.onCreate();
    }
    @Override
    public IBinder onBind(Intent intent) {
        Log.v("test_bindService","绑定服务 onBind()");
        return new MyBinder();
    }
    @Override
    public boolean onUnbind(Intent intent) {
        Log.v("test_bindService","解除绑定 onUnbind()");
        return super.onUnbind(intent);
    }
}
```

3）配置 Service

在清单文件中配置 Service 的代码如下所示：

```
<service android:name=".test_bindService"></service>
```

4）编写 MainActivity 代码

MainActivity 主要负责实现按钮的监听功能，分别对应绑定服务、调用服务的方法、解除绑定。具体的代码如下所示：

```
public class MainActivity extends Activity implements View.OnClickListener {
    private Button btn1,btn2,btn3;
    private test_bindService.MyBinder myBinder;
    private MyConn conn;
    @Override
    protected void onCreate(Bundle savedInstanceState) {
```

```
        super.onCreate(savedInstanceState);
        setContentView(R.layout.activity_main);
        btn1 = findViewById(R.id.button1);
        btn2 = findViewById(R.id.button2);
        btn3 = findViewById(R.id.button3);
        btn1.setOnClickListener(this);
        btn2.setOnClickListener(this);
        btn3.setOnClickListener(this);
    }
    @Override
    public void onClick(View view) {
        switch (view.getId()){
            //绑定服务
            case R.id.button1:
                if(conn == null){
                    conn = new MyConn();
                }
                Intent intent = new Intent(this,test_bindService.class);
                bindService(intent,conn,BIND_AUTO_CREATE);
                break;
            //调用服务中的方法
            case R.id.button2:
                myBinder.test();
                break;
            //解除绑定
            case R.id.button3:
                if(conn!= null){
                    unbindService(conn);
                    conn = null;
                }
                break;
            default:
                break;
        }
    }
    //创建 MyConn 类,用于实现连接服务
    private class MyConn implements ServiceConnection{
        //成功绑定到服务时调用的方法
        @Override
        public void onServiceConnected(ComponentName componentName, IBinder iBinder) {
            myBinder = (test_bindService.MyBinder)iBinder;
            Log.v("MainActivity","服务绑定成功");
        }
        @Override
        public void onServiceDisconnected(ComponentName componentName) {
        }
    }
}
```

5）运行程序

运行程序，单击界面上的"绑定服务"按钮，打印的 Log 信息如图 8-5 所示。

L...	Time	PID	TID	Application	Tag	Text
V	07-19 04:39:19.483	4383	4383	com.jxust.cn.chap...	test_bindSer...	创建服务onCreate()
V	07-19 04:39:19.483	4383	4383	com.jxust.cn.chap...	test_bindSer...	绑定服务onBind()
V	07-19 04:39:19.509	4383	4383	com.jxust.cn.chap...	MainActivity	服务绑定成功

图 8-5 "绑定服务"结果

从图 8-5 中可以看出，服务绑定成功了，在服务绑定时会首先调用 onCreate()方法，然后调用 onBind()方法。接下来单击"调用服务的方法"按钮，打印的 Log 信息如图 8-6 所示。

L...	Time	PID	TID	Application	Tag	Text
V	07-19 04:39:19.483	4383	4383	com.jxust.cn.chap...	test_bindSer...	创建服务onCreate()
V	07-19 04:39:19.483	4383	4383	com.jxust.cn.chap...	test_bindSer...	绑定服务onBind()
V	07-19 04:39:19.509	4383	4383	com.jxust.cn.chap...	MainActivity	服务绑定成功
V	07-19 04:52:36.402	4383	4383	com.jxust.cn.chap...	test_bindSer...	自定义的方法custom_metod()

图 8-6 "调用服务的方法"结果

接下来单击"解除绑定"按钮，打印的 Log 信息如图 8-7 所示。

L...	Time	PID	TID	Application	Tag	Text
V	07-19 04:39:19.483	4383	4383	com.jxust.cn.chap...	test_bindSer...	创建服务onCreate()
V	07-19 04:39:19.483	4383	4383	com.jxust.cn.chap...	test_bindSer...	绑定服务onBind()
V	07-19 04:39:19.509	4383	4383	com.jxust.cn.chap...	MainActivity	服务绑定成功
V	07-19 04:52:36.402	4383	4383	com.jxust.cn.chap...	test_bindSer...	自定义的方法custom_metod()
V	07-19 04:55:50.150	4383	4383	com.jxust.cn.chap...	test_bindSer...	解除绑定onUnbind()

图 8-7 "解除绑定"结果

以上就是使用 bind 方式启动 Service 的具体操作过程，通过这种形式，Service 可以与访问者之间进行通信与数据交换等。

8.2 Service 的生命周期

视频讲解

在 8.1 节学习 Service 的启动与停止时，已经简单了解了 Service 生命周期的几个方法，如 onCreate()、onStartCommand()、onDestory()方法。接下来将详细介绍在两种不同启动方式下的 Service 的生命周期。

1. startService 方式启动服务的生命周期

当使用 startService 方式启动服务时，服务会先执行 onCreate()方法，接着执行 onStartCommand()方法，此时服务处于运行状态，直到自身调用 stopSelf()方法或者访问者调用 stopService()方法时服务停止，最终被系统销毁。这种方式开启的服务会长期在后台运行，与访问者的状态没有关系。

2. bindService 方式启动服务的生命周期

当其他组件调用 bindService()方法时,服务首先被创建,接着访问者通过 Ibinder 接口与服务通信。访问者通过 unbindService()方法关闭连接,当多个访问者绑定在一个服务上时,只有它们都解除绑定时,服务才会被直接销毁。这种方式启动的服务与访问者有关,访问者退出时,服务就会被销毁。

3. Service 生命周期的方法介绍

onCreate():第一次创建服务时执行的方法。

onDestory():服务被销毁时执行的方法。

onStartCommand():访问者通过 startService(Intent service)启动服务时执行的方法。

onBind():使用 bindService()方式启动服务时调用的方法。

onUnbind():解除绑定时调用的方法。

上述这些方法都是 Service 生命周期的重要回调方法,通过这些方法可以看出服务从启动到停止所经历的过程。

为了更清楚地看到服务两种启动方式的生命周期,接下来将通过一张对比图来说明,如图 8-8 所示。

图 8-8 Service 的生命周期

以上就是两种启动方式的生命周期,和 Activity 的生命周期类似。关于 Service 的基本应用需要熟练掌握,后续章节会讲解如何利用系统的服务,如电话、短信、闹钟等。

8.3 Service 通信

8.3.1 本地服务和远程服务通信

在 Android 系统中，服务的通信方式有两种，分别是本地服务通信和远程服务通信。本地服务通信是指应用程序内部的通信，远程服务通信是指两个应用程序之间的通信。无论使用哪一种通信，必须要以绑定的方式开启服务。接下来将详细介绍这两种服务。

1. 本地服务通信

使用服务进行本地通信时，首先需要开发一个 Service 类，该类会提供一个 IBinder onBind(Intent intent)方法，onBind()方法返回的 IBinder 对象会作为参数传递给 ServiceConnection 类中 onServiceConnected(Component name,IBinder service)方法，这样访问者即可通过 IBinder 对象与 Service 进行通信。

接下来将通过一张图来说明如何使用 IBinder 对象进行本地服务通信，如图 8-9 所示。

图 8-9 本地服务通信原理

从图 8-9 中可以看出，本地服务通信实质上是使用了 IBinder 对象，在 ServiceConnection 类中得到 IBinder 对象，就可以获取 Service 中定义的方法。

2. 远程服务通信

远程服务通信主要是为了实现不同应用程序之间的通信，远程服务通信是通过 AIDL (Android Interface Definition Language)实现的，它是一种接口定义语言。开发人员定义的 AIDL 接口只是定义了进程之间的通信接口，服务器端、客户端都需要使用 Android SDK 安装目录下 platform-tools 子目录的 aidl. exe 工具为接口提供实现。如果开发人员使用 ADT 工具进行开发，那么 ADT 工具会自动实现 AIDL 接口。

定义 AIDL 接口的具体示范代码如下所示：

```
interface IService{
    String getName();
    int getAge();
}
```

定义 AIDL 接口时，不需要添加类型修饰符，例如 public、private 等，都是不正确的。

定义好 AIDL 接口之后，接着创建 Service 类的子类。该 Service 的 OnBind()方法返回的 IBinder 对象应该是 ADT 所生成的 IService. Stub 的子类。具体代码如下所示：

```
public class MyService extends Service{
    //继承 IService.stub
    private class IServiceBinder extends Stub {
        public String getName()throws RemoteException{
            return "王思";
        }
        public int getAge()throws RemoteException{
            return 12;
        }
    }
    @Override
    public IBinder onBind(Intent intent) {
        return new IServiceBinder();
    }
    @Override
    public void onCreate() {
        super.onCreate();
    }
}
```

使用 AIDL 的交互过程是 client <--> proxy <--> stub <--> service，stub 和 proxy 是为了方便客户端/服务器端交互而生成的代码，这样客户端/服务器端的代码就会比较干净，不会嵌入很多很难懂的与业务无关的代码。

8.3.2　本地服务通信实例

视频讲解

8.3.1 节介绍了本地服务通信与远程服务通信，接下来将通过一个如何在 Activity 中绑定本地 Service，并获取 Service 的运行状态的案例来讲解本地服务通信的使用方式。具体的步骤如下。

1. 创建 chapter8_Service_communication 项目

首先设计用户交互界面，修改 activity_main.xml 布局文件的代码，采用线性布局的方式放置 3 个按钮，分别是“绑定服务”“解除绑定服务”“获取服务状态”。具体的代码如下所示：

```
<?xml version = "1.0" encoding = "utf - 8"?>
<LinearLayout xmlns:android = "http://schemas.android.com/apk/res/android"
    xmlns:tools = "http://schemas.android.com/tools"
    android:layout_width = "match_parent"
    android:layout_height = "match_parent"
    tools:context = "com.jxust.cn.chapter8_service_communication.MainActivity"
    android:orientation = "vertical">
    <Button
        android:id = "@ + id/bind_btn"
        android:layout_width = "match_parent"
        android:layout_height = "wrap_content"
        android:text = "绑定服务" />
    <Button
        android:id = "@ + id/unbind_btn"
```

```
        android:layout_width = "match_parent"
        android:layout_height = "wrap_content"
        android:text = "解除绑定服务" />
    <Button
        android:id = "@ + id/get_service_status"
        android:layout_width = "match_parent"
        android:layout_height = "wrap_content"
        android:text = "获取服务状态" />
</LinearLayout>
```

以上代码实现的用户界面如图 8-10 所示。

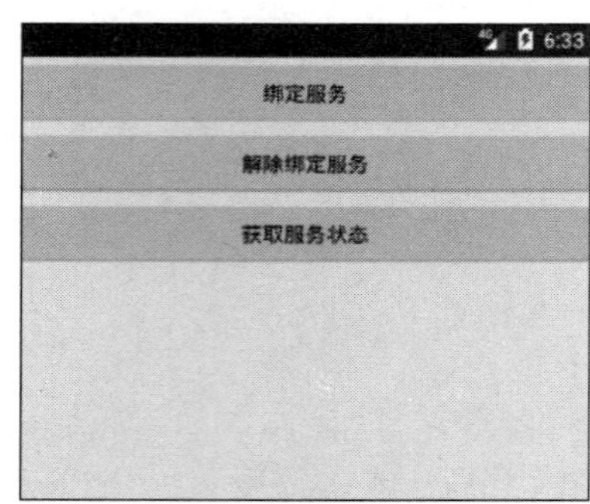

图 8-10　用户界面

2. 创建 Service 的子类

创建一个 Service 的子类 MyService，该类负责实现 OnBind()方法、onCreate()方法、onUnbind()方法、onDestory()方法。另外需要创建一个内部类继承自 Binder，负责实现通信。MyService 的具体代码如下所示：

```
public class MyService extends Service{
    private int count;                      //充当服务的状态
    private boolean stop;                   //确定是否停止 count 计数
    //定义 onBinder 方法返回的对象
    private MyBinder binder  = new MyBinder();
    public class MyBinder extends Binder{
        public int getCount(){
            //获取 Service 的运行状态
            return count;
        }
    }
    public IBinder onBind(Intent intent) {
        Log.v("MyService","绑定服务成功");
        return binder;
    }
    @Override
    public void onCreate() {
        super.onCreate();
        Log.v("MyService","服务创建成功");
```

```
            //启动一条线程,动态修改 count 的状态值
            new Thread(){
                @Override
                public void run() {
                    while(!stop){
                        try {
                            Thread.sleep(1000);
                        }catch (Exception e){
                            e.printStackTrace();
                        }
                        count++;
                    }
                }
            }.start();
        }
        @Override
        public boolean onUnbind(Intent intent) {
            Log.v("MyService","服务解除绑定");
            return true;
        }
        @Override
        public void onDestroy() {
            super.onDestroy();
            this.stop = true;
            Log.v("MyService","服务解除");
        }
    }
```

3. 注册 Service

在完成了 Service 的编码以后,需要在清单文件中注册 Serivce。清单文件中注册 Service 的方式与前面所讲的一致,只需要修改类名即可。

4. 编写界面交互代码(MainActivity)

MainActivity 主要负责实现 3 个按钮的功能,分别是“绑定服务”“解除绑定服务”和“获取服务状态”。具体的代码如下所示:

```
public class MainActivity extends Activity implements View.OnClickListener {
    private Button bind_btn,unbind_btn,getStatus_btn;
    private MyService.MyBinder myBinder;
    @Override
    protected void onCreate(Bundle savedInstanceState) {
        super.onCreate(savedInstanceState);
        setContentView(R.layout.activity_main);
        init();
    }
    private void init(){
        bind_btn = findViewById(R.id.bind_btn);
        unbind_btn = findViewById(R.id.unbind_btn);
        getStatus_btn = findViewById(R.id.get_service_status);
```

```
        bind_btn.setOnClickListener(this);
        unbind_btn.setOnClickListener(this);
        getStatus_btn.setOnClickListener(this);
    }
    //定义一个 ServiceConnection 对象
    private ServiceConnection connection = new ServiceConnection() {
        @Override
        public void onServiceConnected(ComponentName componentName, IBinder iBinder) {
            Log.v("MainActivity","服务连接成功");
            myBinder = (MyService.MyBinder) iBinder;
        }
        @Override
        public void onServiceDisconnected(ComponentName componentName) {
            Log.v("MainActivity","服务断开连接");
        }
    };
    @Override
    public void onClick(View view) {
        switch (view.getId()){
            case R.id.bind_btn:
                //绑定服务 service
                Intent intent = new Intent(this, MyService.class);
                bindService(intent,connection,BIND_AUTO_CREATE);
                break;
            case R.id.unbind_btn:
                unbindService(connection);
                break;
            case R.id.get_service_status:
               Toast.makeText(this,myBinder.getCount(),Toast.LENGTH_SHORT).show();
                break;
            default:
                break;
        }
    }
}
```

5. 运行程序

运行上述代码，然后单击用户界面中的“绑定服务”按钮，打印的 Log 日志信息如图 8-11 所示。

L...	Time	PID	TID	Application	Tag	Text
V	07-20 06:45:33.604	2876	2876	com.jxust.cn.chap...	MyService	服务创建成功
V	07-20 06:45:33.605	2876	2876	com.jxust.cn.chap...	MyService	绑定服务成功
V	07-20 06:45:33.630	2876	2876	com.jxust.cn.chap...	MainActivity	服务连接成功

图 8-11 “绑定服务”结果

接下来单击“获取服务状态”按钮，显示的结果如图 8-12 所示。

单击“解除绑定服务”按钮以后，打印的 Log 信息如图 8-13 所示。

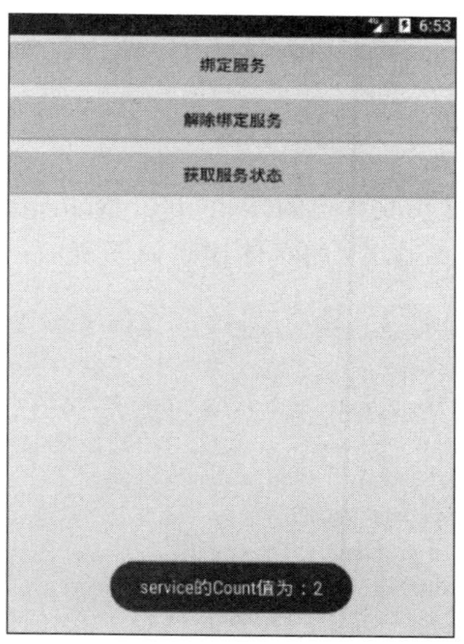

图 8-12　“获取服务状态”结果

L...	Time	PID	TID	Application	Tag	Text
V	07-20 06:53:06.217	3176	3176	com.jxust.cn.chap...	MyService	服务创建成功
V	07-20 06:53:06.218	3176	3176	com.jxust.cn.chap...	MyService	绑定服务成功
V	07-20 06:53:06.246	3176	3176	com.jxust.cn.chap...	MainActivity	服务连接成功
V	07-20 06:53:45.432	3176	3176	com.jxust.cn.chap...	MyService	服务解除绑定
V	07-20 06:53:45.432	3176	3176	com.jxust.cn.chap...	MyService	服务解除

图 8-13　“解除绑定服务”结果

以上就是绑定本地服务并与之通信的一个简单实例代码，开发者可以使用本地服务做更复杂的开发，原理都是使用 IBinder 对象与 ServiceConnection 对象进行通信。

8.4　系统服务类的使用

8.4.1　TelephonyManager

TelephonyManager(电话管理器)是一个管理手机通话状态、电话网络信息的服务类，该类提供了大量的 getXxx()方法用来获取电话网络相关的信息。

在程序中获取 TelephonyManager 很容易，只要调用如下所示的代码即可：

```
//获取系统的 TelephonyManager 对象
TelephonyManager telManager =
(TelephonyManager)getSystemService(Context.TELEPHONY_SERVICE);
```

接下来就可以使用 TelephonyManager 获取相关信息和进行相关操作了。

下面将通过一个实例——获取网络和 SIM 卡信息来讲解电话管理器的使用，具体的步骤如下。

1. 创建 chapter8_ TelephonyManager 项目

创建完项目以后，在布局界面中添加一个 ListView 组件，用来显示获取到的信息，布局界面在这里不再赘述。

2. 编写 MainActivity 代码

MainActivity 类主要负责获取系统的 TelephonyManager 对象、初始化 ListView 组件、数据加载到 ListView。MainActivity 的具体代码如下所示：

```
public class MainActivity extends AppCompatActivity {
    private ListView show_list;
    private ArrayList<String> status_values = new ArrayList<String>();
    @Override
    protected void onCreate(Bundle savedInstanceState) {
        super.onCreate(savedInstanceState);
        setContentView(R.layout.activity_main);
        show_list = (ListView)findViewById(R.id.show_mes);
        //获取系统的 TelephonyManager 对象
        TelephonyManager telManager =
        (TelephonyManager)getSystemService(Context.TELEPHONY_SERVICE);
        //获取设备编号
        status_values.add(telManager.getDeviceId());
        //获取系统平台的版本
        status_values.add(telManager.getDeviceSoftwareVersion()
                != null? telManager.getDeviceSoftwareVersion():"未知");
        //获取网络运营商代号
        status_values.add(telManager.getNetworkOperator());
        //获取 SIM 卡的国别
        status_values.add(telManager.getSimCountryIso());
        //获取 SIM 卡的序列号
        status_values.add(telManager.getSimSerialNumber());
        show_list.setAdapter(new ArrayAdapter<String>(this,android.R.layout.simple_list_
item_1,status_values));
    }
}
```

3. 添加读取权限

由于该应用需要获取手机状态信息，因此需要在清单文件中添加权限。具体的代码如下所示：

```
<uses-permission android:name="android.permission.READ_PHONE_STATE" />
```

4. 运行程序

运行程序，看到的结果如图 8-14 所示。

TelephonyManager 除了提供一系列的 getXxx()方法来获取网络和 SIM 卡信息，还提供了一个 listener(PhoneStateListener listener,int events)方法来监听通话状态。学习者可以自己创建一个项目，了解执行过程。

图 8-14 读取手机和 SIM 卡信息的结果

8.4.2 SmsManager

SmsManager(短信管理器)是 Android 提供的一个非常常见的服务,它提供了一系列的 sendXxxMessage( ) 方法用于发送短信。短信通常都是文本的形式,通过调用 sendTextMessage()方法即可实现。

接下来将通过一个发送短信的案例来讲解 SmsManager 的使用。本例非常简单,提供两个输入框,分别用来输入号码和内容,然后一个按钮用来发送。具体的步骤如下。

1. 创建 chapter8_SmsManager 项目

修改布局文件 activity_main.xml 代码,采用线性垂直布局的方式,放置两个 EditText 组件和一个按钮组件。具体的代码如下所示:

```
<?xml version = "1.0" encoding = "utf - 8"?>
<LinearLayout xmlns:android = "http://schemas.android.com/apk/res/android"
    xmlns:tools = "http://schemas.android.com/tools"
    android:layout_width = "match_parent"
    android:layout_height = "match_parent"
    tools:context = "com.jxust.cn.chapter8_smsmanager.MainActivity"
    android:orientation = "vertical">
    <EditText
        android:id = "@ + id/number"
        android:layout_width = "match_parent"
        android:layout_height = "wrap_content"
        android:hint = "输入号码"/>
    <EditText
        android:id = "@ + id/content"
        android:layout_width = "match_parent"
        android:layout_height = "wrap_content"
        android:hint = "输入内容"/>
    <Button
        android:id = "@ + id/send"
        android:layout_width = "match_parent"
```

```
        android:layout_height = "wrap_content"
        android:text = "发送"/>
</LinearLayout>
```

2. 编写用户交互界面代码(MainActivity)

MainActivity 负责初始化 3 个组件，然后调用短信发送类 SmsManager 的 sendTextMessage 来发送短信。具体的代码如下所示：

```
public class MainActivity extends AppCompatActivity {
    private EditText number,content;
    private Button send;
    SmsManager smsManager;
    protected void onCreate(Bundle savedInstanceState) {
        super.onCreate(savedInstanceState);
        setContentView(R.layout.activity_main);
        //获取 SmsManager
        smsManager = SmsManager.getDefault();
        //初始化组件
        number = (EditText)findViewById(R.id.number);
        content = (EditText)findViewById(R.id.content);
        send = (Button)findViewById(R.id.send);
        send.setOnClickListener(new View.OnClickListener() {
            public void onClick(View view) {
                //创建一个 PendingIntent 对象
                PendingIntent pintent = PendingIntent.getActivity(
                MainActivity.this,0,new Intent(),0);
                //发送短信
                smsManager.sendTextMessage(number.getText().toString(),
                null,content.getText().toString(),pintent,null);
                Toast.makeText(MainActivity.this,"发送成功",Toast.LENGTH_SHORT)
                  .show();
            }
        });
    }
}
```

上面的代码使用了一个 PendingIntent 对象，PendingIntent 是对 Intent 的一种包装，一般通过调用 PendingIntent 对象的 getActivity()、getService() 等静态方法来获取 PendingIntent 对象。

3. 添加权限

因为程序需要调用 SmsManager 来发送短信，因此还需要对该程序添加发送短信的权限。具体的代码如下所示：

```
<uses-permission android:name = "android.permission.SEND_SMS" />
```

4. 运行程序

运行程序，输入号码以及内容后，单击“发送”按钮，结果如图 8-15 所示。

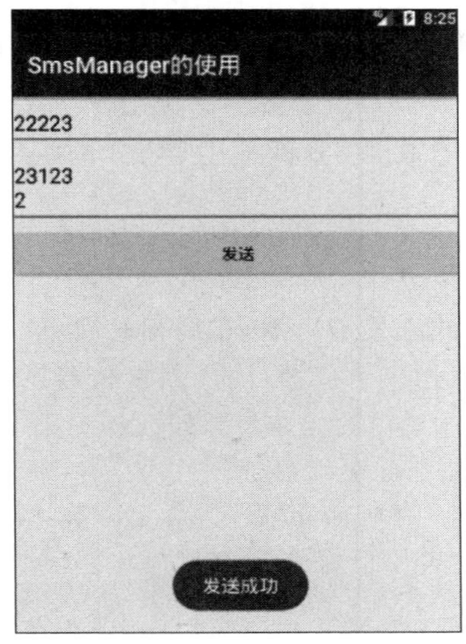

图 8-15　发送短信结果

8.5　广播消息

8.5.1　广播简介

在 Android 系统中，有一些操作完成以后，会发送广播，比如发出短信或打出一个电话。如果某个程序接收到这个广播，就会做出相应的处理。因为它只负责发送消息，而不管接收方如何处理，所以叫它广播。广播可以被多个应用程序接收，也可以不被任何应用程序接收。

BroadcastReceiver 是负责对发送出来的广播进行过滤接收并响应的一类组件。BroadcastReceiver 和事件处理机制类似，不同的是广播处理机制是系统级别的，而事件处理机制是应用程序组件级别的。

接下来将详细介绍 Broadcast 和 BroadcastReceiver 的使用。

首先在需要发送短信的地方，把要发送和用于过滤的信息装入一个 Intent 对象，然后通过调用 Context. sendBroadcast()、sendOrderBroadcast()或者 sendStickyBroadcast()方法，将 Intent 对象以广播的方式发送出去。

当 Intent 发送以后，所有已经注册的 BroadcastReceiver 会检查注册时的 IntentFilter 是否与发送的 Intent 相匹配，若匹配则会调用 BroadcastReceiver 的 onReceive()方法。需要注意的是，在定义 BroadcastReceiver 时，需要实现它的 onReceive()方法。

广播的两种注册方式如下。

- 静态地在清单文件中使用< receiver >标签进行注册，并在标签内使用< intent-filter >标签设置过滤器。

- 动态地在代码中先定义并设置好一个 IntentFilter 对象，然后在需要注册的地方调用 Context. registerReceiver()方法，如果取消注册，就调用 Context. unregisterReceiver()方法。动态方式注册的广播，如果它的 Context 对象被销毁，BroadcastReceiver 也就会自动取消注册了。

接下来通过一个具体的例子来讲解这两种注册方式的使用过程。

8.5.2 广播应用案例

视频讲解

1. 静态注册方式

本案例采用静态注册的方式来发送广播，布局相对简单，界面上放置一个按钮，单击按钮以后就会发送一个广播，当广播接收器收到该广播时就会在界面弹出一个提示消息。具体的操作步骤如下。

1）创建 chapter8_broadcast_static 项目

修改布局界面代码，添加一个按钮组件。activity_main. xml 文件的具体代码如下所示：

```
<?xml version = "1.0" encoding = "utf - 8"?>
< LinearLayout xmlns:android = "http://schemas.android.com/apk/res/android"
xmlns:tools = "http://schemas.android.com/tools"
android:layout_width = "match_parent"
android:layout_height = "match_parent"
tools:context = "com.jxust.cn.chapter8_broadcast_static.MainActivity"
    android:orientation = "vertical">
< Button
    android:id = "@ + id/button"
    android:layout_width = "match_parent"
    android:layout_height = "wrap_content"
    android:text = "发送广播" />
</LinearLayout >
```

2）编写 MainActivity 代码

MainActivity 主要负责初始化按钮组件，然后添加单击事件，发送广播。具体代码如下所示：

```
public class MainActivity extends AppCompatActivity {
    private Button send_btn;
    //此值与对应的 Receiver 里的过滤器的值相同
    private final String action = "MyBroadcast";
    @Override
    protected void onCreate(Bundle savedInstanceState) {
        super.onCreate(savedInstanceState);
        setContentView(R.layout.activity_main);
        send_btn = (Button)findViewById(R.id.button);
        //设置监听
```

```
        send_btn.setOnClickListener(new View.OnClickListener() {
            @Override
            public void onClick(View view) {
                Intent intent = new Intent();
                intent.setAction(action);
                //发送广播
                MainActivity.this.sendBroadcast(intent);
            }
        });
    }
}
```

上述代码为按钮添加了单击事件，当单击按钮时，就会发送广播。其中 Action 的值与清单文件中定义的值相同。

3）自定义广播接收器

自定义广播接收器继承自 BroadcastReceiver，然后实现它的 onReceiver()方法。具体的代码如下所示：

```
public class MyReceiver extends BroadcastReceiver {
    @Override
    public void onReceive(Context context, Intent intent) {
        //收到广播时，显示一个通知
        Toast.makeText(context,"广播接收成功",Toast.LENGTH_SHORT).show();
    }
}
```

从上述代码中可以看出，当接收广播时，就会在主界面上显示一个内容为"广播接收成功"的通知。

4）注册广播接收器

由于本案例使用的是静态的注册方式，所以需要在 Androidmanifest.xml 文件中注册。具体的代码如下所示：

```
<receiver android:name = ".MyReceiver">
        <intent - filter>
            <action android:name = "MyBroadcast" />
        </intent - filter>
</receiver>
```

从上述代码中可以看出，</intent-filter>中定义的 action 的 name 属性值要与发送广播时的字符串相同。

5）运行程序

上述操作完成以后，运行程序，单击主界面上的"发送广播"按钮，就会弹出一个通知。具体结果如图 8-16 所示。

图 8-16　"静态注册广播"结果

2. 动态注册方式

本案例是与 Service 结合使用，当应用程序发送短信时，显示一个通知。具体的操作过程如下。

1）创建 chapter8_broadcast_dynamic 项目

修改布局界面的代码，采用线性布局的方式，放置一个按钮组件，该按钮按下时注册广播。activity_main.xml 的具体代码如下所示：

```
<?xml version = "1.0" encoding = "utf - 8"?>
<LinearLayout xmlns:android = "http://schemas.android.com/apk/res/android"
    xmlns:tools = "http://schemas.android.com/tools"
    android:layout_width = "match_parent"
    android:layout_height = "match_parent"
    tools:context = "com.jxust.cn.chapter8_broadcast_dynamic.MainActivity"
    android:orientation = "vertical">
    <Button
        android:id = "@ + id/button"
        android:layout_width = "match_parent"
        android:layout_height = "wrap_content"
        android:text = "注册广播接收器" />
</LinearLayout>
```

2）编写 MainActivity 代码

MainActivity 负责初始化按钮组件、添加监听事件、设置广播接收者的 action 的 name 属性值。具体的代码如下所示：

```
public class MainActivity extends AppCompatActivity {
    private Button button;
```

```
    private MyReceiver my_rece;
    private IntentFilter intentFilter;
    private final String SMS_ACTION = "android.provider.Telephony.SMS_RECEIVED";
    @Override
    protected void onCreate(Bundle savedInstanceState) {
        super.onCreate(savedInstanceState);
        setContentView(R.layout.activity_main);
        button = (Button)findViewById(R.id.button);
        button.setOnClickListener(new View.OnClickListener() {
            @Override
            public void onClick(View view) {
                my_rece = new MyReceiver();
                intentFilter = new IntentFilter();
                intentFilter.addAction(SMS_ACTION);
                //代码动态注册广播
                MainActivity.this.registerReceiver(my_rece, intentFilter);
            }
        });
    }
}
```

该代码中，新建了一个 Receiver 对象和 IntentFilter 对象，并将其作为参数调用 registerReceiver 注册方法。当单击按钮时，广播接收器才会被注册，此时才能检测到短信的接收消息。

3）自定义广播接收器

自定义一个广播接收器继承自 BroadcastReceiver，当接收到消息时，显示一个通知。具体的代码如下所示：

```
public class MyReceiver extends BroadcastReceiver {
    @Override
    public void onReceive(Context context, Intent intent) {
        Toast.makeText(context,"收到短信",Toast.LENGTH_SHORT).show();
    }
}
```

4）添加权限

因为需要接收短信，所以需要在清单文件中添加短信接收权限。具体的代码如下所示：

```
<uses-permission android:name="android.permission.RECEIVE_SMS" />
```

5）运行程序

运行程序，先单击"注册广播接收器"按钮注册广播接收器，然后使用模拟器自带的 Emulator control 功能，向本模拟器发送一条短信。具体的结果如图 8-17 所示。

图 8-17　动态注册广播接收器结果

8.6　本章小结

本章主要讲解了 Android 中的 Service 和 Broadcast。首先讲解了服务的基本概念、创建与配置、启动与停止，接着讲解了服务的生命周期所经历的过程、生命周期方法的介绍，然后又讲解了服务的通信，包括本地服务通信与远程服务通信，最后讲解了系统服务的使用。对广播做了简单的介绍，然后通过具体的例子来讲解了广播的注册及使用。关于广播和服务的知识，需要开发者熟练掌握，在日常的开发中会经常用到。

8.7　课后习题

1. 简要说明 Service 的两种启动方式的特点。
2. 简要说明 Service 的生命周期。
3. 简要说明 Service 的两种通信方式的特点。
4. 广播有哪几种不同的注册方式？有什么区别？
5. 编写程序，要求程序关闭一段时间后，重新启动该程序。

第9章

Android网络和通信编程

学习目标

- 掌握 HTTP 协议。
- 掌握 HttpURLConnection、HttpClient 的使用。
- 掌握 Socket 通信的使用。
- 掌握 GET、POST 两种数据提交方式。

网络的发展,使移动端拥有着无限的发展可能,而 Android 系统最大的特色和优势之一即是对网络的支持。目前几乎所有的 Android 应用程序都会涉及网络编程。

Android 系统提供了 Socket 通信、HTTP 通信、URL 通信和 WebView。其中最常用的是 HTTP 通信,本章将会详细的讲解 HTTP 通信和 Socket 通信。

9.1 网络编程基础

9.1.1 HTTP 协议简介

HTTP 协议是 Hyper Text Transfer Protocol(超文本传输协议)的缩写,是用于从万维网(World Wide Web,WWW)服务器传输超文本到本地浏览器的传送协议。HTTP 是基于 TCP/IP 通信协议来传递数据(HTML 文件、图片文件、查询结果等)的。

HTTP 是一个属于应用层的面向对象的协议,由于其简洁、快速的方式,适用于分布式超媒体信息系统。它于 1990 年提出,经过几年的使用与发展,得到不断完善和扩展。目前在 WWW 中使用的是 HTTP/1.1 的第六版,HTTP/2.1 的规范化工作正在进行之中。

HTTP 协议工作于客户端-服务器端架构之上。浏览器作为 HTTP 客户端通过 URL 向 HTTP 服务器端即 Web 服务器发送所有请求。Web 服务器根据接收到的请求,向客户端发送响应信息。

HTTP 请求到响应的过程如图 9-1 所示。

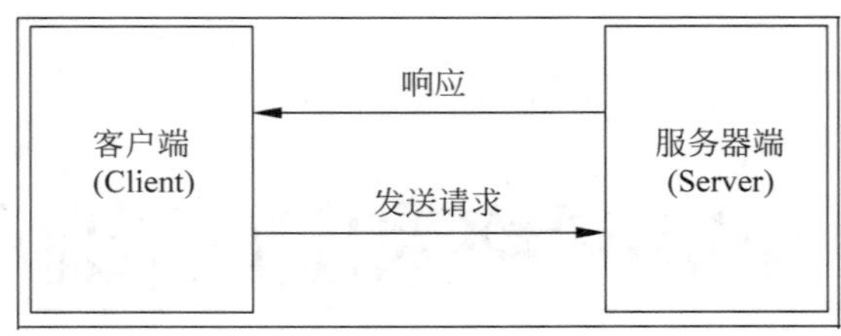

图 9-1 HTTP 请求-响应图

HTTP 协议的主要特点如下。

(1) 简单快速：客户向服务器请求服务时，只需传送请求方法和路径。请求方法常用的有 GET、HEAD、POST。

(2) 灵活：HTTP 允许传输任意类型的数据对象。

(3) 无连接：无连接的含义是限制每次连接只处理一个请求。服务器处理完客户的请求，并收到客户的应答后，即断开连接。

(4) 无状态：HTTP 协议是无状态协议。无状态是指协议对于事务处理没有记忆能力。缺少状态意味着如果后续处理需要前面的信息，则它必须重传，这样可能导致每次连接传送的数据量增大。

(5) 支持 B/S 及 C/S 模式。

9.1.2 标准 Java 接口

标准 Java 接口是指 Java. net. *，它提供与互联网有关的类，包括流和数据包套接字、Internet 协议和一些 HTTP 处理。例如，创建 URL 和 URLConnection 对象、设置连接参数、连接服务器等。

java. net. * 提供的类以及接口如表 9-1 所示。

表 9-1 java. net. * 提供的类和接口说明

类/接口	说 明
ServerSocket	实现服务器套接字
Socket	实现客户端套接字
DatagramSocket	表示用来发送和接收数据报的套接字
InterAddress	表示互联网协议(IP)地址
HttpURLConnection	用于管理 HTTP 链接的资源连接管理器
URL	代表一个统一资源定位符，它是指向互联网“资源”的指针

为了更好地讲解 java. net 包的 HTTP 的方法的使用，接下来将通过一段代码来说明。具体的代码如下所示：

```
try{
        //定义地址
        URL url = new URL("http://localhost:8080/Test/index.jsp");
        //打开链接地址
```

```
            HttpURLConnection http = (HttpURLConnection)url.openConnection();
            //得到连接状态
            int state = http.getResponseCode();
            if (state == HttpURLConnection.HTTP_OK) {
                // 取得数据
                InputStream in = http.getInputStream();
                //处理数据
                ...
            }
        }catch(Exception e){
        }
    }
```

以上就是 java.net 包的 HTTP 的方法应用。从中可以看出在建立连接以后，可以通过调用 HttpURLConnection 连接对象的 getInputStream()函数，将内存缓冲区中封装好的完整的 HTTP 请求数据发送到服务器端。

9.1.3　Android 网络接口

Android 的网络接口即是 android.net.＊，它实际上是通过对 Apache HttpClient 的封装来实现一个 HTTP 编程接口，比 java.net.＊ API 功能更强大。android.net.＊除了具备核心的 java.net.＊外，还包含额外的网络访问 Socket。该包包括 URI 类，在 Android 应用程序开发中使用较多。同时 Android 网络接口还提供了 HTTP 请求队列管理、HTTP 连接池管理、网络状态监视等接口。

实现 Socket 的连接功能的具体代码如下所示：

```
try{
        //IP 地址定义
        InetAddress address = InetAddress.getByName("192.168.56.1");
        //端口定义
        Socket client = new Socket(address,"61111",true);
        //取得数据
        InputStream in = client.getInputStream();
        OutputStream out = client.getOutputStream();
        //处理数据
        ...
        out.close();
        in.close();
        client.close();
    }catch(UnknownHostException e){

    }
    catch(Exception e){
    }
```

9.2 HTTP 通信

9.2.1 HttpURLConnection 简介

在 Android 开发中，应用程序经常需要与服务器进行数据交互，包括访问本地服务器以及远程服务器，这些都可以称为访问网络，此时就可以使用 HttpURLConnection 对象。它是一个标准的 Java 类，在 9.1.1 节中已经讲解了 HttpURLConnection 的用法。9.1.2 节的代码主要演示了手机端与服务器建立连接并获取服务器返回数据的过程。

HttpURLConnection 继承自 URLConnection 类，两者都是抽象类，其对象主要通过 URL 的 openConnection 方法获得。

openConnection 方法只创建 URLConnection 或者 HttpURLConnection 实例，但并不进行真正的连接操作，并且每次 openConnection 都将创建一个新的实例。因此在连接之前可以对它的一些属性进行设置。

设置超时时间以及设置请求方式的具体代码如下所示：

```
//设置请求方式
http.setRequestMethod("GET");
//设置超时时间
http.setConnectionTimeout(4000);
```

需要注意的是，在连接时需要设置超时时间，如果不设置超时时间，在网络异常的情况下，会导致取不到数据而一直等待，以至于程序不往下执行。

在开发 Android 应用程序的过程中，如果应用程序需要访问网络权限，则需要在清单文件中添加如下所示的代码：

```
<uses-permission android:name="android.permission.INTERNET" />
```

9.2.2 HttpURLConnection 接口使用案例

视频讲解

接下来将通过一个输入网址查看图片的例子来讲解 HttpURLConnection 的使用过程。具体的过程如下所示。

1. 创建 chapter9_HttpURLConnection 项目

修改 activity_main.xml 布局界面的代码，整体采用线性垂直布局的方式，放置一个 ImageView 组件、一个 EditText 组件、一个 Button 组件，分别用来显示图片、输入网址、单击显示图片。布局的具体代码如下所示：

```
<?xml version="1.0" encoding="utf-8"?>
<LinearLayout xmlns:android="http://schemas.android.com/apk/res/android"
    xmlns:tools="http://schemas.android.com/tools"
    android:layout_width="match_parent"
```

```
    android:layout_height = "match_parent"
    tools:context = "com.jxust.cn.chapter9_httpurlconnection.MainActivity"
    android:orientation = "vertical">
    <EditText
        android:id = "@ + id/address"
        android:layout_width = "match_parent"
        android:layout_height = "wrap_content"
        android:text = "http://p1.wmpic.me/article/2017/01/04/1483516503_AQvZcSsM.jpg"/>
    <Button
        android:id = "@ + id/get_show"
        android:layout_width = "match_parent"
        android:layout_height = "wrap_content"
        android:text = "获取并显示图片"/>
    <ImageView
        android:id = "@ + id/images"
        android:layout_width = "wrap_content"
        android:layout_height = "wrap_content" />
</LinearLayout>
```

2. 编写 MainActivity 代码

当界面创建完成以后，需要在 MainActivity 中编写与界面交互的代码。用于实现请求指定的网络图片，并将获取的图片显示在 ImageView 组件上。具体的代码如下所示：

```
public class MainActivity extends AppCompatActivity {
    private ImageView iv;
    private Button show_btn;
    private EditText path_edit;
    //定义获取到图片和失败的状态码
    protected static final int SUCCESS = 1;
    protected static final int ERROR = 2;
    //创建消息处理器
    private Handler handler = new Handler(){
      public void handleMessage(android.os.Message msg){
          if (msg.what == SUCCESS){
              Bitmap bitmap = (Bitmap)msg.obj;
              iv.setImageBitmap(bitmap);
          }else if (msg.what == ERROR){
              Toast.makeText(MainActivity.this,"显示图片错误",
Toast.LENGTH_SHORT).show();
          }
      }
    };
    @Override
    protected void onCreate(Bundle savedInstanceState) {
        super.onCreate(savedInstanceState);
        setContentView(R.layout.activity_main);
        init();
```

```
}
//组件初始化
private void init(){
    iv = (ImageView)findViewById(R.id.images);
    show_btn = (Button)findViewById(R.id.get_show);
    path_edit = (EditText)findViewById(R.id.address);
    show_btn.setOnClickListener(new View.OnClickListener() {
        @Override
        public void onClick(View view) {
            //获取输入的网络图片地址
            final String path = path_edit.getText().toString().trim();
            if(TextUtils.isEmpty(path)){
                Toast.makeText(MainActivity.this,"图片路径不能为空",
                                Toast.LENGTH_SHORT).show();
            }else {
           /*使用子线程访问网络,因为网络请求耗时,
            在4.0以后就不能放在主线程中了*/
                new Thread(){
                  private HttpURLConnection conn;
                    private Bitmap bitmap;
                    public void run(){
                      //连接服务器get请求
                        try{
                            URL url = new URL(path);
                            //根据url发送http的请求
                            conn = (HttpURLConnection)url.openConnection();
                            //设置请求的方式
                            conn.setRequestMethod("GET");
                            //设置超时时间
                            conn.setConnectTimeout(5000);
                            //设置请求头User-Agent浏览器的版本
                            //得到服务器返回的响应码
                            int state = conn.getResponseCode();
                            Log.v("1111111111",state + "");
                            if(state == 200){
                                //请求网络成功,获取输入流
                                InputStream in = conn.getInputStream();
                                //将流转换为Bitmap对象
                                bitmap =  BitmapFactory.decodeStream(in);
                                //告诉消息处理器显示图片
                                Message msg = new Message();
                                msg.what = SUCCESS;
                                msg.obj = bitmap;
                                handler.sendMessage(msg);
                            }else {
                                //请求网络失败,提示用户
                                Message msg = new Message();
                                msg.what = ERROR;
                                handler.sendMessage(msg);
```

```
                        }
                    } catch (Exception e) {
                        e.printStackTrace();
                        Message msg = new Message();
                        msg.what = ERROR;
                        handler.sendMessage(msg);
                    }
                }
            }.start();
        }
    }
});
}
}
```

上述代码中的核心部分是先定义一个 URL 对象，然后通过 URL 对象去获取 HttpURLConnection 对象，接着设置了请求的方法、超时时间，最后获取到了服务器返回的输入流。

3. 添加访问网络权限

由于访问网络图片需要请求网络，所以需要添加网络权限。具体的代码与 9.2.1 节所提供的代码一样，在清单文件中添加即可。

4. 运行程序

为了方便，此处就提前在 EditText 中输入了网络图片的地址，图片地址为 http://p1.wmpic.me/article/2017/01/04/1483516503_AQvZcSsM.jpg，单击“获取并显示图片”按钮，出现的结果如图 9-2 所示。

图 9-2　获取并显示图片结果

从图 9-2 可以看出，使用 HttpURLConnection 的 GET 方式获取指定地址的图片，成功地从服务器返回并且显示出来。

9.2.3 HttpClient 简介

HttpClient 是 Apache Jakarta Common 下的子项目，用来提供高效的、最新的、功能丰富的支持 HTTP 协议的客户端编程工具包，并且它支持 HTTP 协议最新的版本和建议。HttpClient 已经应用在很多的项目中，比如 Apache Jakarta 上很著名的另外两个开源项目 Cactus 和 HTMLUnit 都使用了 HttpClient。

1. HttpClient 的特性

(1) 基于标准、纯净的 Java 语言。实现了 HTTP 1.0 和 HTTP 1.1。

(2) 以可扩展的面向对象的结构实现了 HTTP 全部的方法(GET、POST、PUT、DELETE、HEAD、OPTIONS 和 TRACE)。

(3) 支持 HTTPS 协议。

(4) 通过 HTTP 代理建立透明的连接。

(5) 利用 CONNECT 方法通过 HTTP 代理建立隧道的 HTTPS 连接。

2. HttpClient 的使用方法

使用 HttpClient 发送请求、接收响应很简单。具体步骤如下所示：

(1) 创建 HttpClient 对象。

(2) 创建请求方法的实例，并指定请求 URL。

(3) 发送请求参数时，调用 HttpGet、HttpPost 的 setParams(HetpParams params)方法来添加请求参数；对于 HttpPost 对象而言，也可调用 setEntity(HttpEntity entity)方法来设置请求参数。

(4) 调用 HttpClient 对象的 execute(HttpUriRequest request)方法发送请求，该方法返回一个 HttpResponse 对象。

(5) 调用 HttpResponse 的 getAllHeaders()、getHeaders(String name)等方法可获取服务器的响应头；调用 HttpResponse 的 getEntity()方法可获取 HttpEntity 对象，该对象包装了服务器的响应内容。程序可通过该对象获取服务器的响应内容。

(6) 释放连接。无论执行方法是否成功，都必须释放连接。

接下来将介绍使用 HttpClient 访问网络时所用到的几个类。具体说明如表 9-2 所示。

表 9-2 HttpClient 常用类说明

类 名 称	说 明
HttpClient	请求网络的接口
DefaultHttpClient	实现了 HttpClient 接口的类
HttpGet	使用 GET 请求方法需要创建的实例
HttpPost	使用 POST 请求方法需要创建的实例
NameValuePair	传递参数时的键值对
HttpResponse	封装了服务器返回的信息类
HttpEntity	封装了服务器返回数据的类

接下来将通过具体的例子讲解 HttpClient 的使用。

9.2.4 HttpClient 的使用案例

视频讲解

本案例同 9.2.2 节的案例相同，都是获取网络图片并显示出来，不同的是本案例是使用 HttpClient 来获取图片。具体的操作步骤如下所示。

1. 创建 chapter9_HttpClient 项目

由于同 9.2.2 节获取图片的本质是一样的，所以布局方式相同，本节不再对布局代码做详细的介绍，具体可参考 9.2.2 节的布局代码。

2. 编写 MainActivity 代码

MainActivity 中编写实现 HttpClient 访问网络图片并在界面显示的逻辑代码。具体的代码如下所示：

```
public class MainActivity extends AppCompatActivity {
    private ImageView iv;
    private Button show_btn;
    private EditText path_edit;
    //定义获取到图片和失败的状态码
    protected static final int SUCCESS = 1;
    protected static final int ERROR = 2;
    //创建消息处理器
    private Handler handler = new Handler(){
        public void handleMessage(android.os.Message msg){
            if (msg.what == SUCCESS){
                Bitmap bitmap = (Bitmap)msg.obj;
                iv.setImageBitmap(bitmap);
            }else if (msg.what == ERROR){
                Toast.makeText(MainActivity.this,"显示图片错误",Toast.LENGTH_SHORT).show();
            }
        }
    };
    @Override
    protected void onCreate(Bundle savedInstanceState) {
        super.onCreate(savedInstanceState);
        setContentView(R.layout.activity_main);
        init();
    }
    //组件初始化
    private void init(){
        iv = (ImageView)findViewById(R.id.images);
        show_btn = (Button)findViewById(R.id.get_show);
        path_edit = (EditText)findViewById(R.id.address);
        show_btn.setOnClickListener(new View.OnClickListener() {
            @Override
            public void onClick(View view) {
                //获取输入的网络图片地址
                final String path = path_edit.getText().toString().trim();
                if(TextUtils.isEmpty(path)){
```

```
                    Toast.makeText(MainActivity.this,"图片路径不能为空",
Toast.LENGTH_SHORT).show();
                }else {
    //使用子线程访问网络,因为网络请求耗时,在 4.0 以后就不能放在主线程中了
                    new Thread(){
                        private HttpURLConnection conn;
                        private Bitmap bitmap;
                        public void run() {
                            //使用 HttpClient 获取图片
                           getImageByHttpClient(path);
                        }
                    }.start();
                }
            }
        });
    }
    //获取图片方法
    private void getImageByHttpClient(String path) {
        //获取 HttpClient 对象
        HttpClient Client = new DefaultHttpClient();
        HttpGet get = new HttpGet(path);
        try{
            //获取返回的 HttpResponse 对象
            HttpResponse response = Client.execute(get);
            //查看状态码是否为 200
            if(response.getStatusLine().getStatusCode() == 200){
                //请求成功,获取 HttpEntity 对象
                HttpEntity entity = response.getEntity();
                //获取输入流
                InputStream in = entity.getContent();
                //获取 Bitmap 对象
                Bitmap bitmap = BitmapFactory.decodeStream(in);
                //通知消息处理器显示图片
                Message msg = new Message();
                msg.what = SUCCESS;
                msg.obj = bitmap;
                handler.sendMessage(msg);
            }else {
                Message msg = new Message();
                msg.what = ERROR;
                handler.sendMessage(msg);
            }
        }catch (Exception e){
            Message msg = new Message();
            msg.what = ERROR;
            handler.sendMessage(msg);
        }
    }
}
```

上述代码中，只有在 getImageByHttpClient(String path)方法中的代码与使用 HttpURLConnection 不同。此处方法中采用的是 HttpGet 方式请求获取网络图片资源，访问成功后会返回 200 的状态码，然后使用 HttpResponse 的 getEntity()方法获得 HttpEntity 对象，然后通过 HttpEntity 对象的 getContent()方法得到输入流，最后转换为 Bitmap 对象显示出来。

需要注意的是，Google 公司从 Android 6.0(API 23)以后，就不建议再用 HttpClient 了，取而代之的是 HttpUrlConnection，所以要使用 HttpClient，需要在 build.gradle 中加入如下语句：

```
android {
    useLibrary 'org.apache.http.legacy'
}
```

3. 添加权限

本案例同样需要访问网络，所以需要添加网络权限。代码与 9.2.1 节网络权限代码一样，此处不再赘述。

4. 运行程序

代码编写完以后，运行程序，单击“获取并显示图片”按钮，出现的结果如图 9-3 所示。

图 9-3　获取并显示图片结果

9.3　Socket 通信

Android 应用程序与服务器通信的方式主要有两种：一种是 HTTP 通信，另一种是 Socket 通信。HTTP 连接使用的是请求-响应方式，即在请求时才建立连接。而 Socket 通信则是在双方建立连接后直接进行数据传输。它在连接时可实现信息的主动推送，而不用每次都等客户端先向服务器发送请求。

9.3.1 Socket 通信原理

Socket 通常称为"套接字"，用于描述 IP 地址和端口，是一个通信链的句柄。应用程序通常通过套接字向网络发出请求或者应答网络请求，它支持 TCP/IP 协议的网络通信的基本单元。它是网络通信过程中端点的抽象表示，包含进行网络通信的 5 种必需信息：连接使用的协议、本地主机的 IP 地址、本地进程的协议端口、远程主机的 IP 地址、远程进程的协议端口。

1. 创建 Socket

连接 Socket 连接至少需要两个套接字：一个运行于客户端，一个运行于服务器端。它们都已经封装成类，常用的构造方法如下所示：

(1) Socket(InetAddress address,int port)。

(2) Socket(InetAddress address,int port,boolean stream)。

(3) Socket(String host,int port,Boolean stream)。

(4) ServerSocket(int port)。

(5) ServerSocket(int port,int backlog)。

(6) ServerSocket(int port,int backlog,InetAddress bindAddr)。

上述参数说明如下所示：

address——双向连接中另一方的 IP 地址。

host——另一方的主机名。

port——另一方的端口号。

stream——指明 Socket 是流还是数据报 Socket。

bindAddr——本地机器的地址。

创建 Socket 的代码如下所示：

```
Socket socket = new Socket("192.168.56.1","35434");
ServerSocket server = new ServerSocket("35434");
```

需要注意的是，在选择端口时每一个端口对应一个服务。0～1023 的端口号为系统所保留，所以在选择端口号时最好选择一个大于 1023 的数，如上面的 35434，以防止发生冲突。在创建 Socket 时，需要捕获或抛出异常。

2. 输入(输出)流

Socket 提供了 getInputStream()和 getOutPutStream()来得到对应的输入或者输出流来进行读写操作，这两个方法分别返回 InputStream 和 OutputStream 类对象。为了便于读写数据，可以在返回输入、输出流对象上建立过滤流。对于文本方式流对象，可以采用 InputStreamReader、OutputStreamWriter 和 PrintWriter 处理，具体的代码如下所示：

```
PrintStream ps = new PrintStream(new BufferedOutputStream(Socket.getOutputStream()));
//设置过滤流
```

```
DataInputStream is = new DataInputStream(socket.getInputStream());
PrintWriter pwriter = new PrintWriter(socket.getOutStream(),true);
BufferedReader breader = new BufferedReader(new InputStreamReader(Socket.getInputStream));
```

3. 关闭 Socket 流

在 Socket 使用完毕后需要将其关闭，以释放资源。需要注意的是，在关闭 Socket 之前，需要将与 Socket 相关的输入输出流先关闭。具体的代码如下所示：

```
ps.close();          //输出流先关闭
is.close();          //输入流其次关闭
socket.close();      //socket 最后关闭
```

9.3.2 Socket 通信案例

视频讲解

本案例是实现编写客户端负责发送内容、服务器端用来接收内容的程序，具体的步骤如下。

1. 编写服务器端程序

该程序是负责接收数据，需要单独编译运行。具体的代码如下所示：

```
public class test_Socket implements Runnable {
    public static final String Server_ip = "127.0.0.1";
    public static final int Server_port = 2000;
    @Override
    public void run() {
        System.out.println("S:Connectioning...");
        try {
            ServerSocket serverSocket = new ServerSocket(Server_port);
            while (true){
                Socket client = serverSocket.accept();
                System.out.println("S:Receing...");
                try {
                        BufferedReader breader = new BufferedReader(new InputStreamReader
(client.getInputStream()));
                    String str = breader.readLine();
                    System.out.println("S:Received: " + str);
                }catch (Exception e){
                    System.out.print("S:Error");
                    e.printStackTrace();
                }finally {
                    client.close();
                    System.out.println("S:Done");
                }
            }
        } catch (IOException e) {
            e.printStackTrace();
        }
    }
```

```
    public static void main(String[ ] args){
        Thread thread = new Thread(new test_Socket());
        thread.start();
    }
}
```

上述代码中设置服务器端口为 2000,然后通过 accept()方法使服务器开始监听客户端的连接,然后通过 BufferReader 对象来接收输入流。最后关闭 Socket 和流。

2. *编写客户端布局文件*

客户端布局界面包含一个 EditText 组件和一个按钮,按钮负责把输入的内容发送到服务器端。activity_main.xml 的具体代码如下所示:

```
<?xml version = "1.0" encoding = "utf - 8"?>
<LinearLayout >
    <EditText
        android:id = "@ + id/mes"
        android:layout_width = "match_parent"
        android:layout_height = "wrap_content"
        android:hint = "请输入要发送的消息"/>
    <Button
        android:id = "@ + id/send"
        android:layout_width = "match_parent"
        android:layout_height = "wrap_content"
        android:text = "发送消息"/>
</LinearLayout >
```

3. *编写 MainActivity 代码*

MainActivity 负责客户端的实现,在按钮事件中通过"socket=new Socket(ip,port)"请求连接服务器,并通过 BufferedWriter 发送消息。具体的代码如下所示:

```
public class MainActivity extends AppCompatActivity {
    private EditText mes;
    private Button send_btn;
    private String ip = "172.16.39.192";
    private int port = 2000;
    @Override
    protected void onCreate(Bundle savedInstanceState) {
        super.onCreate(savedInstanceState);
        setContentView(R.layout.activity_main);
        if (SDK_INT > 8)
        {
            StrictMode.ThreadPolicy policy = new StrictMode.ThreadPolicy.Builder()
                    .permitAll().build();
            StrictMode.setThreadPolicy(policy);
        }
        init();
    }
```

```
    //组件初始化方法
    private void init(){
        mes = (EditText)findViewById(R.id.mes);
        send_btn = (Button)findViewById(R.id.send);
        send_btn.setOnClickListener(new View.OnClickListener() {
            @Override
            public void onClick(View view) {
                try {
                    String string = mes.getText().toString();
                    if (!TextUtils.isEmpty(string)){
                        SendMes(ip,port,string);
                    }else {
                        Toast.makeText(MainActivity.this,"请先输入内容",Toast.LENGTH_
SHORT).show();
                        mes.requestFocus();
                    }
                }catch (Exception e){
                    e.printStackTrace();
                }
            }
        });
    }
     private void SendMes (String ip, int port, String mes) throws UnknownHostException,
IOException{
        try {
            Socket socket = null;
            socket = new Socket(ip,port);
              BufferedWriter writer = new BufferedWriter (new OutputStreamWriter (socket.
getOutputStream()));
            writer.write(mes);
            writer.flush();
            writer.close();
            socket.close();
        }catch (UnknownHostException e ){
            e.printStackTrace();
        }catch (IOException e){
            e.printStackTrace();
        }
    }
}
```

4. 运行

运行程序，输入要发送的消息，然后单击“发送消息”按钮，出现的结果如图 9-4 和图 9-5 所示。

从上面的运行结果可以看出，客户端与服务器端连接成功并且发送了消息。这就是 Socket 通信的具体步骤，开发者可以使用 Socket 通信开发一些更为复杂的应用。

图 9-4　客户端界面

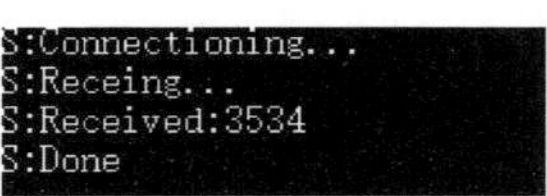

图 9-5　服务器端结果

9.4　数据提交方式

HTTP 1.1 协议规定的 HTTP 请求方法有 OPTIONS、GET、HEAD、POST、PUT、DELETE、TRACE、CONNECT。其中 POST 一般用来向服务器端提交数据，GET 请求一般用来表示客户端请求一个 uri，服务器返回客户端请求的 uri。接下来将详细讲解 GET 和 POST 两种请求方式的差异。

9.4.1　GET 方式提交数据

GET 的本质是从服务器获取数据，效率比 POST 高。GET 请求能够被缓存，在 HTTP 协议的定义中，没有对 GET 请求的数据大小限制，不过因为浏览器不同，一般限制在 2～8KB。

GET 发送请求时，URL 中除了资源路径以外，所有的参数（查询字符串）也封装在 URL 中，并且记录在服务器的访问日志中，所以不要传递一些例如身份证信息、密码等敏感信息。

1. 参数格式

在资源路径末尾添加“?”表示追加参数。每一个变量及值按照“变量名＝变量值”方式设定，不能包含空格或者中文。

多个参数使用“&”连接。

注意：URL 字符串中如果包含空格或者中文，需要添加百分号转义。

2. GET 方式提交数据代码

接下来将通过一段代码讲解如何使用 HttpURLConnection 的 GET 方式提交数据。具体的代码如下所示：

```
//使用子线程访问网络，因为网络请求耗时，在 4.0 以后就不能放在主线程中了
    new Thread(){
      private HttpURLConnection conn;
        private Bitmap bitmap;
        public void run(){
          //连接服务器 get 请求
```

```
            try{
                URL url = new URL(path);
                //根据 url 发送 http 的请求
                conn = (HttpURLConnection)url.openConnection();
                //设置请求的方式
                conn.setRequestMethod("GET");
                //设置超时时间
                conn.setConnectTimeout(5000);
                //设置请求头 User - Agent 浏览器的版本
                //得到服务器返回的响应码
                int state = conn.getResponseCode();
                Log.v("1111111111",state + "");
                if(state == 200){
                    //请求网络成功,获取输入流

                }else {
                    //请求网络失败,提示用户

                }
            } catch (Exception e) {
                e.printStackTrace();

            }
        }
    }.start();
```

以上就是如何使用 HttpURLConnection 的 get 请求去提交图片网址到服务器并且获取网络图片显示在应用程序的主界面上的主要代码。

9.4.2　POST 方式提交数据

视频讲解

POST 的本质是向服务器发送数据,也可以获得服务器处理之后的结果,效率不如 GET。

POST 请求不能被缓存,POST 提交数据比较大,大小靠服务器的设定值限制,PHP 通常限定为 2MB。

POST 发送请求时,URL 中只有资源路径,但不包含参数,服务器日志不会记录参数,相对更安全。

参数被包装成二进制的数据形式,格式与 GET 基本一致,只是不包含“?”。

注意:所有涉及用户隐私的数据(密码、银行卡号等)一定记住使用 POST 方式传递,浏览器可以监视 POST 请求,但是不容易捕捉到。

接下来将通过一段代码讲解如何使用 HttpClient 的 POST 方式提交数据。具体的代码如下所示:

```
  * 利用 HttpClient 进行 POST 请求的工具类
  */
```

```
public class HttpClientUtil {
    public String doPost(String url,Map<String,String> map,String charset){
        HttpClient httpClient = null;
        HttpPost httpPost = null;
        String result = null;
        try{
            httpClient = new SSLClient();
            httpPost = new HttpPost(url);
            //设置参数
            List<NameValuePair> list = new ArrayList<NameValuePair>();
            Iterator iterator = map.entrySet().iterator();
            while(iterator.hasNext()){
                Entry<String,String> elem = (Entry<String, String>) iterator.next();
                list.add(new BasicNameValuePair(elem.getKey(),elem.getValue()));
            }
            if(list.size() > 0){
                UrlEncodedFormEntity entity = new UrlEncodedFormEntity(list,charset);
                httpPost.setEntity(entity);
            }
            HttpResponse response = httpClient.execute(httpPost);
            if(response != null){
                HttpEntity resEntity = response.getEntity();
                if(resEntity != null){
                    result = EntityUtils.toString(resEntity,charset);
                }
            }
        }catch(Exception ex){
            ex.printStackTrace();
        }
        return result;
    }
}
```

以上就是使用 HttpClient 发送 POST 请求的部分代码，使用 POST 请求传递参数的代码如上述代码中的加粗部分所示。关于使用 HttpClient 发送 POST 请求，在后续的章节中会通过与 PHP 结合的方式来更详细地讲解如何使用。

需要注意的是，在日常的开发中，手机端与服务器进行数据交互时，可能会出现中文乱码的问题，所以在发送请求时需要设置编码。

9.5 本章小结

本章主要讲解了 Android 系统的网络通信编程。首先讲解 HTTP 协议；然后讲解了使用 HttpURLConnection、HttpClient 访问网络资源的方式；接着讲解了 Android 中的 Socket 通信，通过一个客户端与服务器端通信的案例讲解了 Socket 的使用过程；最后讲解了 Http 中常用的两种数据提交方式：GET、POST，通过示例代码说明了这两种请求方式的使用差异。由于在日常的应用程序开发中涉及网络通信部分的较多，本节内容需要熟练掌握。

Android 7.0 解决抓取不到 HTTPS 请求的问题。

（1）新建 network_security_config.xml 文件，如图 9-6 所示。

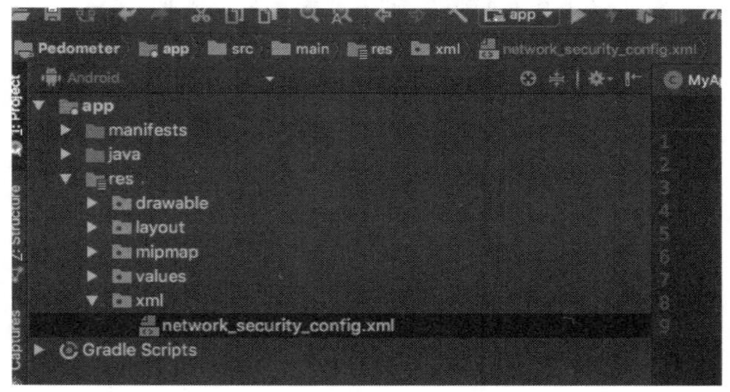

图 9.6 network_security_config.xml 文件

network_security_config.xml 文件内容如下：

```
<network-security-config>
    <base-config cleartextTrafficPermitted="true">
        <trust-anchors>
            <certificates src="system" overridePins="true" />
            <certificates src="user" overridePins="true" />
        </trust-anchors>
    </base-config>
</network-security-config>
```

说明：certificates 说明的 src="system"表示信任系统的 CA 证书，src="user"表示信任用户导入的 CA 证书。

（2）修改项目的 AndroidManifest.xml 文件，在 application 中增加 android:networkSecurityConfig="@xml/network_security_config"。

9.6 课后习题

1. 简述 HttpClient 和 HttpURLConnection 访问网络的步骤。
2. 简述 Socket 通信的步骤。
3. 简述 GET、POST 请求方式的差别。
4. 用 HttpClient 访问一个主页，并把获取到的内容显示出来。

第10章

Android+PHP开发

学习目标

- 掌握 PHP＋MySQL 的结合使用。
- 掌握 PHP 对数据库的基本操作。
- 掌握 Android＋PHP＋MySQL 的开发。

第 9 章讲解了 Android 中网络通信编程的知识，由于在网络编程中，应用程序需要向服务器提交数据，所以涉及后台服务器的开发。对于 Android 的开发，通常使用 PHP 作为后台，连接数据库和应用程序之间的交互。接下来将详细介绍 Android＋PHP 的开发。

10.1 PHP 介绍

PHP(Hypertext Preprocessor，超文本预处理器)是一种动态网页开发语言。其语法吸收了 C、Java 和 Perl 语言的特点，便于学习，使用广泛，主要适用于 Web 开发领域。PHP 独特的语法混合了 C、Java、Perl 以及 PHP 语言自创的语法，它可以比 CGI 或者 Perl 更快速地执行动态网页。PHP 的应用范围很广泛，特别是在网页的开发运用上。通常来讲，PHP 大多执行在网页服务器上，通过执行 PHP 文件代码来显示浏览器或者读取数据库中的内容，而且使用 PHP 是免费的。

1. PHP 的特性

(1) PHP 独特的语法混合了 C、Java、Perl 以及 PHP 语言自创的语法。

(2) PHP 可以比 CGI 或者 Perl 更快速地执行动态网页。

(3) 所有比较受欢迎的数据库以及操作系统基本上都可以使用 PHP 开发。

(4) 最重要的是 PHP 可以用 C、C++语言进行程序的扩展。

2. PHP 的优势

(1) 免费：和其他技术相比，PHP 本身免费且是开源代码。

(2) 快捷性：程序开发速度快，运行效率高，技术本身比较容易学习。

(3) 跨平台性强。

(4) 效率高：PHP 消耗相当少的系统资源。

(5) 开放源代码：所有的 PHP 源代码事实上都可以得到。

3. PHP 开发环境的搭建

要进行 PHP 的开发，首先需要搭建 PHP 的开发环境，本节所讲的是针对在 Windows 平台上的 PHP 开发环境搭建。

PHP 服务器组件非常多，有 WampServer、XAMPP、AppServ、phpStudy、phpnow 等。WampServer 目前在 Windows 平台上使用最广泛，操作也非常简单，WampServer 内部还集成了 PhpMyAdmin 数据库管理工具。接下来将详细讲解如何使用 WampServer 搭建 PHP 的开发环境。具体的步骤如下。

(1) 下载 PHP 开发环境所需组件：WampServer 软件，打开浏览器，输入地址 http://www.wampserver.com/en/#download－wrapper，如图 10-1 所示。

图 10-1 下载 WampServer

(2) 打开下载下来的 WampServer 安装包(这里是 WampServer 2.0 版本)，选择安装路径，然后单击 Next 按钮一直按照提示安装即可。路径选择的操作如图 10-2 所示。

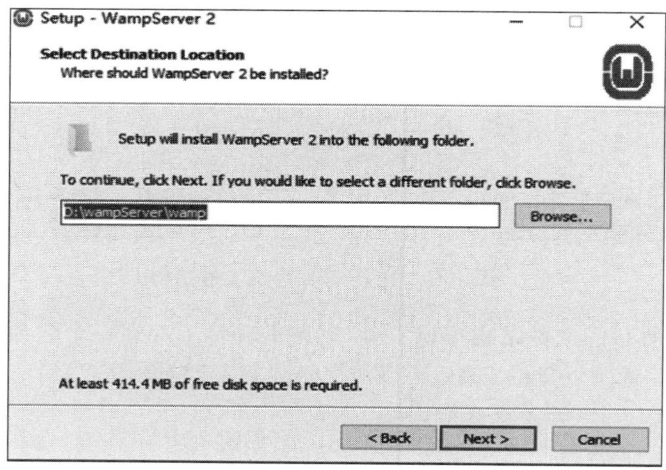

图 10-2 安装 WampServer

(3) 安装完 WampServer 以后，单击桌面上的图标，启动 WampServer，然后在桌面右下角会出现绿色的图标。为了测试 PHP 的开发环境是否搭建好，此时打开浏览器，在地址栏输入 localhost，然后回车。出现的结果如图 10-3 所示。

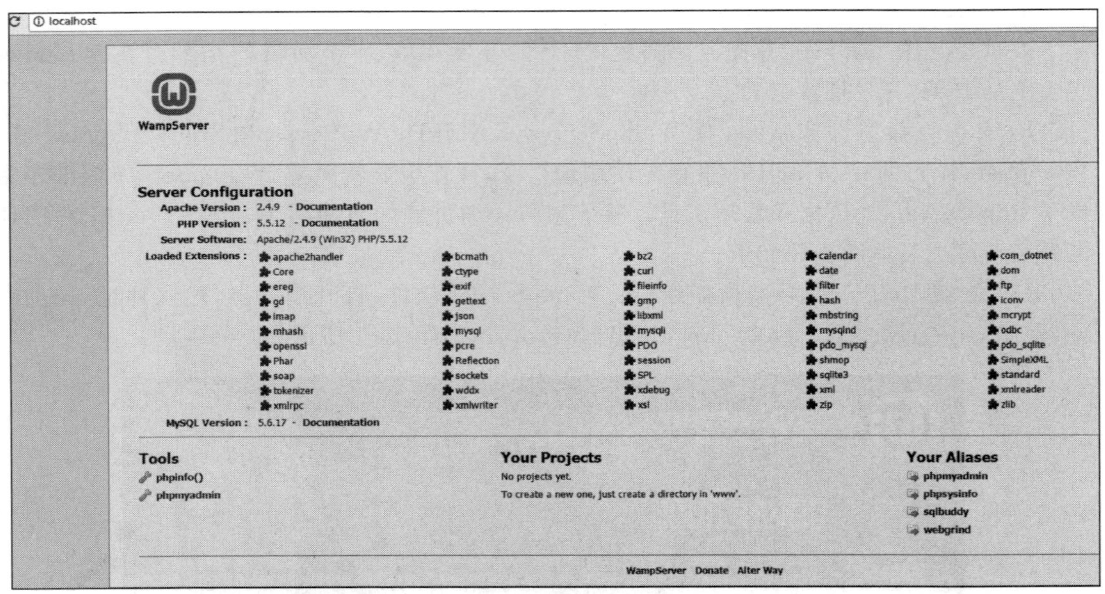

图 10-3 测试界面

若出现上述界面，则代表 PHP 的开发环境已经搭建成功，接下来就可以进行 PHP 的开发了。

4. PHP 创建的项目位置

在 WampServer 安装成功以后，打开 WampServer 所在的文件夹，然后可以看到文件夹的结构如图 10-4 所示。

alias	2017/7/25 12:49	文件夹
apps	2017/7/25 12:48	文件夹
bin	2017/7/25 12:48	文件夹
lang	2017/7/25 12:48	文件夹
logs	2017/7/25 12:49	文件夹
scripts	2017/7/25 12:49	文件夹
tmp	2017/7/25 12:49	文件夹
tools	2017/7/25 12:48	文件夹
vhosts	2017/7/25 12:48	文件夹
www	2017/7/25 12:49	文件夹

图 10-4 PHP 开发环境文件结构

从如图 10-4 所示的文件结构可以看到，安装的环境下存在一个名为 www 的文件夹，这个文件夹就是开发者所创建的 PHP 项目的根目录，创建的项目或者一个单独的 PHP 文件都存在这个文件夹下，然后才能运行。

10.2 PHP+MySQL 简介

10.1 节讲解了 PHP 的特性、优点以及开发环境的搭建，本节将讲解 PHP 和 MySQL 的连接、PHP 创建数据库、PHP 创建数据库表以及对数据表的增删查改操作等。

10.2.1 PHP 连接 MySQL

由于 Android 应用程序客户端需要向服务器端发送数据或取得数据，所以在服务器端就需要对客户端的数据请求进行处理，这个时候就需要服务器端与后台数据库的交互。

由于 MySQL 数据库是一种在服务器上运行的数据库系统，不管在小型还是大型应用程序中，都是理想的选择。而且 MySQL 是非常快速、可靠，且易于使用的，所以在存储数据时，通常使用的是 MySQL 数据库。

在服务器端处理客户端发送的数据请求时，首先服务器端要与 MySQL 建立连接，然后再对发送的请求进行处理。连接 MySQL 时，首先要定义 MySQL 的服务名字、用户名以及密码，然后使用"$conn = new mysqli($servername, $username, $password);"这句代码建立连接，可以根据 $conn 的值是否是 connect_error 来判断是否连接成功。接下来将通过一段示例代码来说明如何操作。

首先在 www 文件下新建一个 conn.php 文件，用来连接 MySQL。conn.php 文件的具体代码如下所示：

```
<?php
//php 文件设置编码
header("Content-type: text/html; charset=utf-8");
//连接 MySQL 的相关信息
$servername = "localhost";
$username = "root";
$password = "";
// 创建连接
$conn = new mysqli($servername, $username, $password);
// 检测连接
if ($conn->connect_error) {
    die("连接失败: " . $conn->connect_error);
}
echo "连接成功";
?>
```

完成以后，在浏览器地址栏中输入 http://localhost/conn.php 查看结果。出现的结果如图 10-5 所示。

需要注意的是，在使用完数据库以后，需要关闭数据库的连接。对于上述建立连接的方式来说，关闭连接的代码如下所示：

```
$conn->close();
```

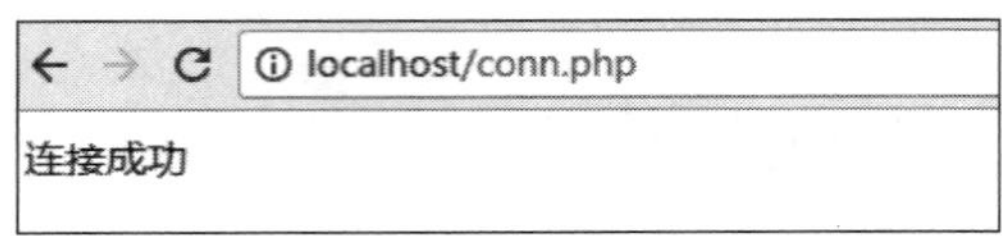

图 10-5　PHP 连接 MySQL 成功的结果

以上就是使用 MySQLi(面向对象)的方式建立连接,也可以使用 MySQLi(面向过程)的方式或者 PDO 方式建立连接。需要注意的是,使用不同的方式连接时,判断的条件不太一样,关闭连接的方式也不太一样。

10.2.2　PHP 创建数据库

在学习了 PHP 与 MySQL 建立连接以后,就可以使用 MySQL 来创建数据库了。PHP 创建数据库的方式有两种:一种是手动创建,另一种是使用代码来创建,接下来将详细讲解这两种创建数据库的方式。

1. 手动创建数据库

手动创建数据库的方式比较简单,首先在浏览器地址栏中输入 localhost,然后单击主界面 Tools 目录下的 phpmyadmin,操作如图 10-6 所示。

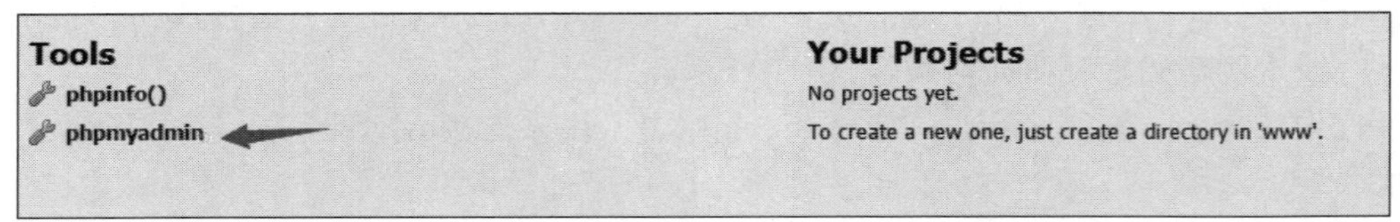

图 10-6　打开数据库

单击后,会出现如图 10-7 所示的数据库界面。

图 10-7　创建数据库的操作

单击左侧的 New,就会出现右半部分的界面,输入数据库名,选择排序规则(一般选择 utf8_general_ci),即可创建数据库。

以上就是手动创建数据库的方式,接下来讲解通过代码创建数据库的方式。

2. 通过使用代码创建数据库

通过代码创建数据库时,首先需要连接 MySQL 数据库,然后再执行创建数据库的语句。具体的代码如下所示:

```
?php
//php 文件设置编码
header("Content-type: text/html; charset=utf-8");
$servername = "localhost";
$username = "root";
$password = "";
// 创建连接
$conn = new mysqli($servername, $username, $password);
// 检测连接
if ($conn->connect_error) {
    die("连接失败: " . $conn->connect_error);
}
// 创建数据库
$sql = "CREATE DATABASE user";
if ($conn->query($sql) === TRUE) {
    echo "数据库创建成功";
} else {
    echo "Error creating database: " . $conn->error;
}
$conn->close();
?>
```

以上就是通过代码创建 user 数据库的详细代码，运行 create_db.php 文件，出现的结果如图 10-8 所示。

打开数据库手动操作的界面，可以看到 user 数据库已经创建成功了。界面如图 10-9 所示。

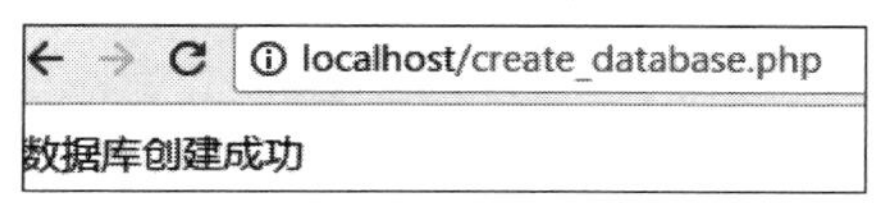

图 10-8 代码执行结果

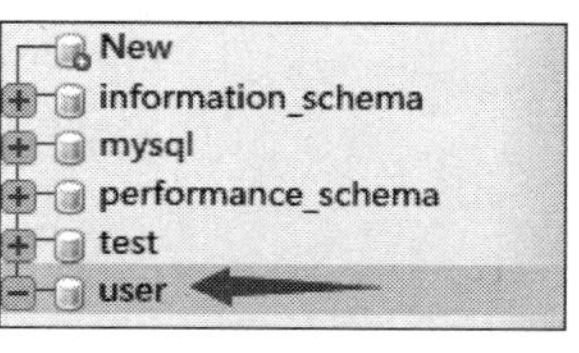

图 10-9 数据库操作界面

10.2.3 PHP 创建数据表

在学习完了创建数据库以后，接下来就要创建数据库表了。创建数据库表的操作也有两种：手动创建和通过代码创建。手动创建的方式与创建数据库的方式一致，此处不再赘述。接下来讲解通过代码如何创建数据表。

通过代码创建数据表时，首先要与已有的数据库建立连接，如上面代码创建的 user 数据库，与数据库连接以后，再执行创建数据表语句即可创建。

新建一个 create_user_login.php 文件，具体的代码如下所示：

```
<?php
//php 文件设置编码
```

```
header("Content-type: text/html; charset=utf-8");
$servername = "localhost";
$username = "root";
$password = "";
$dbname = "user";
// 创建连接
$conn = new mysqli($servername, $username, $password, $dbname);
// 检测数据库是否连接成功
if ($conn->connect_error) {
    die("连接失败: " . $conn->connect_error);
}
// 使用 SQL 创建数据表
$sql = "CREATE TABLE user_mes (
id INT(6) AUTO_INCREMENT PRIMARY KEY,
name VARCHAR(30) ,
sex VARCHAR(30),
email VARCHAR(50)
)";
if ($conn->query($sql) === TRUE) {
    echo "user_mes 数据表创建成功";
} else {
    echo "创建数据表错误: " . $conn->error;
}
$conn->close();
?>
```

运行 create_user_login.php，运行结果如图 10-10 所示。

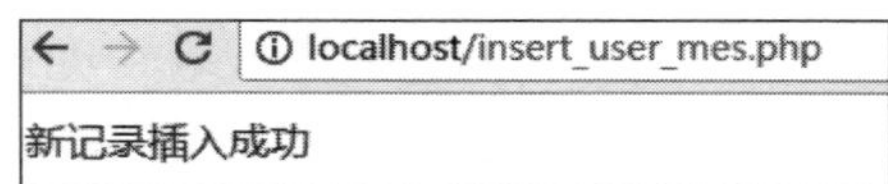

图 10-10　代码执行结果

打开手动操作数据库的界面，然后单击 user 数据库，发现 user_mes 数据库表已经创建成功了。界面如图 10-11 所示。

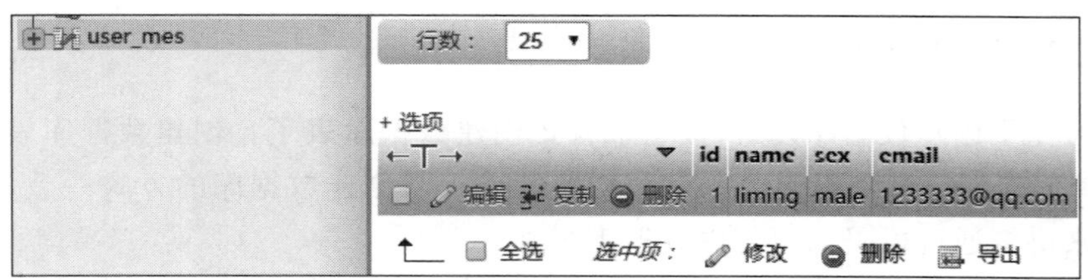

图 10-11　user 数据库视图

10.2.4　PHP 对数据库表的基本操作

PHP 对数据表的基本操作是指数据的增删查改，连接到数据库以后，执行这些增删查改语句，即可对表的数据进行操作。接下来将针对 PHP 对数据库表的添加以及查询数据的操作进行详细讲解。

1. 使用 PHP 添加数据

在使用 PHP 添加数据时,可以手动添加,也可以通过代码添加,这里不再讲述手动添加的方式,接下来详细介绍如何通过代码添加数据。

新建一个 insert_user_mes.php 文件,该文件代码执行时首先连接数据,然后执行插入语句。该文件的具体代码如下所示:

```
<?php
//php 文件设置编码
header("Content-type: text/html; charset=utf-8");
$servername = "localhost";
$username = "root";
$password = "";
$dbname = "user";
// 创建连接
$conn = new mysqli($servername, $username, $password, $dbname);
// 检测连接
if ($conn->connect_error) {
    die("连接失败: " . $conn->connect_error);
}
//插入数据的 SQL 语句
$sql = "INSERT INTO user_mes (name, sex, email)
VALUES ('liming', 'male', '1233333@qq.com')";
//判断是否插入成功
if ($conn->query($sql) === TRUE) {
    echo "新记录插入成功";
} else {
    echo "Error: " . $sql . "<br>" . $conn->error;
}
$conn->close();
?>
```

执行上述代码以后,出现的结果如图 10-12 所示。

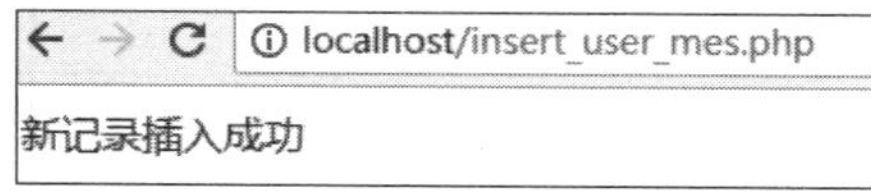

图 10-12　插入数据结果

打开手动操作数据库的界面,查看 user_mes 表的数据,发现数据已经添加成功了。该表的数据视图如图 10-13 所示。

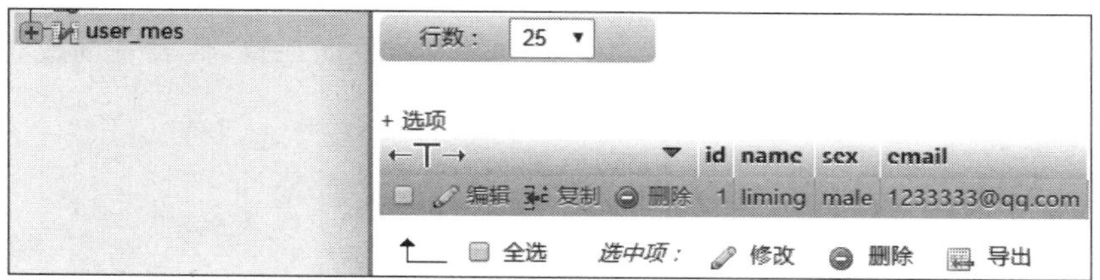

图 10-13　user_mes 表的数据视图

2. 使用 PHP 读取数据

使用 PHP 从数据库中读取数据时，首先需要连接数据库，然后再读取数据。接下来将通过具体的代码来讲解如何使用 PHP 读取 MySQL 数据库数据。

新建一个 query_user_mes.php 文件，该文件代码执行时，首先连接到 user 数据库，然后再查询数据。该文件的具体代码如下所示：

```
<?php
//php 文件设置编码
header("Content-type: text/html; charset=utf-8");
$servername = "localhost";
$username = "root";
$password = "";
$dbname = "user";
// 创建连接
$conn = new mysqli($servername, $username, $password, $dbname);
// Check connection
if ($conn->connect_error) {
    die("连接失败: " . $conn->connect_error);
}
$sql = "SELECT name, sex,email FROM user_mes";
$result = $conn->query($sql);
if ($result->num_rows > 0) {
    // 输出数据
    while($row = $result->fetch_assoc()) {
        echo "name: ". $row['name'].",sex: ". $row['sex'].",email: ". $row['email'];
    }
} else {
    echo "0 结果";
}
$conn->close();
?>
```

以上代码执行的结果如图 10-14 所示。

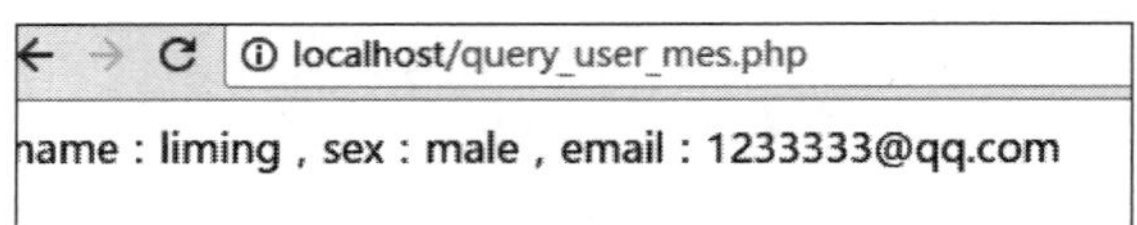

图 10-14　查询数据结果

从图 10-14 可以看出，查询的数据与数据库中存入的数据一致，代表查询成功。

10.3　PHP+Android 简介

10.3.1　Android 与 PHP 结合

在第 9 章中学习了如何使用 HttpClient 发送请求到服务器，本节将使用 PHP 作为后台服务器处理请求，使用 Android 前端发送请求。

Android+PHP+MySQL 的处理过程如图 10-15 所示。

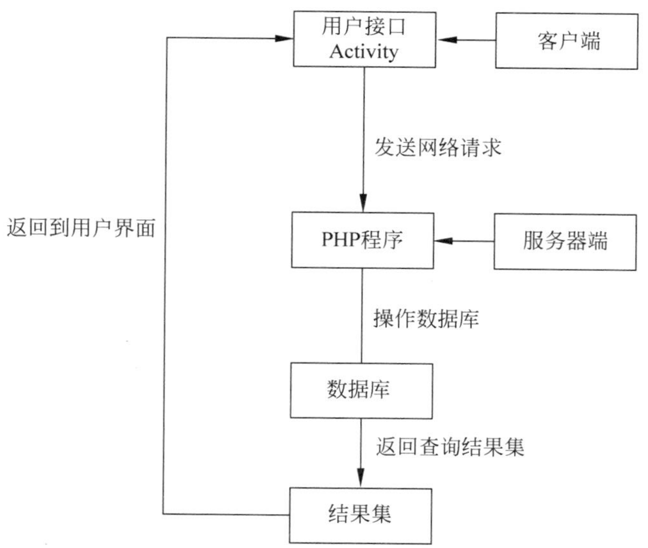

图 10-15 前后台交互原理图

从图 10-15 可以看出，当用户单击应用程序界面上的某个组件时，发送网络请求到 PHP 文件，也就是服务器端。如果用户需要对数据库操作，此时服务器端就会连接数据库，然后操作数据库，操作完成以后会返回一个结果集到客户端，给予用户想得到的信息。

1. 客户端网络请求发送类

接下来将通过代码讲解如何在 Android 前端向 PHP 后台服务器发送请求。首先新建一个文件 http_Conn.java，该类使用 HttpClient 去发送网络请求。具体的代码如下所示：

```
public class http_Conn {
    //连接的方法
        public boolean gotoConn(String phonenum, String password, String connectUrl) {
            String result = ""; // 用来取得返回的 String
            boolean isLoginSucceed = false;
            HttpClient httpClient = new DefaultHttpClient();
            // 发送 POST 请求
            HttpPost httpRequest = new HttpPost(connectUrl);
            // POST 运作传送变数必须用 NameValuePair[]阵列存储
            List<NameValuePair> params = new ArrayList<NameValuePair>();
            //BasicNameValuePair 存储键值对的类
            params.add(new BasicNameValuePair("phone", phonenum));
            params.add(new BasicNameValuePair("paswd", password));
            try {
                // 发出 HTTP 请求转为带参数的 HTTP 网络地址
                httpRequest.setEntity(new UrlEncodedFormEntity(params,"utf-8"));
                // 取得 HTTP response
                HttpResponse httpResponse = httpClient.execute(httpRequest);
```

```
                result = EntityUtils.toString(httpResponse.getEntity());
                System.out.println("1");
                System.out.println("1" + result);
            } catch (Exception e) {
                e.printStackTrace();
            }
            // 判断返回的数据是否为 PHP 中成功登录时输出的 success
            if (result.equals("success")) {
                isLoginSucceed = true;
            }
            return isLoginSucceed;
        }
}
```

以上就是先定义一个类，然后使用 HttpClient 发送 POST 请求，传递要请求的数据，如 phone、paswd，最后取得返回的结果集。

2. PHP 服务器端请求处理

接下来需要写服务器端的程序。新建一个 user_login.php 文件，该文件首先连接数据库，然后接收用户传入的数据，最后根据用户传入的 phone 和 paswd 去匹配数据库中的数据来验证是否存在该用户。

由于需要操作的请求较多，如果每个请求都重写以便数据库连接，会造成代码冗余严重，所以把数据库连接单独放在 conn.php 文件中，需要时引用就可以了。具体的操作如下。

数据库连接文件 conn.php 文件代码如下所示：

```
$servername = "localhost";
$username = "root";
$password = "";
$dbname = "user";
// 创建连接
$conn = mysqli_connect($servername, $username, $password, $dbname);
// 连接失败，打印错误信息
if (!$conn) {
    echo 'error';
}
```

user_login.php 文件代码如下所示：

```
<?php
    //登录验证
    include('conn.php');
    //获取家长的用户名和密码
    $phone = $_POST["phone"];
    $paswd = $_POST["paswd"];
    $sql = "SELECT * FROM user_mes where phonenum = '$phone' and paswd = '$paswd'";
    $result = $conn->query($sql);
```

```
    if ( $ result -> num_rows > 0) {
        echo 'success';
    } else {
        echo "0";
     }
    $ conn -> close();
?>
```

上述代码中，第一句加粗的代码是代表与数据库建立连接，第二句和第三句加粗的代码表示接收客户端发送的数据，使用查询的方式来匹配是否存在该用户来决定是否让用户登录。

3. 客户端调用请求发送类

客户端调用请求发送类时，传入要发送的请求参数和需要访问的 URL。需要注意的是，在调用请求发送类时，要开启新线程或者使用第 4 章所讲的异步任务来操作，因为 Android 主线程是不允许进行耗时性的操作的。具体的代码如下所示：

```
//启动一个新的线程用来登录进行耗时操作
    Runnable runnable = new Runnable() {
        @Override
        public void run() {
            HttpLogin httpLogin = new HttpLogin();
            String phone = phone_edit.getText().toString();
            String paswd = paswd_edit.getText().toString();
            // 连接到服务器的地址
            String connectURL =
            "http://192.168.56.1/teacher_pro/par_login.php";
            flag = http_Conn.gotoConn(phone, paswd, connectURL);
            if (flag) {
                Intent intent2 = new Intent(LoginActivity.this,
                       com.example.teacher_pro.index.SucesActivity.class);
                //传入手机号用来在 me_layout 界面显示
                //成功后启动 Activity
                Bundle bundle = new Bundle();
                bundle.putString("phone", phone);
                intent2.putExtras(bundle);
                startActivity(intent2);
            }else {
                Looper.prepare();
                Toast.makeText(LoginActivity.this, "登录失败,请重新登录",
                Toast.LENGTH_SHORT).show();
                Looper.loop();
            }

        }
    };
```

以上就是客户端采用重新开启一个新线程的方式来发送网络请求，从而避免了主线程出现异常等问题。在上述代码中，第一句加粗的代码指定了要请求的 URL，第二句调用了发送请求类的请求方法。

以上就是使用 Android+PHP+MySQL 来实现 Android 前端与 PHP 服务器端交互。一般在处理用户的请求时，按照这样的步骤即可实现。

10.3.2 用户登录案例

视频讲解

10.3.1 节学习了 Android+PHP+MySQL 结合使用的步骤，接下来通过一个用户登录的例子来更详细地讲解如何使用 PHP 作为后台服务器进行有关网络请求方面的应用程序开发。

1. 创建 chapter10_user_login 项目

创建完项目以后，修改界面布局代码。整体采用线性垂直布局的方式，然后放置两个 EditText 组件和一个 Button 组件。具体的代码如下所示：

```
<?xml version = "1.0" encoding = "utf - 8"?>
<LinearLayout xmlns:android = "http://schemas.android.com/apk/res/android"
    xmlns:tools = "http://schemas.android.com/tools"
    android:layout_width = "match_parent"
    android:layout_height = "match_parent"
    tools:context = "com.jxust.cn.chapter10_user_login.MainActivity"
    android:orientation = "vertical">
    <EditText
        android:id = "@ + id/phone"
        android:layout_width = "match_parent"
        android:layout_height = "wrap_content"
        android:hint = "请输入手机号"/>
    <EditText
        android:id = "@ + id/paswd"
        android:layout_width = "match_parent"
        android:layout_height = "wrap_content"
        android:inputType = "numberPassword"
        android:hint = "请输入密码"/>
    <Button
        android:id = "@ + id/login"
        android:layout_width = "match_parent"
        android:layout_height = "wrap_content"
        android:text = "登录"/>
</LinearLayout>
```

2. 创建客户端发送网络请求类

客户端请求类负责使用 HttpClient 发送网络请求，以供按钮单击时调用。Http_Conn.java 的具体代码如下所示：

```
public class Http_Conn {
    //连接的方法
    public boolean gotoConn(String phonenum, String password, String connectUrl) {
```

```
        String result = ""; // 用来取得返回的 String
        boolean isLoginSucceed = false;
        HttpClient httpClient = new DefaultHttpClient();
        // 发送 POST 请求
        HttpPost httpRequest = new HttpPost(connectUrl);
        // POST 运作传送变数必须用 NameValuePair[ ]阵列存储
        List < NameValuePair > params = new ArrayList < NameValuePair >();
        //BasicNameValuePair 存储键值对的类
        params.add(new BasicNameValuePair("phone", phonenum));
        params.add(new BasicNameValuePair("paswd", password));
        try {
            // 发出 HTTP 请求转为带参数的 HTTP 网络地址
            httpRequest.setEntity(new UrlEncodedFormEntity(params,"utf - 8"));
            // 取得 HTTP response
            HttpResponse httpResponse = httpClient.execute(httpRequest);
            result = EntityUtils.toString(httpResponse.getEntity());
            System.out.println("1");
            System.out.println("1" + result);
        } catch (Exception e) {
            e.printStackTrace();
        }
        // 判断返回的数据是否为 PHP 中成功登录时输出的 success
        if (result.equals("success")) {
            isLoginSucceed = true;
        }
        return isLoginSucceed;
    }
}
```

需要注意的是，Android 6.0 以后就不能直接使用 HttpClient 了，这里需要在 build.gradle(Module)中的 android 下添加一句代码，具体的操作如图 10-16 所示。

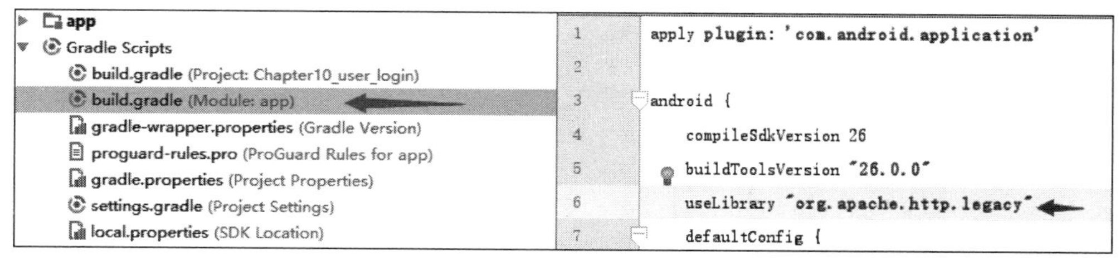

图 10-16　修改配置

3. 数据库数据添加

这里涉及的数据较少，所以使用了手动添加的方式，在 9.2 节创建的 user 数据库中新建一个数据表 user_login，然后添加一条数据。添加完后的结果如图 10-17 所示。

4. 创建后台服务器 PHP 文件

接下来就是编写 PHP 文件了，因为涉及数据库，所以首先要连接 user 数据库，然后取得客户端传来的 phone 和 paswd。连接数据库的文件 conn.php 代码如下所示：

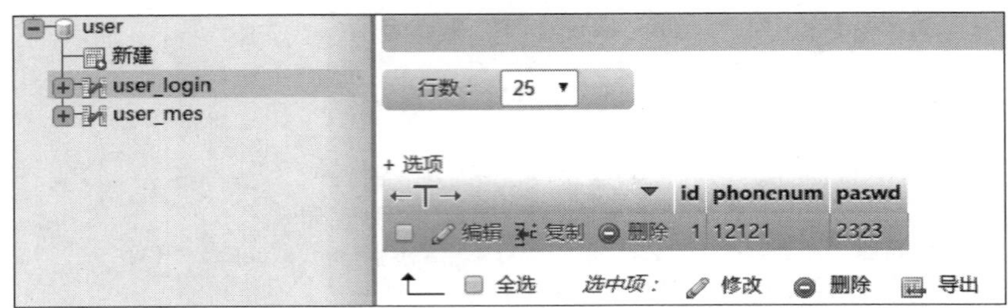

图 10-17　添加数据

```
<?php
    $ servername = "localhost";
    $ username = "root";
    $ password = "";
    $ dbname = "user";
    // 创建连接
    $ conn = mysqli_connect( $ servername, $ username, $ password, $ dbname);
    // 连接失败,打印错误信息
    if (! $ conn) {
        echo 'error';
    }
    ?>
```

处理请求以及操作数据库的 user_login. php 文件代码如下所示：

```
<?php
    //登录验证
    include( 'conn. php' );
    //获取输入的用户名和密码
    $ phone = $ _POST[ "phone" ];
    $ paswd = $ _POST[ "paswd" ];
    $ sql = "SELECT * FROM user_login where phonenum = ' $ phone' and paswd = ' $ paswd'";
    $ result = $ conn -> query( $ sql);
    if ( $ result -> num_rows > 0) {
        echo 'success';
    } else {
        echo "0";
    }
    $ conn -> close();
?>
```

5. 编写 MainActivity 代码

上述 PHP 文件编写完后，接着就需要编写 MainActivity 类的代码了，该类负责初始化组件以及为按钮添加单击事件，发送网络请求。具体的代码如下所示：

```
public class MainActivity extends AppCompatActivity {
    private EditText phone_edit, paswd_edit;
```

```
    private Button login_btn;
    public Boolean flag = false;
    @Override
    protected void onCreate(Bundle savedInstanceState) {
        super.onCreate(savedInstanceState);
        setContentView(R.layout.activity_main);
        init();
    }
    //组件初始化方法
    private void init(){
        phone_edit = (EditText)findViewById(R.id.phone);
        paswd_edit = (EditText)findViewById(R.id.paswd);
        login_btn = (Button)findViewById(R.id.login);
        login_btn.setOnClickListener(new View.OnClickListener() {
            @Override
            public void onClick(View view) {
                //启动线程
                Thread thread = new Thread(runnable);
                thread.start();
            }
        });
    }
    //启动一个新的线程用来登录时进行耗时操作
    Runnable runnable = new Runnable() {
        @Override
        public void run() {
            Http_Conn httpconn = new Http_Conn();
            String phone = phone_edit.getText().toString();
            String paswd = paswd_edit.getText().toString();
            // 连接到服务器的地址
            String connectURL =
                    "http://172.16.39.192/user_login.php";
            flag = httpconn.gotoConn(phone, paswd, connectURL);
            if (flag) {
                //传入手机号用来在 me_layout 界面显示
                //成功后显示消息
                Looper.prepare();
               Toast.makeText(MainActivity.this,"登录成功",
               Toast.LENGTH_SHORT).show();
                Looper.loop();
            }else {
                Looper.prepare();
                Toast.makeText(MainActivity.this, "登录失败",
                Toast.LENGTH_SHORT).show();
                Looper.loop();
            }
        }
    };
}
```

6. 添加网络访问权限

由于需要与服务器进行交互，所以需要添加网络权限。在清单中添加网络的代码如下所示：

```
<uses-permission android:name="android.permission.INTERNET" />
```

7. 运行

运行程序，输入数据库中已经存在的数据。结果如图 10-18 所示。

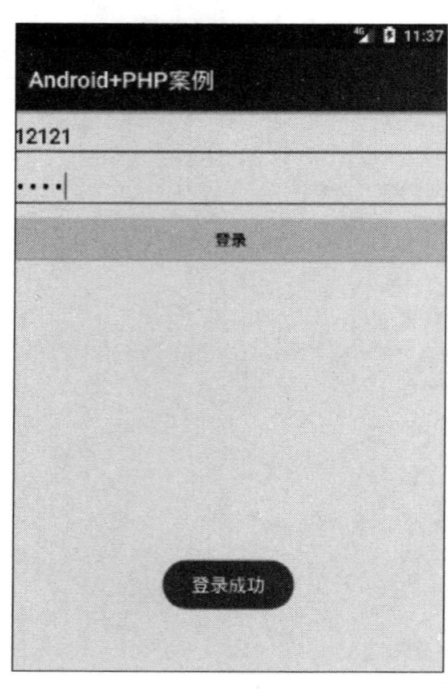

图 10-18　运行结果图

10.4　本章小结

本章主要讲解了 PHP＋MySQL＋Android 的使用过程。首先讲解了 PHP 的开发环境安装，以及使用 PHP 进行服务器开发的优势。然后讲解了 PHP 如何连接 MySQL，以及连接 MySQL 以后，对据库的各种操作等。最后通过一个用户登录的案例讲解了客户端如何发送请求以及服务器收到请求以后如何操作。本章的知识需要熟练掌握，在涉及数据库较多的开发时，可以考虑使用 PHP 作为后台来操作数据库，把请求与视图隔离开来，简化 Android 应用程序。

10.5　课后习题

1. 使用 PHP 创建一个数据库，其中包含两个数据表。
2. 使用 PHP 向第 1 题创建的两个数据表中分别添加一条数据。
3. 使用 PHP＋MySQL＋Android 实现用户的注册。

第11章

“倾心家教”应用案例开发

近年来，由于传统的培训机构成本飞涨，使得传统线下教育面临巨大压力；而且传统培训机构模式存在着大量的问题，比如时间、地点上的限制，师资力量问题，不能满足个性化的需求，等等。与之相反的是，在线查找教师和预约教师有很强的可选择性，可以满足不同用户的不同需要，随时随地，想学就学。极大地增加了用户的可选择度，降低了教育所带来的成本。本章将对“倾心家教”应用开发的过程进行详细的讲解。

11.1 应用分析

本应用要实现的功能包括教师的查询、优秀教师在线显示、App 所提供的课程、教师查询预约、建议反馈以及个人信息管理等。为了更好理解，接下来将通过一个用例图来说明，如图 11-1 所示。

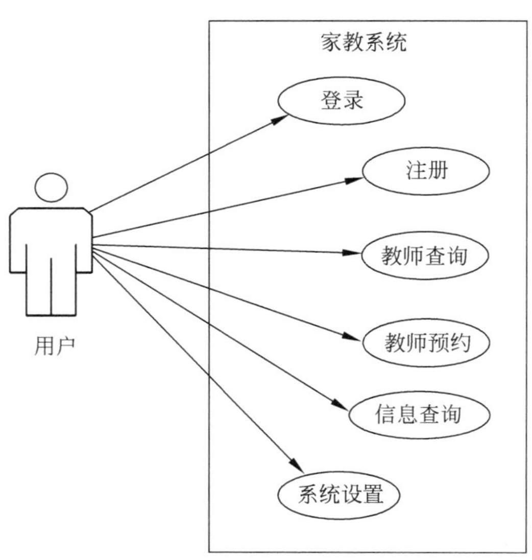

图 11-1 应用程序用例图

从如图 11-1 所示的用例图可以清楚地知道用户需要哪些功能，接下来针对这些功能对应的 UI 界面设计进行详细的讲解。

11.2 应用界面设计

11.2.1 登录界面设计

登录界面包括两个 EditText 组件、一个 CheckBox 组件、两个 Button 组件，分别用来输入手机号、密码、选择是否记住密码、登录或者注册。具体的界面设计如图 11-2 和图 11-3 所示。

图 11-2 登录界面

图 11-3 注册界面

注册时，首先输入手机号、密码，然后单击"获取验证码"按钮，获取验证码并填写正确以后，才能进行注册，所以包含三个 EditText 组件、两个 Button 组件。

由于注册和登录的布局代码类似，这里只展示登录的布局代码。登录界面 login.layout 的具体代码如下所示：

```
<?xml version = "1.0" encoding = "utf - 8"?>
<LinearLayout xmlns:android = "http://schemas.android.com/apk/res/android"
    android:layout_width = "match_parent"
    android:layout_height = "match_parent"
    android:background = "#EEEEEE"
    android:orientation = "vertical" >
    <TextView
        android:layout_width = "wrap_content"
        android:layout_height = "wrap_content"
        android:layout_gravity = "center_horizontal"
        android:layout_marginTop = "130dp"
        android:text = "LOGIN"
```

```
        android:textColor = "#35A9D0"
        android:textSize = "25sp" />
    <LinearLayout
        android:layout_width = "wrap_content"
        android:layout_height = "wrap_content"
        android:layout_gravity = "center_horizontal"
        android:layout_marginTop = "20dp"
        android:orientation = "horizontal" >
        <ImageView
            android:layout_width = "40dp"
            android:layout_height = "40dp"
            android:background = "#35A9D0"
            android:src = "@drawable/zhanghao" />
        <EditText
            android:id = "@+id/login_phonenumber"
            android:layout_width = "200dp"
            android:layout_height = "40dp"
            android:background = "@drawable/logincontentshape"
            android:hint = "请输入手机号"
            android:maxLength = "11"
            android:maxLines = "1" />
    </LinearLayout>
    <LinearLayout
        android:layout_width = "wrap_content"
        android:layout_height = "wrap_content"
        android:layout_gravity = "center_horizontal"
        android:layout_marginTop = "15dp"
        android:orientation = "horizontal" >
        <ImageView
            android:layout_width = "40dp"
            android:layout_height = "40dp"
            android:background = "#35A9D0"
            android:src = "@drawable/mima" />
        <EditText
            android:id = "@+id/login_paswd"
            android:layout_width = "200dp"
            android:layout_height = "40dp"
            android:background = "@drawable/logincontentshape"
            android:hint = "请输入密码"
            android:inputType = "textPassword"
            android:maxLength = "16"
            android:maxLines = "1" />
    </LinearLayout>
        <LinearLayout
        android:layout_width = "fill_parent"
        android:layout_height = "wrap_content"
        android:layout_marginTop = "10dp"
        android:orientation = "horizontal" >
        <CheckBox
        android:id = "@+id/reme_paswd"
```

```
            android:layout_width = "0dp"
            android:layout_weight = "1"
            android:layout_height = "wrap_content"
            android:layout_marginLeft = "70dp"
            android:checked = "true"
            android:text = "记住密码"
            android:textColor = "#8B8B7A"
            android:textSize = "16sp" />
            <TextView
            android:id = "@ + id/forget_paswd"
            android:layout_width = "0dp"
            android:layout_weight = "1"
            android:layout_height = "wrap_content"
            android:layout_marginLeft = "20dp"
            android:text = "忘记密码"
            android:textColor = "#8B8B7A"
            android:textSize = "16sp" />
        </LinearLayout >
        < Button
            android:id = "@ + id/login"
            android:layout_width = "240dp"
            android:layout_height = "45dp"
            android:layout_gravity = "center_horizontal"
            android:layout_marginTop = "30dp"
            android:background = "#35A9D0"
            android:text = "登 录"
            android:textColor = "#FFFFFF"
            android:textSize = "22sp" />
        < LinearLayout
            android:layout_width = "fill_parent"
            android:layout_height = "wrap_content"
            android:layout_marginTop = "20dp"
            android:orientation = "vertical">
            < TextView
            android:id = "@ + id/regester_user"
            android:layout_width = "wrap_content"
            android:layout_height = "wrap_content"
            android:layout_gravity = "center_horizontal"
            android:text = "注 册"
            android:textColor = "#35A9D0"
            android:textSize = "18sp" />
        </LinearLayout >
    </LinearLayout >
```

由于对应用的 UI 界面进行了美化，所以代码较长，其中的 logincontentshape 文件就是自定义的样式文件，开发者可以根据实际情况进行修改。

11.2.2 主界面规划设计

主界面默认显示的是底部导航栏首页所对应的界面，包含搜索教师框、课程图标和名字、滚动消息、优秀教师图片滚动以及底部导航栏。具体的设计如图 11-4 所示。

单击图 11-4 中的课程图标，即可显示当前教这门课程的教师，底部的导航栏分别对应首界面(程序主界面)、查询/预约教师界面、消息反馈界面以及个人信息界面。

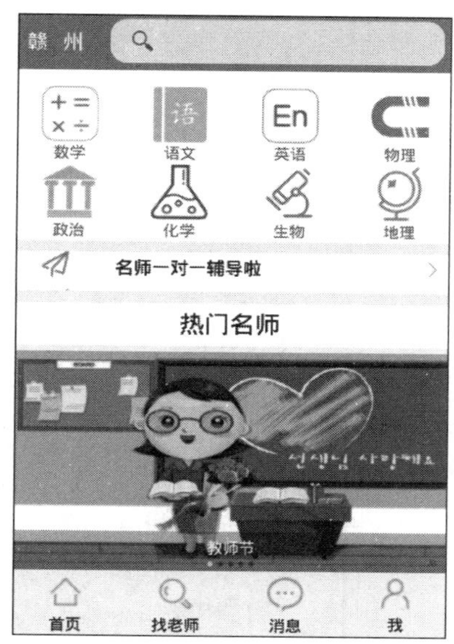

图 11-4 应用程序主界面设计

主界面包含的内容较多，首先最顶部包含一个按钮和一个搜索框组件，接着是采用线性布局方式的课程图标和名字，然后就是滚动的消息和优秀教师动态展示。其中滚动的消息和动态展示的教师图片是通过代码来实现的，这里先讲解其他静态的布局方式。index. layout 的代码如下所示：

```
<?xml version = "1.0" encoding = "utf - 8"?>
< LinearLayout
  xmlns:android = "http://schemas.android.com/apk/res/android"
  android:layout_width = "match_parent"
  android:layout_height = "match_parent"
  android:orientation = "vertical">
    <! -- 主要内容 -->
  < LinearLayout
      android:layout_width = "match_parent"
      android:layout_height = "0dp"
      android:layout_weight = "3"
      android:orientation = "vertical">
 < LinearLayout
  android:layout_width = "match_parent"
  android:layout_height = "52dp"
```

```
    android:background = "#11cd6e"
    android:orientation = "horizontal">
        <!-- 显示地点 -->
        <TextView
          android:id = "@+id/dizhi"
          android:layout_width = "0dp"
          android:layout_height = "30dp"
          android:layout_weight = "1"
          android:layout_marginTop = "14dp"
          android:layout_marginLeft = "10dp"
          android:textColor = "#FFFFFF"
          android:textSize = "18sp"
          android:text = "赣 州" />
        <!-- 显示搜索框 -->
        <SearchView
          android:id = "@+id/word"
          android:layout_width = "0dp"
          android:layout_height = "40dp"
          android:layout_weight = "4"
          android:layout_marginTop = "6dp"
          android:layout_marginRight = "10dp"
          android:background = "@drawable/search_shape"
          android:singleLine = "true" >
        </SearchView>
      </LinearLayout>
      <!-- 课程 -->
      <LinearLayout
        android:layout_width = "match_parent"
        android:layout_height = "155dp"
        android:background = "#FFFFFF"
        android:orientation = "vertical">
          <LinearLayout
            android:layout_width = "match_parent"
            android:layout_height = "70dp"
            android:layout_marginTop = "15dp"
            android:orientation = "horizontal">
            <!-- 显示课程图标和名称 -->
            <LinearLayout
            android:layout_width = "wrap_content"
            android:layout_height = "wrap_content"
            android:layout_weight = "1"
            android:layout_gravity = "center_horizontal"
            android:orientation = "vertical">
              <ImageView
                android:id = "@+id/math"
                android:layout_width = "50dp"
                android:layout_height = "50dp"
                android:layout_gravity = "center_horizontal"
                android:src = "@drawable/math"/>
              <TextView
```

```
                android:layout_width = "wrap_content"
                android:layout_height = "wrap_content"
                android:layout_gravity = "center_horizontal"
                android:textSize = "14sp"
                android:textColor = "#8B8B7A"
                android:text = "数学" />
            </LinearLayout>
            ...
        </LinearLayout>
    </LinearLayout>
    <include layout = "@layout/index_toutiao_scroll" />
    <include layout = "@layout/index_teacher" />
    </LinearLayout>
      <!-- 热门名师 -->
        <include layout = "@layout/famous_teacher" />
</LinearLayout>
```

滚动的消息(index_toutiao_scroll)、头条教师文字(index_teacher)以及动态的优秀教师图片(famous_teacher)的布局采用了< include >的方式加载到主界面中。

index_toutiao_scroll 的代码如下所示：

```
<LinearLayout xmlns:android = "http://schemas.android.com/apk/res/android"
    xmlns:tools = "http://schemas.android.com/tools"
    android:id = "@ + id/activity_main"
    android:layout_width = "match_parent"
    android:layout_height = "50dp"
    android:orientation = "vertical">
    <ViewFlipper
        android:id = "@ + id/marquee_view"
        android:layout_width = "match_parent"
        android:layout_marginTop = "10dp"
        android:layout_height = "35dp"
        android:autoStart = "true"
        android:flipInterval = "2500"
        android:inAnimation = "@drawable/anim_marquee_in"
        android:outAnimation = "@drawable/anim_marquee_out" >
    </ViewFlipper>
</LinearLayout>
```

由于使用了 ViewFlipper 组件，因此通过动画的形式，实现布局文件的切换。其中 anim_marquee_in 的代码如下所示：

```
<?xml version = "1.0" encoding = "utf - 8"?>
<set xmlns:android = "http://schemas.android.com/apk/res/android">
<translate
android:duration = "1500"
android:fromYDelta = "100%p"
```

```
android:toYDelta = "0">
</translate >
</set >
```

anim_marquee_out 的代码如下所示：

```
<?xml version = "1.0" encoding = "utf - 8"?>
< set xmlns:android = "http://schemas.android.com/apk/res/android">
< translate
  android:duration = "1500"
  android:fromYDelta = "0"
  android:toYDelta = " - 100 % p">
</translate >
</set >
```

index_teacher 的代码如下所示：

```
<?xml version = "1.0" encoding = "utf - 8"?>
< LinearLayout
  xmlns:android = "http://schemas.android.com/apk/res/android"
  android:orientation = "vertical"
  android:layout_width = "match_parent"
  android:background = " # FFFFFF"
  android:layout_marginTop = "6dp"
  android:layout_height = "40dp">
  < TextView
      android:layout_width = "wrap_content"
      android:layout_height = "35dp"
      android:layout_marginTop = "3dp"
      android:layout_gravity = "center_horizontal"
      android:textSize = "22sp"
      android:text = "热门名师 "/>
</LinearLayout >
```

famous_teacher 布局文件的代码如下所示：

```
<?xml version = "1.0" encoding = "utf - 8"?>
< RelativeLayout xmlns:android = "http://schemas.android.com/apk/res/android"
    xmlns:tools = "http://schemas.android.com/tools"
    android:layout_width = "match_parent"
    android:layout_marginTop = "5dp"
    android:layout_height = "wrap_content" >
    < FrameLayout
        android:layout_width = "fill_parent"
        android:layout_height = "200dip">
        < android.support.v4.view.ViewPager
            android:id = "@ + id/vp"
            android:layout_width = "fill_parent"
```

```
        android:layout_height = "fill_parent" />
    <LinearLayout
        android:layout_width = "fill_parent"
        android:layout_height = "35dip"
        android:orientation = "vertical"
        android:layout_gravity = "bottom"
        android:gravity = "center"
        android:background = "#33000000" >
        <TextView
            android:id = "@ + id/image_title"
            android:layout_width = "wrap_content"
            android:layout_height = "wrap_content"
            android:text = "图片标题"
            android:textColor = "@android:color/white"
            />
        <LinearLayout
            android:layout_width = "wrap_content"
            android:layout_height = "wrap_content"
            android:orientation = "horizontal"
            android:layout_marginTop = "3dip" >
            <View
                android:id = "@ + id/dot_0"
                android:layout_width = "5dip"
                android:layout_height = "5dip"
                android:layout_marginLeft = "2dip"
                android:layout_marginRight = "2dip"
                android:background = "@drawable/dot_focused"/>
            <View
                android:id = "@ + id/dot_1"
                android:layout_width = "5dip"
                android:layout_height = "5dip"
                android:layout_marginLeft = "2dip"
                android:layout_marginRight = "2dip"
                android:background = "@drawable/dot_normal" />
            <View
                android:id = "@ + id/dot_2"
                android:layout_width = "5dip"
                android:layout_height = "5dip"
                android:layout_marginLeft = "2dip"
                android:layout_marginRight = "2dip"
                android:background = "@drawable/dot_normal"/>
            <View
                android:id = "@ + id/dot_3"
                android:layout_width = "5dip"
                android:layout_height = "5dip"
                android:layout_marginLeft = "2dip"
                android:layout_marginRight = "2dip"
                android:background = "@drawable/dot_normal"/>
            <View
                android:id = "@ + id/dot_4"
```

```
                    android:layout_width = "5dip"
                    android:layout_height = "5dip"
                    android:layout_marginLeft = "2dip"
                    android:layout_marginRight = "2dip"
                    android:background = "@drawable/dot_normal"/>
            </LinearLayout>
        </LinearLayout>
    </FrameLayout>
</RelativeLayout>
```

以上就是主界面的布局文件代码。接下来讲解查找教师界面、信息反馈界面以及个人信息界面的布局。

11.2.3 查找教师界面

在查找教师界面可根据用户选择的年级和科目的组合条件来查询，单击科目或者年级会弹出一个下拉菜单，用户可以选择要查找的年级或者科目。涉及的 3 个文件分别为 seach. xml、grade_pouwin. xml、sub_pouwin. xml。3 个文件的布局代码如下所示。

search. xml 是查找教师的主界面，用户可以选择年级或科目，然后单击“查询”按钮。具体的代码如下所示：

```
<?xml version = "1.0" encoding = "utf - 8"?>
<LinearLayout
  xmlns:android = "http://schemas.android.com/apk/res/android"
  android:layout_width = "match_parent"
  android:layout_height = "match_parent"
  android:background = "#E8E8E8"
  android:orientation = "vertical">
  <! -- 显示要查找老师的信息标题 -->
  <LinearLayout
      android:layout_width = "match_parent"
      android:layout_height = "51dp"
      android:background = "#11cd6e"
      android:orientation = "horizontal">
      <! -- 返回箭头 -->
      <ImageView
          android:id = "@ + id/arrback"
          android:layout_width = "0dp"
          android:layout_weight = "0.5"
          android:layout_height = "30dp"
          android:layout_marginTop = "10dp"
          android:contentDescription = "@string/app_name"
          android:src = "@drawable/arrowleft" />
      <! -- 科目文字 -->
      <LinearLayout
          android:layout_width = "0dp"
          android:layout_weight = "5"
```

```
            android:layout_height = "50dp"
            android:orientation = "vertical">
        <TextView
                android:layout_width = "wrap_content"
                android:layout_gravity = "center"
                android:layout_height = "wrap_content"
                android:textSize = "22sp"
                android:textColor = "#FFFFFF"
                android:layout_marginTop = "12dp"
                android:text = "查找教师"/>
        </LinearLayout>
    </LinearLayout>
    <!-- 间隔线 -->
    <ImageView
        android:layout_width = "match_parent"
        android:layout_height = "1dp"
        android:background = "#CFCFCF" />
    <LinearLayout
        android:layout_width = "match_parent"
        android:layout_height = "wrap_content"
        android:background = "#FFFFFF"
        android:orientation = "horizontal">
        <LinearLayout
            android:layout_width = "0dp"
            android:layout_weight = "1.5"
            android:layout_height = "wrap_content"
            android:orientation = "vertical">
            <Button
                android:id = "@+id/subject_name"
                android:layout_width = "wrap_content"
                android:layout_gravity = "center_horizontal"
                android:text = "科 目"
                android:textColor = "#8B8B7A"
                android:background = "@android:color/transparent"
                android:drawableRight = "@drawable/arrowdown"
                android:layout_height = "40dp"/>
        </LinearLayout>
    <!-- 间隔线 -->
    <ImageView
        android:layout_width = "1dp"
        android:layout_height = "30dp"
        android:layout_marginTop = "5dp"
        android:background = "#CFCFCF" />
     <LinearLayout
          android:layout_width = "0dp"
          android:layout_weight = "1.5"
          android:layout_height = "wrap_content"
          android:orientation = "vertical">
          <Button
            android:id = "@+id/grade"
```

```
            android:layout_width = "wrap_content"
            android:layout_gravity = "center_horizontal"
            android:text = "年 级"
            android:textColor = "#8B8B7A"
            android:background = "@android:color/transparent"
            android:drawableRight = "@drawable/arrowdown"
            android:layout_height = "40dp"/>
        </LinearLayout>
    </LinearLayout>
    <!-- 间隔线 -->
    <ImageView
        android:layout_width = "match_parent"
        android:layout_height = "1dp"
        android:background = "#CFCFCF" />
    <ListView
        android:id = "@+id/select_teacher"
        android:layout_width = "fill_parent"
        android:layout_height = "wrap_content"
        android:background = "#FFFFFF">
    </ListView>
</LinearLayout>
```

上述代码中首先定义了科目和年级的 Button 组件，用户单击科目按钮时，会出现 grade_pouwin.xml 所对应的年级选择界面。具体代码如下所示：

```
<?xml version = "1.0" encoding = "utf-8"?>
<LinearLayout
  xmlns:android = "http://schemas.android.com/apk/res/android"
  android:orientation = "vertical"
  android:layout_width = "fill_parent"
  android:background = "#ffffff"
  android:layout_marginTop = "1dp"
  android:layout_height = "380dp">
  <!-- 间隔线 -->
  <ImageView
      android:layout_width = "match_parent"
      android:layout_height = "1dp"
      android:background = "#CFCFCF" />
  <!-- 小学 -->
    <LinearLayout
      android:orientation = "horizontal"
      android:layout_width = "fill_parent"
      android:layout_marginTop = "5dp"
      android:layout_height = "wrap_content">
      <!-- 一年级 -->
      <LinearLayout
        android:orientation = "vertical"
        android:layout_width = "0dp"
```

```
        android:layout_weight = "1"
        android:layout_height = "wrap_content">
        <Button
          android:id = "@ + id/grade1"
          android:layout_width = "100dp"
          android:layout_height = "36dp"
          android:text = "一年级"
          android:layout_gravity = "center_horizontal"
          android:background = "@drawable/grade_edit1"
          android:textColor = "#8B8B7A"/>
        </LinearLayout>
          …
      </LinearLayout>
      <! -- 确定 -->
        <LinearLayout
            android:orientation = "vertical"
            android:layout_marginTop = "30dp"
            android:layout_width = "match_parent"
            android:layout_height = "wrap_content">
            <Button
                android:id = "@ + id/sure_grade_select"
                android:layout_width = "fill_parent"
                android:layout_height = "40dp"
                android:textColor = "#FFFFFF"
                android:text = "确定"
                android:background = "#11cd6e"
                android:layout_gravity = "center"/>
    </LinearLayout>
  </LinearLayout>
```

这里只列出了一部分代码，因为其他年级的布局代码与上述代码中定义的一年级的方式类似，所以不再详细列出。

当用户单击科目按钮时，会出现 sub_pouwin.xml 文件所对应的选择科目界面。具体代码如下所示：

```
<?xml version = "1.0" encoding = "utf - 8"?>
<LinearLayout
  xmlns:android = "http://schemas.android.com/apk/res/android"
  android:orientation = "vertical"
  android:layout_width = "fill_parent"
  android:background = "#ffffff"
  android:layout_marginTop = "1dp"
  android:layout_height = "380dp">
  <! -- 间隔线 -->
  <ImageView
      android:layout_width = "match_parent"
      android:layout_height = "1dp"
      android:background = "#CFCFCF" />
```

```
<LinearLayout
  android:orientation = "horizontal"
  android:layout_width = "fill_parent"
  android:layout_marginTop = "15dp"
  android:layout_height = "wrap_content">
  <!-- 语文 -->
 <LinearLayout
  android:orientation = "vertical"
  android:layout_width = "0dp"
  android:layout_weight = "1"
  android:layout_height = "wrap_content">
  <Button
    android:id = "@+id/sub1"
    android:layout_width = "100dp"
    android:layout_height = "36dp"
    android:text = "语文"
    android:layout_gravity = "center_horizontal"
    android:background = "@drawable/grade_edit1"
    android:textColor = "#8B8B7A"/>
  </LinearLayout>
  …
  <LinearLayout
  android:orientation = "vertical"
  android:layout_width = "0dp"
  android:layout_weight = "1"
  android:layout_height = "wrap_content">
  </LinearLayout>
</LinearLayout>
 <!-- 确定 -->
  <LinearLayout
      android:orientation = "vertical"
      android:layout_marginTop = "30dp"
      android:layout_width = "match_parent"
      android:layout_height = "wrap_content">
      <Button
        android:id = "@+id/sure_sub_select"
        android:layout_width = "fill_parent"
        android:layout_height = "40dp"
        android:textColor = "#FFFFFF"
        android:text = "确定"
        android:background = "#11cd6e"
        android:layout_gravity = "center"/>
</LinearLayout>
</LinearLayout>
```

以上就是选择科目或者年级时所弹出界面对应的布局代码，当用户确定了选择的科目和年级以后，就可以把符合条件的教师查询出来，使用 ListView 组件来以列表的方式显示。

11.2.4　消息界面

消息界面包含了“预约老师消息”“我要提建议”“消息论坛”和“优惠信息”查询等功能。本应用程序只实现了前面的教师消息查询、提建议的功能，所以只讲解消息主界面（mes.xml）、教师消息查询（mes_order_teach.xml）和提建议界面（mes_order_suggest.xml）的布局方式。消息界面的实现消息如图 11-5 所示。

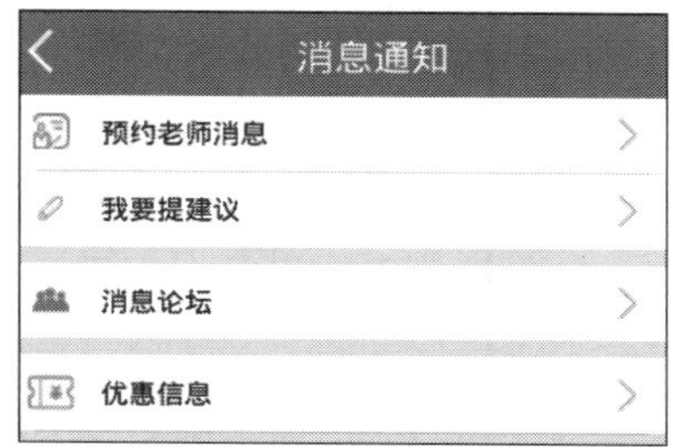

图 11-5　消息界面

如图 11-5 所示界面对应的布局文件 mes.xml 的代码如下所示：

```
<?xml version = "1.0" encoding = "utf - 8"?>
<LinearLayout
  xmlns:android = "http://schemas.android.com/apk/res/android"
  android:orientation = "vertical"
  android:layout_width = "match_parent"
  android:layout_height = "match_parent"
  android:background = "#E8E8E8">
  <!-- 消息标题 -->
  <LinearLayout
      android:layout_width = "match_parent"
      android:layout_height = "51dp"
      android:background = "#11cd6e"
      android:orientation = "horizontal">
      <!-- 返回箭头 -->
      <ImageView
          android:layout_width = "0dp"
          android:layout_weight = "0.5"
          android:layout_height = "30dp"
          android:layout_marginTop = "10dp"
          android:contentDescription = "@string/app_name"
          android:src = "@drawable/arrowleft" />
      <!-- 消息 -->
      <LinearLayout
          android:layout_width = "0dp"
          android:layout_weight = "5"
          android:layout_height = "50dp"
          android:orientation = "vertical">
```

```
            <TextView
                android:layout_width = "wrap_content"
                android:layout_gravity = "center"
                android:layout_height = "wrap_content"
                android:textSize = "22sp"
                android:textColor = "#FFFFFF"
                android:layout_marginTop = "12dp"
                android:text = "消息通知"/>
            </LinearLayout>
    </LinearLayout>
    <! -- 预约教师信息 -->
     <LinearLayout
            android:layout_width = "fill_parent"
            android:layout_height = "45dp"
            android:background = "#FFFFFF"
            android:orientation = "horizontal" >
            <ImageView
                android:layout_width = "0dp"
                android:layout_weight = "0.5"
                android:layout_height = "wrap_content"
                android:layout_marginLeft = "10dp"
                android:layout_gravity = "center_vertical"
                android:contentDescription = "@string/app_name"
                android:src = "@drawable/teacher" />
            <TextView
                android:id = "@+id/order_teach"
                android:layout_width = "0dp"
                android:layout_weight = "5"
                android:layout_height = "wrap_content"
                android:layout_gravity = "center"
                android:layout_marginLeft = "15dp"
                android:text = "预约老师消息"
                android:textSize = "16sp" />
            <ImageView
                android:layout_width = "0dp"
                android:layout_weight = "1"
                android:layout_height = "wrap_content"
                android:layout_gravity = "center_vertical"
                android:contentDescription = "@string/app_name"
                android:src = "@drawable/arrowright" />
        </LinearLayout>
</LinearLayout>
```

由于“我要提建议”“消息论坛”“优惠信息”的布局方式与“预约教师信息”布局方式一样，因此不再列出。

mes_order_teach 是显示已经预约的教师的信息，具体代码如下所示：

```
<?xml version="1.0" encoding="utf-8"?>
<LinearLayout
  xmlns:android="http://schemas.android.com/apk/res/android"
  android:orientation="vertical"
  android:layout_width="match_parent"
  android:layout_height="match_parent">
   <!-- 预约教师 -->
  <LinearLayout
      android:layout_width="match_parent"
      android:layout_height="51dp"
      android:background="#11cd6e"
      android:orientation="horizontal">
      <!-- 返回箭头 -->
      <ImageView
          android:layout_width="0dp"
          android:layout_weight="0.5"
          android:layout_height="30dp"
          android:layout_marginTop="10dp"
          android:contentDescription="@string/app_name"
          android:src="@drawable/arrowleft" />
      <!-- 消息 -->
      <LinearLayout
          android:layout_width="0dp"
          android:layout_weight="5"
          android:layout_height="50dp"
          android:orientation="vertical">
         <TextView
             android:layout_width="wrap_content"
             android:layout_height="wrap_content"
             android:textSize="20sp"
             android:textColor="#FFFFFF"
             android:layout_marginTop="12dp"
             android:text="我预约的教师"/>
         </LinearLayout>
  </LinearLayout>
  <ListView
      android:id="@+id/order_teach_list"
      android:layout_width="match_parent"
      android:layout_height="wrap_content"
      android:divider="#CFCFCF"
      android:dividerHeight="1dp"
      android:background="#FFFFFF">
  </ListView>
</LinearLayout>
```

mes_order_suggest.xml 对应着消息界面的提建议界面，包含了用户输入要提建议的科目、内容和主题。其界面设计如图 11-6 所示。

其所对应的具体代码如下所示：

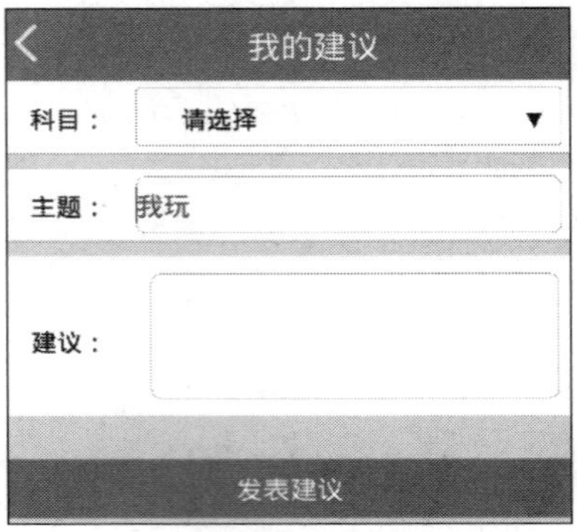

图 11-6 提建议界面

```
<?xml version="1.0" encoding="utf-8"?>
<LinearLayout>
  <!-- 消息标题 -->
  <LinearLayout
      android:layout_width="match_parent"
      android:layout_height="51dp"
      android:background="#11cd6e"
      android:orientation="horizontal">
      <!-- 返回箭头 -->
      <ImageView
          android:layout_width="0dp"
          android:layout_weight="0.5"
          android:layout_height="30dp"
          android:layout_marginTop="10dp"
          android:contentDescription="@string/app_name"
          android:src="@drawable/arrowleft" />
      <!-- 消息 -->
      <LinearLayout
          android:layout_width="0dp"
          android:layout_weight="5"
          android:layout_height="50dp"
          android:orientation="vertical">
        <TextView
            android:layout_width="wrap_content"
            android:layout_gravity="center"
            android:layout_height="wrap_content"
            android:textSize="22sp"
            android:textColor="#FFFFFF"
            android:layout_marginTop="12dp"
            android:text="我的建议"/>
        </LinearLayout>
  </LinearLayout>
      <!-- 建议科目 -->
```

```
        <LinearLayout
            android:layout_width = "fill_parent"
            android:layout_height = "50dp"
            android:background = "#FFFFFF"
            android:orientation = "horizontal">
            <TextView
              android:layout_width = "0dp"
              android:layout_weight = "1"
              android:layout_height = "40dp"
              android:textSize = "17sp"
              android:layout_marginTop = "5dp"
              android:layout_marginLeft = "20dp"
              android:text = "科目: "/>
            <Spinner
              android:id = "@ + id/sugest_subject"
              android:layout_marginTop = "5dp"
              android:layout_width = "0dp"
              android:layout_weight = "4"
              android:background = "@drawable/spinner_shape"
              android:layout_marginRight = "10dp"
              android:layout_height = "40dp"/>
            …
            <Button
                android:id = "@ + id/sugest_report"
                android:layout_width = "fill_parent"
                android:layout_height = "40dp"
                android:textColor = "#FFFFFF"
                android:text = "发表建议"
                android:background = "#11cd6e"
                android:layout_gravity = "center"/>
</LinearLayout>
```

以上就是消息界面的主要布局代码，开发者可以选择把顶部的布局文件单独列出来，然后导入每个布局文件即可使用。

11.2.5 个人信息界面

个人信息界面包含了用户的头像、用户的手机号、订单信息、钱包信息、奖学券信息、我已经预约的老师、学习计划总结、我的课程以及系统的设置等功能，其实现效果如图 11-7 所示。

个人信息界面中已经实现的功能有我的订单、我的钱包、奖学券、学习计划与总结、设置等，其中我的订单、钱包、奖学券布局代码都相对简单，此处不再赘述。下面主要讲解一下主界面的布局。整体采用线性垂直的布局方式，然后每一个功能采用线性水平的布局方式。me.xml 文件的具体布局代码如下所示：

图 11-7 个人信息界面

```
<LinearLayout>
    <LinearLayout
        android:id="@+id/user_message"
        android:layout_width="fill_parent"
        android:layout_height="110dp"
        android:background="#11cd6e"
        android:orientation="horizontal">
        <ImageView
            android:id="@+id/icon"
            android:layout_width="0dp"
            android:layout_height="70dp"
            android:layout_weight="1"
            android:layout_gravity="center"
            android:layout_marginLeft="10dp"
            android:contentDescription="@string/app_name"
            android:src="@drawable/hugh" />
            <TextView
                android:id="@+id/phone_numbers"
                android:layout_width="0dp"
                android:layout_weight="4"
                android:layout_height="wrap_content"
                android:layout_gravity="center"
                android:text="手机号: "
                android:textColor="#FFFFFF"
                android:layout_marginLeft="30dp"
                android:textSize="20sp" />
            <ImageView
                android:layout_width="0dp"
                android:layout_weight="1"
```

```
                android:layout_height = "40dp"
                android:layout_gravity = "center_vertical"
                android:contentDescription = "@string/app_name"
                android:src = "@drawable/toparrowright" />
        </LinearLayout>
        <include layout = "@layout/me_money" />"
        <LinearLayout
            android:layout_width = "fill_parent"
            android:layout_height = "90dp"
            android:layout_marginTop = "20dp"
            android:background = "#FFFFFF"
            android:orientation = "vertical" >
            <ImageView
                android:layout_width = "fill_parent"
                android:layout_height = "0.5dip"
                android:layout_marginLeft = "15dp"
                android:layout_marginRight = "15dp"
                android:background = "#CFCFCF" />
        </LinearLayout>
    </LinearLayout>
```

以上省略了一部分功能的代码，其中加粗的那一行代码为钱包、订单以及奖学券的布局文件。me_money.xml 文件的布局代码如下所示：

```
    <?xml version = "1.0" encoding = "utf-8"?>
    <LinearLayout
      xmlns:android = "http://schemas.android.com/apk/res/android"
      android:orientation = "horizontal"
      android:layout_width = "fill_parent"
      android:background = "#FFFFFF"
      android:layout_height = "70dp">
      <!-- 我的订单 -->
      <LinearLayout
          android:orientation = "vertical"
          android:layout_width = "0dp"
          android:layout_weight = "1"
          android:layout_height = "match_parent">
          <ImageView
                android:id = "@+id/order"
                android:layout_width = "wrap_content"
                android:layout_height = "wrap_content"
                android:layout_gravity = "center"
                android:layout_marginTop = "5dp"
                android:contentDescription = "@string/app_name"
                android:src = "@drawable/order" />
            <TextView
                android:layout_width = "wrap_content"
                android:layout_height = "wrap_content"
                android:layout_gravity = "center"
```

```
                android:text = "我的订单"
                android:layout_marginTop = "2dp"
                android:textSize = "16sp" />
    </LinearLayout>
    ...
</LinearLayout>
```

以上就是我的订单、钱包以及奖学券的布局代码，由于钱包和奖学券的布局方式与订单的布局方式一样，因此不再详细地列出来。

11.3 数据库设计

在进行应用程序的功能实现之前，首先需要设计应用程序所使用到的数据库。根据系统的用例图，设计了如图 11-8 所示的数据库。

数据库说明：

teache_pro——数据库名称。

evaluate——用户反馈的意见存储数据表。

parent——存储家长用户表（本应用面对的是家教家长客户端）。

par_money——家长钱包信息存储表。

par_order——家长订单表。

par_reward——拥有的奖学券信息表。

plant——个人信息界面学习计划对应的表。

reserve——对应着家长预约的教师信息表。

teacher——教师信息表。

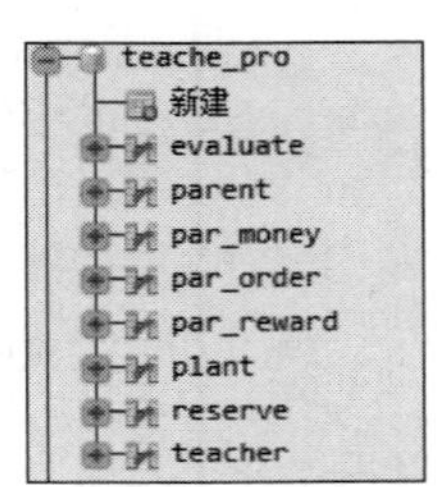

图 11-8　数据库结构图

接下来详细介绍每个数据表所包含的信息。

1. parent：家长用户表

家长表主要包含 id、手机号、密码、头像以及地址信息。具体结构如图 11-9 所示。

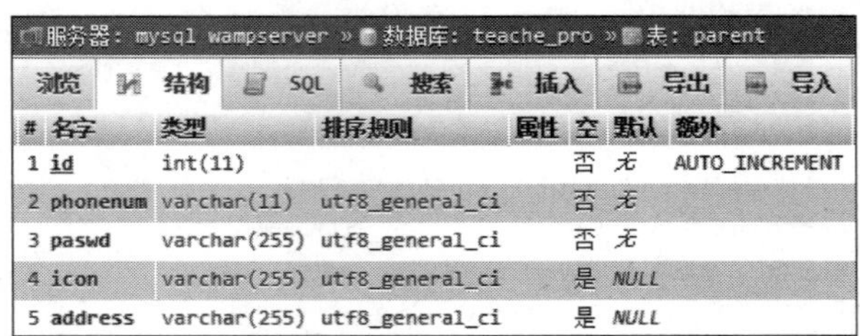

服务器: mysql wampserver » 数据库: teache_pro » 表: parent

浏览 结构 SQL 搜索 插入 导出 导入

#	名字	类型	排序规则	属性	空	默认	额外
1	id	int(11)			否	无	AUTO_INCREMENT
2	phonenum	varchar(11)	utf8_general_ci		否	无	
3	paswd	varchar(255)	utf8_general_ci		否	无	
4	icon	varchar(255)	utf8_general_ci		是	NULL	
5	address	varchar(255)	utf8_general_ci		是	NULL	

图 11-9　家长用户表属性图

2. teacher：教师信息表

教师表中包含 id、教师手机号、教师性别、教师的名字、教师的头像、地址、教学经历以及所教年级。其具体信息如图 11-10 所示。

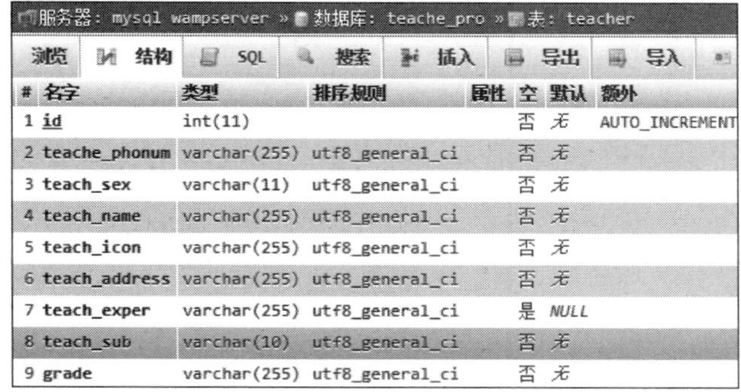

服务器：mysql wampserver » 数据库：teache_pro » 表：teacher

浏览 | 结构 | SQL | 搜索 | 插入 | 导出 | 导入

#	名字	类型	排序规则	属性	空	默认	额外
1	id	int(11)			否	无	AUTO_INCREMENT
2	teache_phonum	varchar(255)	utf8_general_ci		否	无	
3	teach_sex	varchar(11)	utf8_general_ci		否	无	
4	teach_name	varchar(255)	utf8_general_ci		否	无	
5	teach_icon	varchar(255)	utf8_general_ci		否	无	
6	teach_address	varchar(255)	utf8_general_ci		否	无	
7	teach_exper	varchar(255)	utf8_general_ci		是	NULL	
8	teach_sub	varchar(10)	utf8_general_ci		否	无	
9	grade	varchar(255)	utf8_general_ci		否	无	

图 11-10 教师信息表属性图

3. par_money：家长钱包信息表

家长钱包信息表主要包含 id、家长手机号、账户的钱、余额以及积分信息。具体如图 11-11 所示。

服务器：mysql wampserver » 数据库：teache_pro » 表：par_money

浏览 | 结构 | SQL | 搜索 | 插入 | 导出 | 导入

#	名字	类型	排序规则	属性	空	默认	额外
1	id	int(11)			否	无	AUTO_INCREMENT
2	phonenum	varchar(11)	utf8_general_ci		否	无	
3	par_balance	varchar(255)	utf8_general_ci		否	无	
4	yue	varchar(11)	utf8_general_ci		否	无	
5	jifen	varchar(11)	utf8_general_ci		否	无	

图 11-11 家长钱包表属性图

4. par_order：家长订单表

家长订单表包含的信息有 id、家长手机号、所购买书籍的名称、数量、价格以及是否已经收货信息。具体属性如图 11-12 所示。

服务器：mysql wampserver » 数据库：teache_pro » 表：par_order

浏览 | 结构 | SQL | 搜索 | 插入 | 导出 | 导入

#	名字	类型	排序规则	属性	空	默认	额外
1	id	int(11)			否	无	AUTO_INCREMENT
2	par_phone	varchar(11)	utf8_general_ci		否	无	
3	bookname	varchar(255)	utf8_general_ci		否	无	
4	count	varchar(255)	utf8_general_ci		否	无	
5	price	varchar(255)	utf8_general_ci		否	无	
6	state	varchar(255)	utf8_general_ci		否	无	

图 11-12 家长订单表属性图

5. par_reward：奖学券信息表

奖学券表里存储的是系统发给用户的奖学券信息，包含的属性有 id、家长手机号、奖学券面额以及数量信息。具体如图 11-13 所示。

6. plant：学习计划表

学习计划表是用户用来存储计划学习的内容的表，包含的属性有 id、家长手机号、计划学习的内容以及计划完成的时间信息。具体如图 11-14 所示。

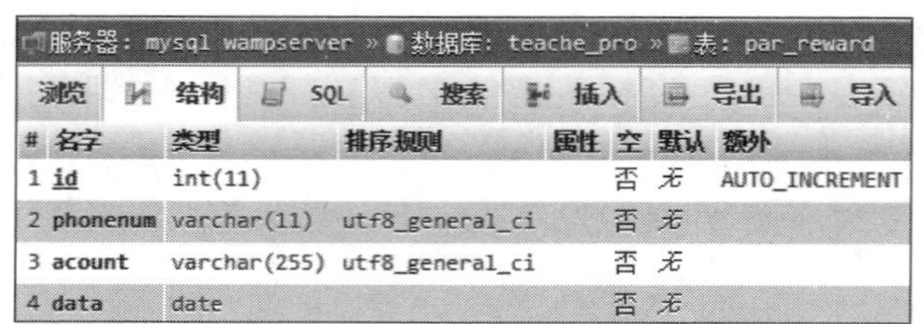

服务器: mysql wampserver » 数据库: teache_pro » 表: par_reward

浏览 结构 SQL 搜索 插入 导出 导入

#	名字	类型	排序规则	属性	空	默认	额外
1	id	int(11)			否	无	AUTO_INCREMENT
2	phonenum	varchar(11)	utf8_general_ci		否	无	
3	acount	varchar(255)	utf8_general_ci		否	无	
4	data	date			否	无	

图 11-13　奖学券信息表属性图

服务器: mysql wampserver » 数据库: teache_pro » 表: plant

浏览 结构 SQL 搜索 插入 导出 导入

#	名字	类型	排序规则	属性	空	默认	额外
1	id	int(11)			否	无	AUTO_INCREMENT
2	plant_phonenum	varchar(11)	utf8_general_ci		否	无	
3	plant_con	varchar(255)	utf8_general_ci		否	无	
4	datetime	date			否	无	

图 11-14　学习计划表属性图

7. reserve：预约教师信息表

预约教师信息表中存储的是家长预约教师的信息，包含的属性有 id、家长的手机号、教师的手机号、教师的名字、预约的科目以及预约的时间。具体如图 11-15 所示。

服务器: mysql wampserver » 数据库: teache_pro » 表: reserve

浏览 结构 SQL 搜索 插入 导出 导入

#	名字	类型	排序规则	属性	空	默认	额外
1	id	int(11)			否	无	AUTO_INCREMENT
2	paret_phone	varchar(255)	utf8_general_ci		否	无	
3	teach_phone	varchar(255)	utf8_general_ci		否	无	
4	teach_name	varchar(255)	utf8_general_ci		否	无	
5	subject	varchar(255)	utf8_general_ci		否	无	
6	data	varchar(255)	latin1_swedish_ci		否	无	

图 11-15　预约教师信息表属性图

8. evaluate：反馈意见表

反馈意见表存储的是家长对平台所提供的科目任课老师或者其他提出的意见等信息，包含的属性有 id、家长手机号、教师手机号、科目、提出意见的内容以及时间信息。具体如图 11-16 所示。

服务器: mysql wampserver » 数据库: teache_pro » 表: evaluate

浏览 结构 SQL 搜索 插入 导出 导入

#	名字	类型	排序规则	属性	空	默认	额外
1	id	int(11)			否	无	AUTO_INCREMENT
2	par_phone	varchar(11)	utf8_general_ci		否	无	
3	tea_phone	varchar(11)	utf8_general_ci		否	无	
4	content	varchar(255)	utf8_general_ci		否	无	
5	date	date			否	无	
6	subject	varchar(255)	utf8_general_ci		否	无	

图 11-16　反馈意见存储表属性图

11.4　应用功能实现

在完成了界面设计和数据库设计以后，接下来就需要实现各个功能了，本应用程序所提供的功能有：登录/注册、主界面信息展示、教师查询/预约、个人信息的管理以及设计功能。由于在第 10 章已经讲解过如何登录，所以在这里就不再讲解登录功能的实现了。接下来详细讲解其他功能的实现过程。

11.4.1　应用主界面实现

应用主界面是指用户登录或者注册成功以后进入的界面，界面的布局文件就是 index. layout. xml，其中包含的功能有动态消息的展示、优秀教师图片的滚动。接下来分别介绍这两个功能是如何实现的。

1. 动态消息的展示

动态消息的滚动显示使用的 ViewFlipper，ViewFlipper 是一个切换控件，一般用于图片的切换，当然它是可以添加 View 的，而不限定只用于 ImageView，还可以自定义 View，只是经常用 ViewFlipper 来实现的是 ImageView 的切换，如果切换自定义的 View，倒不如使用 ViewPager 来做。

本应用程序使用的是静态的布局文件来显示滚动消息的内容。布局文件（index_toutiao/1/2/3）的代码如下所示：

```
<?xml version = "1.0" encoding = "utf - 8"?>
<LinearLayout
  xmlns:android = "http://schemas.android.com/apk/res/android"
  android:orientation = "horizontal"
  android:layout_width = "match_parent"
  android:layout_marginTop = "10dp"
  android:background = "#FFFFFF"
  android:layout_height = "35dp">
  < ImageView
      android:layout_width = "0dp"
      android:layout_height = "30dp"
      android:layout_weight = "2"
      android:src = "@drawable/qing"/>
  < TextView
      android:id = "@ + id/scroll_mes"
      android:layout_width = "0dp"
      android:layout_height = "wrap_content"
      android:layout_weight = "7"
      android:layout_marginLeft = "15dp"
      android:textSize = "16sp"
      android:textColor = "#000000"
      android:layout_gravity = "center_vertical"
      android:text = "名师一对一辅导啦"/>
```

```
        <ImageView
            android:layout_width="0dp"
            android:layout_height="18dp"
            android:layout_weight="1"
            android:layout_gravity="center_vertical"
            android:src="@drawable/arrowright"/>
    </LinearLayout>
```

接着把这 3 个布局文件添加到 ViewFlipper 当中，由于在布局文件 index_toutiao_scroll. xml 文件中已经设置了自动开始的属性为 true，所以添加完运行程序即可实现消息滚动显示。具体代码如下所示：

```
    //消息滚动通知
    vFlipper = (ViewFlipper)index.findViewById(R.id.marquee_view);
    vFlipper.addView(View.inflate(getApplicationContext(), R.layout.index_toutiao, null));
    vFlipper.addView(View.inflate(getApplicationContext(), R.layout.index_toutiao1, null));
    vFlipper.addView(View.inflate(getApplicationContext(), R.layout.index_toutiao2, null));
    vFlipper.addView(View.inflate(getApplicationContext(), R.layout.index_toutiao3, null));
```

以上就是消息滚动显示的实现过程，接下来介绍优秀教师图片滚动显示的实现原理。

2. 优秀教师图片滚动显示

优秀教师图片的滚动显示的实现过程是：首先把图片按照存储时的 id 添加到一个整型数组中，然后定义内部类 ViewPagerAdapter 继承自 PagerAdapter，接着重写 PagerAdapter 中的方法，最后再定义一个类，开启新的线程，以及在 Activity 的生命周期方法 onCreate()中设置切换图片的间隔时间和使用 Handler 来发送消息。具体的实现代码如下：

```
    //热门名师
            //图片 ID
             imageIds = new int[]{
                     R.drawable.a,
                     R.drawable.b,
                     R.drawable.c,
                     R.drawable.d,
                     R.drawable.e,
                 };
            //图片标题
             titles = new String[]{
                     "热门心里老师",
                     "教师节",
                     "热门英语老师",
                     "热门物理老师",
                     "热门数学老师"
             };
            //显示的图片
             images = new ArrayList<ImageView>();
```

```
        for(int i = 0; i < imageIds.length; i++){
            ImageView imageView = new ImageView(this);
            imageView.setBackgroundResource(imageIds[i]);
            images.add(imageView);
            }
        //显示的点
        dots = new ArrayList<View>();
        dots.add(findViewById(R.id.dot_0));
        dots.add(findViewById(R.id.dot_1));
        dots.add(findViewById(R.id.dot_2));
        dots.add(findViewById(R.id.dot_3));
        dots.add(findViewById(R.id.dot_4));
        title = (TextView)index.findViewById(R.id.image_title);
        title.setText(titles[0]);
        mViewPager = (ViewPager)index.findViewById(R.id.vp);
        adapter = new ViewPagerAdapter();
        mViewPager.setAdapter(adapter);
        mViewPager.setOnPageChangeListener(new OnPageChangeListener() {
            @Override
            public void onPageSelected(int position) {
                // TODO Auto-generated method stub
                title.setText(titles[position]);
                oldPosition = position;
                currentItem = position;
            }
            @Override
            public void onPageScrolled(int arg0, float arg1, int arg2) {
                // TODO Auto-generated method stub
            }
            @Override
            public void onPageScrollStateChanged(int arg0) {
                // TODO Auto-generated method stub
            }
        });
    private class ViewPagerAdapter extends PagerAdapter {
        public int getCount() {
            return images.size();
        }
        @Override
        public boolean isViewFromObject(View arg0, Object arg1) {
            // TODO Auto-generated method stub
            return arg0 == arg1;
        }
         @Override
        public void destroyItem(ViewGroup view, int position, Object object) {
         // TODO Auto-generated method stub
             view.removeView(images.get(position));
        }
         @Override
         public Object instantiateItem(ViewGroup view, int position) {
```

```
            // TODO Auto - generated method stu
                view.addView(images.get(position));
                return images.get(position);
            }
        }
        @Override
        protected void onStart() {
            super.onStart();
            scheduledExecutorService = Executors.newSingleThreadScheduledExecutor();
            //每隔 2 秒切换一张图片
                scheduledExecutorService. scheduleWithFixedDelay ( new ViewPagerTask ( ), 2, 4,
TimeUnit.SECONDS);
        }
        //切换图片
        private class ViewPagerTask implements Runnable {
            @Override
            public void run() {
                // TODO Auto - generated method stub
                currentItem = (currentItem + 1) % imageIds.length;
                //更新界面
                handler.obtainMessage().sendToTarget();
                }
            }
         private Handler handler = new Handler(){
             @Override
             public void handleMessage(Message msg){
             // TODO Auto - generated method stub
             //设置当前页面
             mViewPager.setCurrentItem(currentItem);
             }
         };
         @Override
         protected void onStop(){
             super.onStop();
         }
```

以上就是滚动图片实现的全部代码，由于首界面需要包含 4 个主要的布局文件，分别为 index.layout、search.layout、mes.layout 和 me.layout，所以在主界面对应的 Activity 中需要先使用 ViewPagger 把 4 个布局文件加载进来，然后对各个布局文件中的组件进行初始化以及添加监听事件。在主界面对应的 Activity 中需要编写的代码较多。其对应的 SucesActivity 的部分代码如下所示：

```
public class SucesActivity extends Activity implements OnClickListener, OnTouchListener {
    private ViewPager ViewPager;
    private ImageButton index_image, search_image, mes_image, me_image;
    //index 里的组件
    public TextView local_text;
    public ImageView math,chinese,english,physical,politics,chemistry,biology,geography;
```

```
private ViewFlipper vFlipper;
//消息里的组件
public TextView order_teach,order_sug,order_talk,order_cheap;
PopupWindow cheap_window;
//me 里的组件初始化
public LinearLayout use_mes;
public TextView phone,plant,set;
public ImageView icon_img,order_img,money_img,reward_img;
public String phonenum = "";
/*
 * 用来设置左右来回滑动
 */
private List<View> lists = new ArrayList<View>();
private MyAdapter myAdapter;
// 下边 4 个按钮,用来改变背景颜色
private LinearLayout layout1, layout2, layout3, layout4;
//图片轮播组件
public int imageIds[];
public String[] titles;
public ArrayList<ImageView> images;
public ArrayList<View> dots;
public TextView title;
public ViewPager mViewPager;
public ViewPagerAdapter adapter;
public int oldPosition = 0;          //记录上一次点的位置
public int currentItem;             //当前页面
private ScheduledExecutorService scheduledExecutorService;
@Override
protected void onCreate(Bundle savedInstanceState) {
    super.onCreate(savedInstanceState);
    this.requestWindowFeature(Window.FEATURE_NO_TITLE);
    setContentView(R.layout.activity_index);
    Intent intent = this.getIntent();
    Bundle bundle = intent.getExtras();
    phonenum = bundle.getString("phone");
    init();
}
//组件初始化
@SuppressWarnings("deprecation")
public void init(){
    index_image = (ImageButton)findViewById(R.id.index);
    search_image = (ImageButton)findViewById(R.id.search);
    mes_image = (ImageButton)findViewById(R.id.xiaoxi);
    me_image = (ImageButton)findViewById(R.id.me);
    // 加载 4 个 layout,用来设置背景
    layout1 = (LinearLayout)findViewById(R.id.layout1);
    layout2 = (LinearLayout)findViewById(R.id.layout2);
    layout3 = (LinearLayout)findViewById(R.id.layout3);
    layout4 = (LinearLayout)findViewById(R.id.layout4);
    // 加载对应的布局文件
```

```
View index = getLayoutInflater().inflate(R.layout.index, null);
View search = getLayoutInflater().inflate(R.layout.search, null);
View mes = getLayoutInflater().inflate(R.layout.mes, null);
View me = getLayoutInflater().inflate(R.layout.me, null);
lists.add(index);
lists.add(search);
lists.add(mes);
lists.add(me);
myAdapter = new MyAdapter(lists);
ViewPager = (ViewPager)findViewById(R.id.viewPager);
ViewPager.setAdapter(myAdapter);
//设置底部按钮监听事件
index_image.setOnClickListener(this);
index_image.setOnTouchListener(this);
search_image.setOnClickListener(this);
search_image.setOnTouchListener(this);
mes_image.setOnClickListener(this);
mes_image.setOnTouchListener(this);
me_image.setOnClickListener(this);
me_image.setOnTouchListener(this);
//index 的组件
local_text = (TextView)index.findViewById(R.id.dizhi);
local_text.setOnClickListener(this);
//课程组件
math = (ImageView)index.findViewById(R.id.math);
math.setOnClickListener(this);
//…(课程图标初始化代码,与上面一致,不再列出)
//消息滚动通知(此处代码省略,前面已经讲过)
//热门名师(此处代码省略,前面已经讲过)
//search 的组件
//message 的组件
order_teach = (TextView)mes.findViewById(R.id.order_teach);
order_sug = (TextView)mes.findViewById(R.id.order_suggest);
order_talk = (TextView)mes.findViewById(R.id.order_talk);
order_cheap = (TextView)mes.findViewById(R.id.order_cheaper);
order_teach.setOnClickListener(this);
order_sug.setOnClickListener(this);
order_talk.setOnClickListener(this);
order_cheap.setOnClickListener(this);
//me 的组件
use_mes = (LinearLayout)me.findViewById(R.id.user_message);
use_mes.setOnClickListener(this);
phone = (TextView)me.findViewById(R.id.phone_numbers);
phone.setText("手机号: " + phonenum);
order_img = (ImageView)me.findViewById(R.id.order);
order_img.setOnClickListener(this);
money_img = (ImageView)me.findViewById(R.id.money);
money_img.setOnClickListener(this);
reward_img = (ImageView)me.findViewById(R.id.reward);
reward_img.setOnClickListener(this);
```

```
        plant = (TextView)me.findViewById(R.id.plant);
        plant.setOnClickListener(this);
        set = (TextView)me.findViewById(R.id.sets);
        set.setOnClickListener(this);
    }

    @Override
    public void onClick(View v) {
        // TODO Auto-generated method stub
        switch (v.getId()) {
        //首页按钮
        case R.id.index:
            ViewPager.setCurrentItem(0);
            break;
        /*
         * 首页组件监听事件
         * 跳转到各科教师显示界面
         */
        case R.id.math:
            Intent intent11 = new Intent(SucesActivity.this, Showtea_Activity.class);
            Bundle bundle11 = new Bundle();
            bundle11.putString("subject", "数学");
            bundle11.putString("phone",phonenum );
            intent11.putExtras(bundle11);
            startActivity(intent11);
            break;
        //此处代码与上面代码处理流程一样,故不再详细列出
        //查找教师
        case R.id.search:
            Intent intent = new Intent(SucesActivity.this,
            com.example.teacher_pro.search.SchTeAxtivity.class);
            startActivity(intent);
            break;
        //消息
        case R.id.xiaoxi:
            ViewPager.setCurrentItem(2);
            break;
        //消息界面的预约教师信息
        //消息界面的我的建议
            break;
        //消息界面的论坛(代码省略,Activity 跳转)
        //消息界面的优惠信息(代码省略,Activity 跳转)
        //我
        case R.id.me:
            ViewPager.setCurrentItem(3);
            break;
        //me_order(我的钱包、订单、奖学券处理 Activity)
        //me_money
      //me_reward
        default:
```

```
                break;
            }
        }
        @Override
        public boolean onTouch(View v, MotionEvent event) {
            // TODO Auto-generated method stub
            switch (v.getId()) {
            //首页按钮
            case R.id.index:
                if (event.getAction() == MotionEvent.ACTION_DOWN) {
                    layout1.setBackgroundColor(Color.rgb(152, 251, 152));
                } else if (event.getAction() == MotionEvent.ACTION_UP) {
                    layout1.setBackgroundColor(Color.parseColor("#F5F5F5"));
                }
                break;
            //查找教师
            case R.id.search:
                if (event.getAction() == MotionEvent.ACTION_DOWN) {
                    layout2.setBackgroundColor(Color.rgb(152, 251, 152));
                } else if (event.getAction() == MotionEvent.ACTION_UP) {
                    layout2.setBackgroundColor(Color.parseColor("#F5F5F5"));
                }
                break;
            //消息
            case R.id.xiaoxi:
                if (event.getAction() == MotionEvent.ACTION_DOWN) {
                    layout3.setBackgroundColor(Color.rgb(152, 251, 152));
                } else if (event.getAction() == MotionEvent.ACTION_UP) {
                    layout3.setBackgroundColor(Color.parseColor("#F5F5F5"));
                }
                break;
            //个人信息界面
            case R.id.me:
                if (event.getAction() == MotionEvent.ACTION_DOWN) {
                    layout4.setBackgroundColor(Color.rgb(152, 251, 152));
                } else if (event.getAction() == MotionEvent.ACTION_UP) {
                    layout4.setBackgroundColor(Color.parseColor("#F5F5F5"));
                }
                break;
            default:
                break;
            }
            return false;
        }
        //优秀教师图片滚动显示(后面自定义实现ViewPagger以后的代码,前面讲过)
    private class ViewPagerAdapter extends PagerAdapter {
            public int getCount() {
                return images.size();
            }
            @Override
```

```
        public boolean isViewFromObject(View arg0, Object arg1) {
            // TODO Auto - generated method stub
            return arg0 == arg1;
        }
         @Override
        public void destroyItem(ViewGroup view, int position, Object object) {
         // TODO Auto - generated method stub
             view.removeView(images.get(position));
        }
         @Override
         public Object instantiateItem(ViewGroup view, int position) {
         // TODO Auto - generated method stu
             view.addView(images.get(position));
             return images.get(position);
        }
    }
    @Override
    protected void onStart() {
        super.onStart();
    }
    //切换图片
    private class ViewPagerTask implements Runnable {
        @Override
        public void run() {
            // TODO Auto - generated method stub
            currentItem = (currentItem + 1) % imageIds.length;
            //更新界面
            handler.obtainMessage().sendToTarget();
            }
        }
     private Handler handler = new Handler(){
         @Override
         public void handleMessage(Message msg){
         // TODO Auto - generated method stub
         //设置当前页面
         mViewPager.setCurrentItem(currentItem);
         }
     };
```

从上述代码中可以看到,在进入主界面时,Activity 已经对导航栏中的 4 个功能所对应的界面进行了加载,并且对各个界面中的组件进行了初始化,然后为需要处理的组件添加了监听事件,例如,课程图标的单击、底部导航栏的单击等。当用户单击课程图标或者底部的查询教师时,即可进入到查询教师所对应的 Activity。

以上就是主界面 Activity 所对应的部分代码,全部的代码可以在项目下的 SucesActivity 中查看。

11.4.2 教师查询/预约功能实现

在 11.4.1 节中讲到了单击首页的课程图标或者底部导航栏的“找教师”按钮时，会出现查询教师对应的界面，接下来就对查询教师以及教师的预约进行详细的讲解。

1. 查询教师

查询教师包括根据科目来查找以及根据科目和年级的组合条件来查找两种。第一种是在面对用户单击首页上的课程图标时来处理的，我们主要讲的是第二种组合条件的查询。

查询教师的页面包含了 3 个布局文件，分别为 search.xml、sub_pouwin.xml，以及 grade_pouwin.xml，这 3 个文件的布局代码前面已经讲过，此处不再赘述。接着是处理用户选择年级和科目的组合条件事件，其对应的 Activity 为 SchTeAxtivity，首先对布局文件中的组件进行初始化，然后为其添加监听事件，例如单击“找教师”按钮时，会出现选择科目或年级界面，用户可以根据科目和年级的组合条件来查找教师，然后预约。其对应的部分代码如下所示：

```
public class SchTeAxtivity extends Activity implements OnClickListener, OnItemClickListener {
    //获取科目和年级按钮
    //返回按钮
    //定义两个弹出框年级和科目
    //sub_pouwin 里的课程按钮
    //grade_pouwin 里的年级按钮
    //保存选择的年级和科目(默认的年级和科目)
    private String sub_select = "语文",grade_select = "一年级",sub_select1 = "chinese";
    //确定按钮
    //显示教师列表 Listview
    private ListView select_list_teach;
    //暂时存储教师姓名
    //存储教师信息列表
    private String string_teach[ ] = new String[20];
    private Boolean isget = false;
    get_Select_Teach select = new get_Select_Teach();
    @Override
    protected void onCreate(Bundle savedInstanceState) {
        super.onCreate(savedInstanceState);
        this.requestWindowFeature(Window.FEATURE_NO_TITLE);
        setContentView(R.layout.search);
        init();
    }
    //组件初始化
    public void init(){
    }
    @Override
    public void onClick(View v) {
        switch (v.getId()) {
        case R.id.arrback:
            //...返回首页
            break;
```

```
            case R.id.grade:
                //显示年级
                gradePoWin();
                break;
            case R.id.subject_name:
                //显示科目
                subPoWin();
                break;
              //选择的科目,其他的都类似与 sub1
            case R.id.sub1:
                sub_select = "语文";
                sub_select1 = "chinese";
                sub_btn.setText(sub_select);
                set_subBack();
                sub1.setBackgroundResource(R.drawable.grade_edit1);
                break;
                //确认选择的科目
            case R.id.sure_sub_select:
                subpoWind.dismiss();
                break;
            //年级选择按钮(其他年级代码类似)
            case R.id.grade1:
                grade_select = "一年级";
                grade_btn.setText(grade_select);
                set_gradeBack();
                grade1.setBackgroundResource(R.drawable.grade_edit1);
                break;
            case R.id.sure_grade_select:
                //在这里加载数据库信息,显示出符合条件的教师信息
                gradepoWind.dismiss();
                new Anothertask().execute((Void[]) null);
                break;
            default:
                break;
            }
        }
         //显示年级 PopupWindow
         protected void subPoWin() {
        //加载 PopupWindow 的布局文件
        contentView = LayoutInflater.from(getApplicationContext()).inflate(
    R.layout.sub_pouwin, null);
            //声明一个弹出框
        subpoWind = new PopupWindow(this.getWindowManager().getDefaultDisplay().
        getWidth(), 470);
        subpoWind.setContentView(contentView);
        //显示
            subpoWind.showAsDropDown(sub_btn);
            sub_init();
        }
         //显示年级 PopupWindow
```

```
    protected void gradePoWin() {
        //加载 PopupWindow 的布局文件
  contentView1 = LayoutInflater.from(getApplicationContext()).inflate(
    R.layout.grade_pouwin, null);
        //声明一个弹出框
    gradepoWind = newPopupWindow(this.getWindowManager().getDefaultDisplay().
    getWidth(),515);
        gradepoWind.setContentView(contentView1);
        //显示
        gradepoWind.showAsDropDown(grade_btn);
        grade_init();
    }
//sub——pouwin 里的组件初始化
    protected void sub_init() {

    }
//grade——pouwin 里的组件初始化
    protected void grade_init() {

    }
    //设置科目选择的背景颜色
    protected void set_subBack() {
        sub1.setBackgroundResource(R.drawable.grade_edit);
        …
    }
    //设置班级的选择颜色
    protected void set_gradeBack() {
        grade1.setBackgroundResource(R.drawable.grade_edit);
        …
    }
    //通过异步任务获取教师信息
    private class Anothertask extends AsyncTask<Void, Integer, Boolean>{

        @Override
        protected Boolean doInBackground(Void... params) {
            // 对 UI 组件的更新操作,是耗时的操作
            try {
                // 连接到服务器的地址
    String connectURL = "http://192.168.56.1/teacher_pro/get_select_teach.php";
                // 填入用户名密码和连接地址
                isget = select.get_Teach(sub_select1, grade_select, connectURL);
            } catch (Exception e) {
                e.printStackTrace();
            }
            return null;
        }
        @Override
        protected void onPostExecute(Boolean result) {
            // TODO Auto-generated method stub
            if (isget) {
```

```
                string_teach = select.result.split(",");
            select_list_teach.setAdapter(new ArrayAdapter<String>
            (SchTeAxtivity.this, R.layout.array_adapt,string_teach));
            }else {
        Toast.makeText(SchTeAxtivity.this, "抱歉,没有满足你要查找的教师!",
        Toast.LENGTH_SHORT).show();
            }
        }
    }
    @Override
    public void onItemClick(AdapterView<?> parent, View view, int position, long id) {
        //传递教师姓名,用来获取对应教师具体信息
        teach_name = string_teach[position];
        Intent intent = new Intent(SchTeAxtivity.this,ShowTeaDet_Activity.class);
        …
        intent.putExtras(bundle);
        startActivity(intent);
    }
}
```

从上述代码中可以看到,当用户选择了科目和年级以后,就会执行一个异步任务去请求服务器,然后服务器会把客户端需要的数据返回到前端。这里网络请求的代码与第10章介绍登录的案例一样,只需要修改传递的参数即可,服务器端的get_select_teach.php的代码如下所示:

```
<?php
    //获取教师表里的信息
    include( 'conn.php' );
    // 解决中文乱码问题
    $conn->query("SET NAMES 'UTF8'");
    $subject = $_POST["subject"];
$grade = $_POST["grade"];
$sql  = "SELECT teach_name FROM teacher where grade = '$grade' and teach_sub = '$subject'";
    $result  =  $conn->query($sql);
    if ($result->num_rows > 0) {
        // 输出每行数据
        while($row  =  $result->fetch_assoc()) {
          echo $row['teach_name'].",";
        }
    } else {
        echo "error";
    }
    $conn->close();
?>
```

其中引入的conn.php文件即是连接数据库的文件,前面已经多次讲解过,此处不再赘述。

完成了上述编码以后,即可查找教师。运行的结果如图11-17所示。

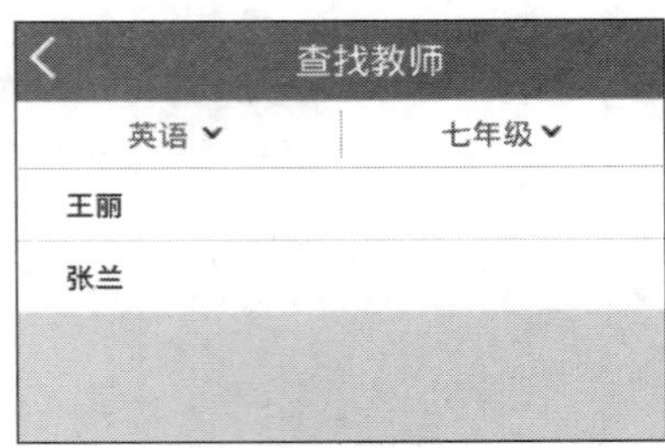

图 11-17 查找教师结果

以上就是查找教师的结果，当用户单击教师列表中的某一位教师时，就会显示该教师的详细信息，然后可以决定是否预约该教师。接下来讲解教师预约功能的实现。

2. 教师预约

当用户选择教师时，会出现一个新的界面来显示教师的详细信息，这个新的界面对应的 Activity 为 ShowTeaDet_Activity。它对应的布局文件为 showteadetail.xml，该布局文件主要包含几个 TextView 组件和一个 Button 组件，这里对布局文件就不再介绍，具体可以查看项目下的文件。其 Activity 的功能是首先初始化各个组件，然后实现教师详细信息查询显示的功能以及教师预约的功能，该 Activity 的部分代码如下所示：

```
public class ShowTeaDet_Activity extends Activity implements OnClickListener {
    private TextView sex, name, phonum, address, subject;
    private EditText exper;
    private ImageView icon;
    private Button order;
    private String subject_name;
    private String det_name;
    private Boolean isget = false;
    GetTeaDetail teaDetail = new GetTeaDetail();
    Resrve_Teacher resrve = new Resrve_Teacher();
    private String teach_phone, par_phone;

    @Override
    protected void onCreate(Bundle savedInstanceState) {
        super.onCreate(savedInstanceState);
        this.requestWindowFeature(Window.FEATURE_NO_TITLE);
        setContentView(R.layout.showteadetail);
        init();
        new AnotherTask().execute((Void[]) null);
    }
    //组件初始化
    private void init(){
        Intent intent = this.getIntent();
        Bundle bundle = intent.getExtras();
        subject_name = bundle.getString("subject");
        det_name = bundle.getString("teach_name");
        par_phone = bundle.getString("par_phone");
```

```
        sex = (TextView)findViewById(R.id.det_sex);
        name = (TextView)findViewById(R.id.det_name);
        name.setText(det_name);
        phonum = (TextView)findViewById(R.id.det_phonum);
        address = (TextView)findViewById(R.id.det_address);
        subject = (TextView)findViewById(R.id.det_subject);
        subject.setText(subject_name);
        exper = (EditText)findViewById(R.id.det_exper);
        icon = (ImageView)findViewById(R.id.det_icon);
        order = (Button)findViewById(R.id.det_order);
        order.setOnClickListener(this);
    }
    @Override
    public void onClick(View v) {
        // TODO Auto - generated method stub
        switch (v.getId()) {
        //预约教师
        case R.id.det_order:
            order.setEnabled(false);
            order.setBackgroundColor(Color.GRAY);
            Thread thread = new Thread(runnable);
            thread.start();
            break;
        default:
            break;
        }
    }
    //获取教师个人信息
    private class AnotherTask extends AsyncTask < Void, Integer, Boolean > {
        @Override
        protected Boolean doInBackground(Void... params) {
            // 对 UI 组件的更新操作,耗时的操作
            try {
                // TODO Auto - generated method stub
                String connecturl = "http://192.168.56.1/teacher_pro/teacher_detail.php";
                isget = teaDetail.getDetail(det_name, connecturl);

            } catch (Exception e) {
                e.printStackTrace();
            }
            return null;
        }
        @Override
        protected void onPostExecute(Boolean result) {
            if(isget){
                //获取具体信息数组
                String[] message = teaDetail.result.split(",");
                System.out.println(message);
                sex.setText(message[0]);
                phonum.setText(message[1]);
```

```
                    teach_phone = message[1];
                    address.setText(message[2]);
                    exper.setText("教学经历:" + message[3]);
                }
            }
        }
        //开启新的线程插入预约数据
        Runnable runnable = new Runnable() {
            @Override
            public void run() {
                String connecturl = "http://192.168.56.1/teacher_pro/par_reserve.php";
                Calendar now  =  Calendar.getInstance();
                String year = now.get(Calendar.YEAR) + "";
                String month = (now.get(Calendar.MONTH)  +  1) + "";
                String day = now.get(Calendar.DAY_OF_MONTH) + "";
                Boolean flag = resrve.Reserve(par_phone, teach_phone, det_name,
                subject_name, year + " - " + month + " - " + day, connecturl);
                if (flag) {
                    Looper.prepare();
                    Toast.makeText(ShowTeaDet_Activity.this, "预约成功,
                      在消息中查看相关信息", Toast.LENGTH_SHORT).show();
                    Looper.loop();
                }

            }
        };
    }
```

上述代码中的 teaDetail 所对应的网络请求类与查询教师的一样，修改参数即可。其查询教师详细信息对应的 teacher_detail.php 文件的代码如下所示：

```
<?php
    //获取教师表里的信息
    include( 'conn.php' );
    // 解决中文乱码问题
    $conn -> query("SET NAMES 'UTF8'");
    $name = $_POST["name"];
    $sql  = "SELECT * FROM teacher where teach_name = '$name'";
    $result  =  $conn -> query($sql);
    if ($result -> num_rows > 0) {
         // 输出每行数据
        while($row  =  $result -> fetch_assoc()) {
        echo $row['teach_sex'].",".$row['teache_phonum'].",".$row['teach_address'].",
        ".$row['teach_exper'].",".$row['teach_icon'];
        }
    } else {
        echo "";
     }
```

```
    $conn->close();
?>
```

以上就是查询教师详细信息的 PHP 文件，当用户单击“预约教师”按钮后，会开启一个新的线程去实现教师的预约，即向教师预约表中插入一条数据。其后台 par_reserve.php 执行文件的代码如下所示：

```
<?php
    include 'conn.php';
    // 解决中文乱码问题
    $conn->query("SET NAMES 'UTF8'");
    //获取预定的家长手机号和老师手机号,科目
    $par_phone = $_POST["par_phone"];
    $teach_phone = $_POST["teach_phone"];
    $name = $_POST["teach_name"];
    $subject = $_POST["subject"];
    $data = $_POST["data"];
    //在这里进行插入数据库操作
    $sql = "INSERT INTO reserve(paret_phone,teach_phone,teach_name,subject,data)
            VALUES ('$par_phone','$teach_phone','$name','$subject','$data')";
    if ($conn->query($sql) === TRUE) {
            echo "success";
    } else {
        echo "fail";
    }
$conn->close();
?>
```

以上就是预约教师功能所对应的后台服务器处理的详细代码，实现的效果如图 11-18 所示。

图 11-18　教师预约结果

11.4.3 个人信息管理功能实现

个人信息管理包含的功能有个人订单的查询、钱包信息的查询、奖学券的查询以及个人学习计划的制定等。接下来主要讲解前 3 个功能的实现。

1. 个人订单功能

个人订单主要是查询用户已经购买的书籍，包括已经收到货的和未收到货的，其对应的 Activity 是 OrderActivity，该 Activity 继承自 ListActivity，把查询的信息直接以列表的形式显示出来。该 Activity 的具体代码如下所示：

```
public class OrderActivity extends ListActivity {
    private String phonenum = "";
    public Boolean order_flag = false;
    String content[] = {};
    List < Map < String, Object >> list;
    @Override
    protected void onCreate(Bundle savedInstanceState) {
        super.onCreate(savedInstanceState);
        this.requestWindowFeature(Window.FEATURE_NO_TITLE);
        Intent intent = this.getIntent();
        Bundle bundle = intent.getExtras();
        phonenum = bundle.getString("phone");
        SimpleAdapter adapter = new SimpleAdapter(OrderActivity.this,
                this.getData(),R.layout.order_layout,new String[]{"bookname","booknum","
bookprice","ztai"},
                new int[]{R.id.bookname,R.id.booknum,R.id.bookprice,R.id.ztai});
        setListAdapter(adapter);
    }
    private List <? extends Map < String, Object >> getData() {
        System.out.println(content.length);
        list = new ArrayList < Map < String,Object >>();
        Thread thread = new Thread(runnable);
        thread.start();
        return list;
    }
    //开启新的线程用来进行后台订单数据获取
    Runnable runnable = new Runnable() {
        @Override
        public void run() {
            HttpMe httpMe = new HttpMe();
            // 连接到服务器的地址
            String connectURL = "http://192.168.56.1/teacher_pro/order.php";
            order_flag = httpMe.getOrder(phonenum, connectURL);
            if (order_flag) {
                //取得返回的内容
                content = httpMe.result.split(",");
                //添加列表内容
                Map < String, Object > map = new HashMap < String, Object >();
```

```
                    System.out.println(content.length);
                    for(int i = 0;i < content.length/4;i++){
                        map = new HashMap < String, Object >();
                        map.put("bookname", content[4 * i + 0]);
                        map.put("booknum", content[4 * i + 1]);
                        map.put("bookprice", content[4 * i + 2] + "元");
                        map.put("ztai", content[4 * i + 3]);
                        list.add(map);
                    }
                }
            }
        };
    }
```

从上述代码中可以看到，当用户单击“我的订单”图标时，就会跳转到该 Activity，然后该 Activity 通过重新开启一个线程的方式来进行网络请求操作，其后台处理 order. php 文件的具体代码如下所示：

```
<?php
    //获取订单表里的信息
    include( 'conn.php' );
    // 解决中文乱码问题
    $conn -> query("SET NAMES 'UTF8'");
    $phone = $_POST["phone"];
    $sql  = "SELECT bookname, count, price, state FROM par_order where par_phone = '$phone'";
    $result  =  $conn -> query($sql);
    if ($result -> num_rows > 0) {
        // 输出每行数据
        while($row  =  $result -> fetch_assoc()) {
          echo $row['bookname'].",". $row['count'].",". $row['price'].",".
          $row['state'].",";
        }
    } else {
        echo "";
    }
    $conn -> close();
?>
```

当完成上述编码以后，即可运行程序。程序的运行结果如图 11-19 所示。

书名/数量	价钱	状态
java编程思想 1本	98元	已收货
书名/数量	价钱	状态
ssh框架 2本	105元	正在发货

图 11-19 订单查询结果

2. 个人钱包功能

当用户单击“我的钱包”图标时，即可查看个人电子钱包信息，其中包含了总额、余额、积分等信息。其所对应的 Activity 为 MoneyActivity，该 Activity 所加载的布局文件为 money_layout，前面已经讲过。接下来就讲解一下该 Activity 的代码，如下所示：

```
package com.example.teacher_pro.me;

import com.example.teacher_pro.R;
public class MoneyActivity extends Activity {
    private String phonenum = "";
    private Boolean isSucceed = false;
    HttpMe httpMe = new HttpMe();
    // 用来存储钱包信息
    private String[] message = {};
    //获取布局文件的组件
    private TextView zong, yue, jifen;
    @Override
    protected void onCreate(Bundle savedInstanceState) {
        super.onCreate(savedInstanceState);
        this.requestWindowFeature(Window.FEATURE_NO_TITLE);
        setContentView(R.layout.money_layout);
        Intent intent = this.getIntent();
        Bundle bundle = intent.getExtras();
        phonenum = bundle.getString("phone");
        init();
        new AnotherTask().execute((Void[]) null);
    }
    //组件初始化
    private void init(){
        zong = (TextView)findViewById(R.id.zong);
        yue = (TextView)findViewById(R.id.yue);
        jifen = (TextView)findViewById(R.id.jifen);
    }
    // 获取钱包信息
    private class AnotherTask extends AsyncTask<Void, Integer, Boolean> {
            @Override
            protected Boolean doInBackground(Void... params) {
                // 对 UI 组件的更新操作，耗时的操作
                try {
                    // 连接到服务器的地址
                    String connectURL = "http://192.168.56.1/teacher_pro/money.php";
                    // 填入用户名密码和连接地址
                    isSucceed = httpMe.getOrder(phonenum, connectURL);
                } catch (Exception e) {
                    e.printStackTrace();
                }
                return null;
            }
            @Override
```

```
        protected void onPostExecute(Boolean result) {
                if (isSucceed) {
                    message = httpMe.result.split(",");
                    zong.setText("我的总额: " + message[0]);
                    yue.setText("我的余额: " + message[1]);
                    jifen.setText("我的积分: " + message[2]);
                }
            }
        }
    }
```

从上述代码中可以看到，该 Activity 首先对布局文件中的各个组件进行了初始化，然后从加粗的那一句代码开始请求服务器来执行钱包信息的查询。首先重写了一个内部类，然后让它继承自异步类，重写其中的方法，然后实现钱包信息的查询以及 UI 界面的更新。

服务器处理 money.php 文件的具体代码如下所示：

```
<?php
    //获取订单表里的信息
    include( 'conn.php' );
    // 解决中文乱码问题
    $conn->query("SET NAMES 'UTF8'");
    $phone = $_POST["phone"];
    $sql  = "SELECT par_balance,yue,jifen FROM par_money where phonenum = '$phone'";
    $result  =  $conn->query($sql);
    if ($result->num_rows > 0) {
        // 输出每行数据
        while($row  =  $result->fetch_assoc()) {
            echo $row['par_balance'].",".$row['yue'].",".$row['jifen'];
        }
    } else {
        echo "";
    }
    $conn->close();
?>
```

以上代码执行的结果如图 11-20 所示。

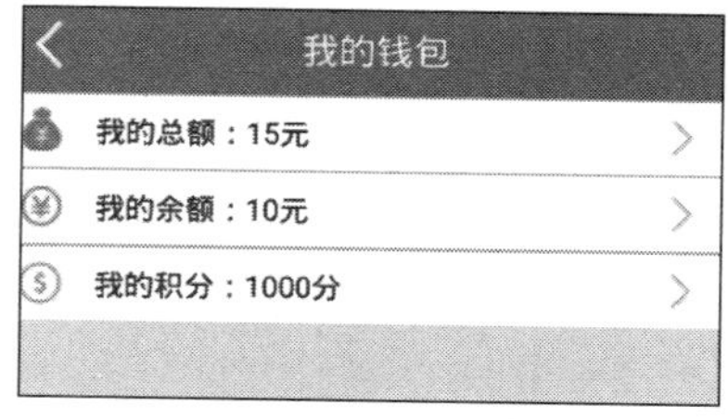

图 11-20 钱包信息查询结果

3. 个人奖学券功能

当用户单击“奖学券”图标时，就会去请求服务器将奖学券的信息返回到前端显示出来。

其对应的 Activity 为 RewardActivity，该 Activity 继承自 ListActivity，把查询到的信息以列表的形式显示出来。其具体代码如下所示：

```
public class RewardActivity extends ListActivity {
    private String phonenum = "";
    public Boolean order_flag = false;
    String content[] = {};
    List<Map<String, Object>> list;
    @Override
    protected void onCreate(Bundle savedInstanceState) {
        super.onCreate(savedInstanceState);
        this.requestWindowFeature(Window.FEATURE_NO_TITLE);
        Intent intent = this.getIntent();
        Bundle bundle = intent.getExtras();
        phonenum = bundle.getString("phone");
        SimpleAdapter adapter = new SimpleAdapter(RewardActivity.this,
                this.getData(),R.layout.reward_layout,new String[]{"jine","endtime"},
                new int[]{R.id.jine,R.id.endtime});
        setListAdapter(adapter);
    }
    private List<? extends Map<String, Object>> getData() {
        System.out.println(content.length);
        list = new ArrayList<Map<String,Object>>();
        Thread thread = new Thread(runnable);
        thread.start();
        return list;
    }

    //开启新的线程用来进行后台订单数据获取
    Runnable runnable = new Runnable() {
        @Override
        public void run() {
            HttpMe httpMe = new HttpMe();
            // 连接到服务器的地址
            String connectURL = "http://192.168.56.1/teacher_pro/reward.php";
            order_flag = httpMe.getOrder(phonenum, connectURL);
            if (order_flag) {
                //取得返回的内容
                content = httpMe.result.split(",");
                //添加列表内容
                Map<String, Object> map = new HashMap<String, Object>();
                System.out.println(content.length);
                for(int i = 0;i<content.length/2;i++){
                    map = new HashMap<String, Object>();
                    map.put("jine", content[2*i+0]);
                    map.put("endtime", content[2*i+1]);
                    list.add(map);
                }
            }
```

```
        }
    };
}
```

从上面的加粗代码中可以看到，在涉及网络请求等一些耗时性的操作时，需要开启新的线程或者使用异步任务来执行。其中 HttpMe 实现了发送网络请求以及获取返回的数据的功能。HttpMe 的具体代码如下所示：

```
public class HttpMe {
    //获取返回的信息
    public String result = ""; // 用来取得返回的 String
            public boolean getOrder(String phonenum, String connectUrl) {
                boolean isLoginSucceed = false;
                HttpClient httpClient = new DefaultHttpClient();
                // 发送 post 请求
                HttpPost httpRequest = new HttpPost(connectUrl);
                // Post 运作传送变数必须用 NameValuePair[]阵列存储
                List<NameValuePair> params = new ArrayList<NameValuePair>();
                params.add(new BasicNameValuePair("phone", phonenum));
                try {
                    // 发出 HTTP 请求
                    httpRequest.setEntity(new UrlEncodedFormEntity(params));
                    // 取得 HTTP response
                    HttpResponse httpResponse = httpClient.execute(httpRequest);
                    result = EntityUtils.toString(httpResponse.getEntity(),"UTF-8");
                    System.out.println(result);
                } catch (Exception e) {
                    e.printStackTrace();
                }
                // 判断返回的数据是否为 PHP 中成功登录时输出的
                if (!result.equals("")) {
                    isLoginSucceed = true;
                }
                return isLoginSucceed;
            }
}
```

上述代码的功能就是向服务器发送请求，并且取得返回的数据，其后台服务器负责处理请求的 reward.php 的文件代码如下所示：

```
<?php
    //获取奖学券表里的信息
    include( 'conn.php' );
    // 解决中文乱码问题
    $conn->query("SET NAMES 'UTF8'");
    $phone = $_POST["phone"];
    $sql = "SELECT acount,data FROM par_reward where phonenum = '$phone'";
```

```
    $result = $conn->query($sql);
    if ($result->num_rows > 0) {
        // 输出每行数据
        while($row = $result->fetch_assoc()) {
            echo $row['acount'].",".$row['data'].",";
        }
    } else {
        echo "";
    }
    $conn->close();
?>
```

以上就是查询奖学券的详细代码。其执行结果如图 11-21 所示。

奖学券	金额	到期时间
¥	5元	2017-04-12
奖学券	金额	到期时间
¥	2元	2017-03-31
奖学券	金额	到期时间
¥	2元	2017-03-31

图 11-21　奖学券查询结果

11.4.4 预约的教师查询功能

预约的教师查询功能是指当用户单击消息界面上的"预约教师消息"按钮时，会弹出已经预约过的教师信息，其中有的教师可能预约了不止一次，会根据预约的时间来区分。该功能对应的 Activity 为 order_teachActivity。该 Activity 首先对布局文件中的组件进行初始化，然后通过异步任务来发送网络请求并获取数据在前端显示出来。该 Activity 的代码如下所示：

```
public class order_teachActivity extends Activity implements OnItemClickListener {
    private ListView teach_list;
    private String[] string = new String[20];
    private String phone_num;
    private HttpMe http_me = new HttpMe();
    private Boolean isSucceed;
    private String[] teach_name = new String[2];

    @Override
    protected void onCreate(Bundle savedInstanceState) {
        super.onCreate(savedInstanceState);
        this.requestWindowFeature(Window.FEATURE_NO_TITLE);
        setContentView(R.layout.mes_order_teach);
        init();
        new Anothertask().execute((Void[]) null);
    }
```

```
    //组件初始化方法
    private void init(){
        //获取登录的手机号
        Intent intent = this.getIntent();
        Bundle bundle = intent.getExtras();
        phone_num = bundle.getString("phone");
        teach_list = (ListView)findViewById(R.id.order_teach_list);
        this.registerForContextMenu(teach_list);
        teach_list.setOnItemClickListener(this);
    }
    //异步任务获取预约教师信息
    private class Anothertask extends AsyncTask<Void, Integer, Boolean>{

        @Override
        protected Boolean doInBackground(Void... params) {
            // 对 UI 组件的更新操作,耗时的操作
            try {
                // 连接到服务器的地址
        String connectURL = "http://192.168.56.1/teacher_pro/get_order_teach.php";
                // 填入用户名密码和连接地址
                isSucceed = http_me.getOrder(phone_num, connectURL);
            } catch (Exception e) {
                e.printStackTrace();
            }
            return null;
        }

        @Override
        protected void onPostExecute(Boolean result) {
            // TODO Auto-generated method stub
            if (isSucceed) {
                string = http_me.result.split(",");
                teach_list.setAdapter(new ArrayAdapter<String>(order_teachActivity.this,
R.layout.array_adapt,string));
            }
        }

    }
    @Override
    public void onItemClick(AdapterView<?> parent, View view, int position, long id) {
        // TODO Auto-generated method stub
        teach_name = string[position].split(" ");
        Intent intent = new Intent(order_teachActivity.this,ShowTeaDet_Activity.class);
        Bundle bundle = new Bundle();
        bundle.putString("teach_name", teach_name[1]);
        intent.putExtras(bundle);
        bundle.putString("subject", teach_name[0]);
        bundle.putString("par_phone", phone_num);
        startActivity(intent);
    }

}
```

上述异步任务发送网络请求的地址为 get_order_teach.php，该文件负责处理网络请求，并将查询到的用户预约教师的信息返回到前端。该文件的具体代码如下所示：

```
<?php
    //获取预约教师表里的信息
    include( 'conn.php' );
    // 解决中文乱码问题
    $conn->query("SET NAMES 'UTF8'");
    $phone = $_POST["phone"];
    $sql  = "SELECT subject,teach_name FROM reserve where paret_phone = '$phone'";
    $result  =  $conn->query( $sql);
    if ( $result->num_rows > 0) {
        // 输出每行数据
        while( $row  =  $result->fetch_assoc()) {
            echo $row['subject']." ". $row['teach_name'].",";
        }
    } else {
        echo "";
    }
    $conn->close();
?>
```

以上就是用户已经预约的教师查询功能的代码。该代码执行的结果如图 11-22 所示。

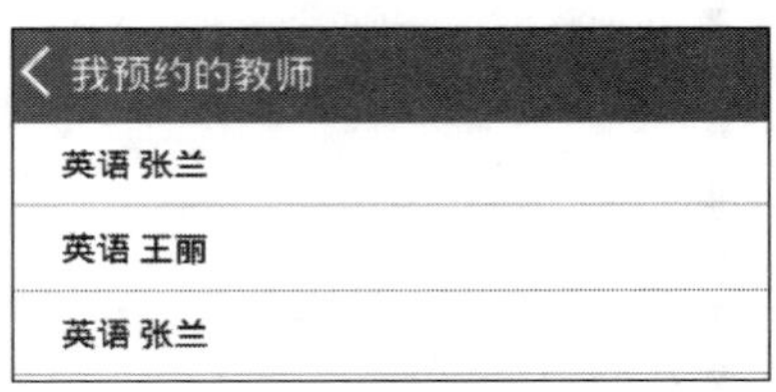

图 11-22　已预约教师查询结果

11.4.5　设置功能的实现

设置功能主要包含新消息提醒的设置、聊天的设置、账号安全的设置以及应用程序的退出功能。该部分功能尚未实现，布局文件和 Activity 已经写好了，只需要调用系统一些自带的功能，如系统的铃声、来消息时的震动等。该页面对应的布局文件为 me_setting.xml，其代码如下所示：

```
<?xml version = "1.0" encoding = "utf - 8"?>
<LinearLayout
  xmlns:android = "http://schemas.android.com/apk/res/android"
  android:orientation = "vertical"
  android:background = "#E8E8E8"
  android:layout_width = "match_parent"
  android:layout_height = "match_parent">
  <LinearLayout
      android:layout_width = "match_parent"
      android:layout_height = "51dp"
```

```
    android:background = "#11cd6e"
    android:orientation = "horizontal">
    <!-- 返回箭头 -->
    <ImageView
        android:layout_width = "1dp"
        android:layout_weight = "0.5"
        android:layout_height = "30dp"
        android:layout_marginTop = "10dp"
        android:contentDescription = "@string/app_name"
        android:src = "@drawable/arrowleft" />
    <!-- 标题 -->
    <LinearLayout
        android:layout_width = "0dp"
        android:layout_weight = "5"
        android:layout_height = "50dp"
        android:orientation = "vertical">
      <TextView
            android:layout_width = "wrap_content"
            android:layout_gravity = "center"
            android:layout_height = "wrap_content"
            android:textSize = "20sp"
            android:textColor = "#FFFFFF"
            android:layout_marginTop = "14dp"
            android:layout_marginRight = "17dp"
            android:text = "设置"/>
      </LinearLayout>
</LinearLayout>
… <!—与上面的代码一致,不再讲解 -->
      <LinearLayout
          android:layout_width = "fill_parent"
          android:layout_height = "45dp"
          android:layout_marginLeft = "10dp"
          android:orientation = "horizontal" >

          <ImageView
              android:layout_width = "0dp"
              android:layout_weight = "0.5"
              android:layout_height = "wrap_content"
              android:layout_gravity = "center_vertical"
              android:contentDescription = "@string/app_name"
              android:src = "@drawable/kecheng" />
          <TextView
              android:layout_width = "0dp"
              android:layout_weight = "5"
              android:layout_height = "wrap_content"
              android:layout_gravity = "center"
              android:layout_marginLeft = "15dp"
              android:text = "退出"
              android:textSize = "16sp" />
          <ImageView
              android:layout_width = "0dp"
              android:layout_weight = "1"
              android:layout_height = "wrap_content"
```

```
                android:layout_gravity = "center_vertical"
                android:contentDescription = "@string/app_name"
                android:src = "@drawable/arrowright" />
        </LinearLayout>
    </LinearLayout>
</LinearLayout>
```

以上就是设置界面所使用到的布局文件代码,学习者可以使用这个布局文件,自定义一个 Activity 来实现设置界面的各个功能。

至此,本应用程序所使用到的数据库、界面的布局设计、功能的实现已经全部讲解完了。最重要的一点是学会使用 HttpClient 去发送网络请求,学会参数的传递、服务器参数的读取以及服务器与数据库之间的连接交互等。掌握了本章的开发,就可以进行有关网络方面的应用程序开发了。

11.5 应用发布

在完成了"倾心家教"App 的开发以后,就可以在应用市场进行发布。本 App 选择在百度移动应用上发布。具体的发布步骤如下所示。

1. 百度账户注册以及实名制认证

首先登录百度账号,然后在 http://app.baidu.com/user/register 上完成实名制注册,如图 11-23 所示。

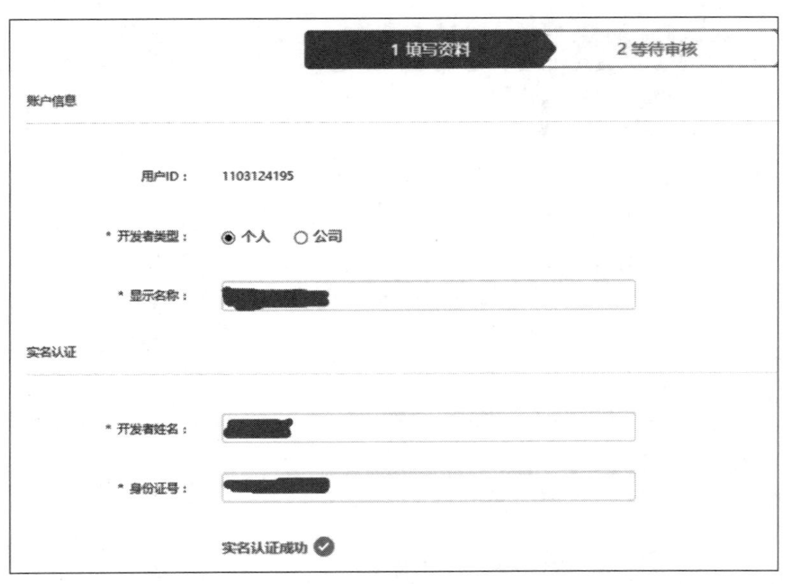

图 11-23 实名制认证

接着提交开发者资料,包括开发者姓名、联系地址、手机号等,然后就可以使用百度云服务。提交以后的结果如图 11-24 所示。

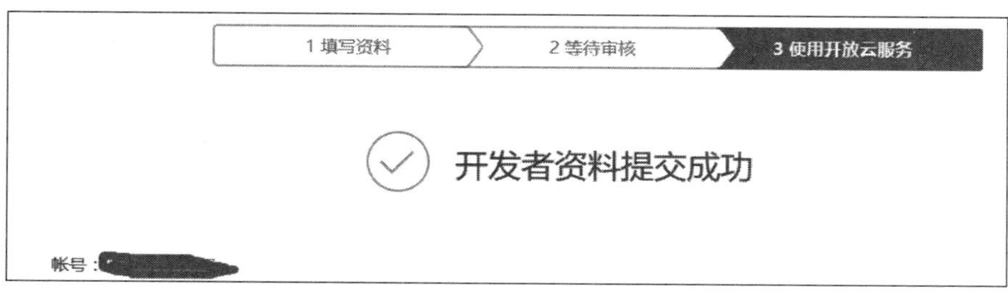

图 11-24 开发者提交资料

2. 进入管理平台发布应用

在实名制认证以及开发者资料提交完成以后，接着就可以进入管理平台发布应用了。在管理平台上选择发布应用的操作如图 11-25 和图 11-26 所示。

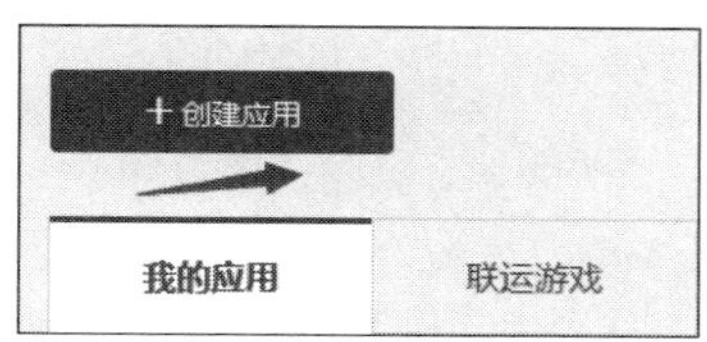

图 11-25 创建应用

图 11-26 选择 App 应用

在选择完 App 应用程序以后，会让开发者填写应用程序的名称、图标以及验证码，提交以后就可以通过打包 APK、上传应用程序信息，完成以后应用程序就可以发布在百度市场上。具体操作如图 11-27 所示。

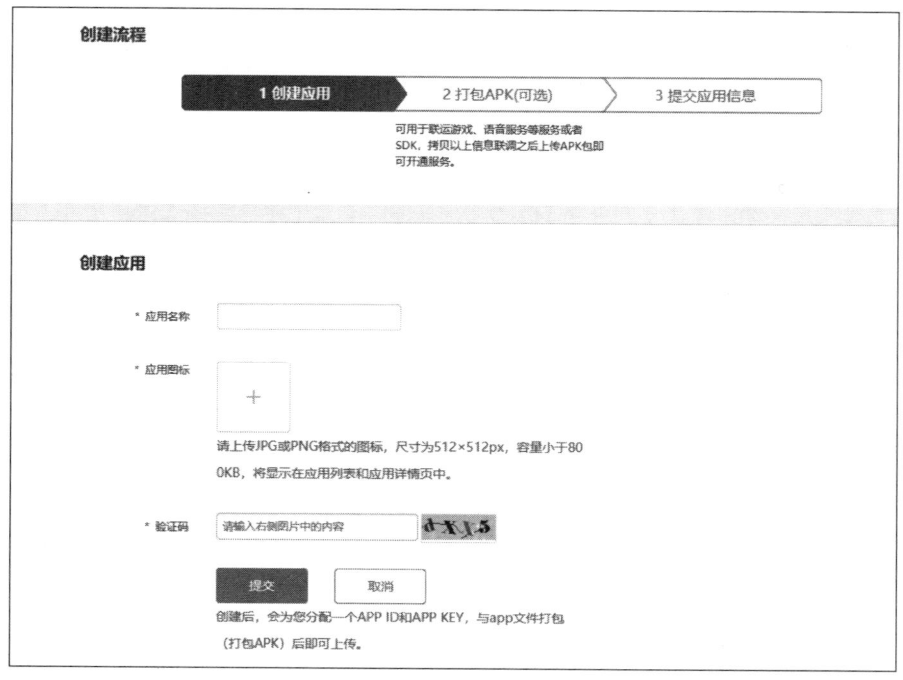

图 11-27 上传 App 应用

11.6 本章小结

本章主要通过一个“倾心家教”App 案例来讲解 Android＋PHP＋MySQL 的结合。首先讲解了家教类 App 当前的市场，接着确定项目的主题，通过用例图分析了该应用程序应当具备哪些功能。接着又把该应用程序需要使用的数据库建立起来，最后进行功能的实现。整个过程是进行有关网络应用程序开发必须要掌握的，只有这样，才能更好更快地开发应用程序。

附录A

项目案例——安卓工具箱

安卓工具箱作为一款实用小型App，能够帮助用户快速浏览和卸载手机软件、结束不必要或者卡顿的进程以及对手机内的文件进行增删改查，同时安卓工具箱还添加一些诸如号码归属地查询、计算器等辅助功能，提升用户体验，可以说安卓工具箱是一款非常适合手机用户快速管理的App。

安卓工具箱的主要功能有：

（1）软件管理——管理手机安装的所有软件，并且可以对软件进行卸载操作。

（2）进程管理——与电脑端一致，可释放运行的程序中占据的所有系统资源，提高手机运行的速度。

（3）文件管理——文件管理是操作系统中一项重要的功能，该功能可以查看和管理手机内所有的文件信息。

（4）计算器——主要进行基本数学运算，可以满足日常需求。

（5）号码查询——可查询手机号码的归属地。

（6）手电筒——打开手机手电筒。

（7）相机——实现进行简单的拍照功能。

（8）短信收发——主要用于接收发送短信。

（9）秒表——秒表是一种常用的测时仪器，可以进行百米跑等运动计时。

读者扫描二维码，可观看本视频的详细设计文档及源代码等。

项目案例

附录B

项目案例——天气预报及环境指数查询

该软件实现了城市天气预报和环境指数的查询、不考虑安全性及性能，主要针对Android端用户。

基本功能如下：

(1) 注册使用该软件——用户通过使用手机号接收验证码的方式或者使用QQ、微信等快捷注册方式注册该软件。

(2) 查询天气及生活指数信息——启动应用程序以后，首页展示的是当地的天气信息及生活指数信息，包括穿衣指数、紫外线指数、钓鱼指数、汽车指数、血糖指数、空气污染扩散指数等。

(3) 查询环境指数——包括PM2.5、空气污染颗粒、水质以及留言建议功能。

(4) 对环境污染的投诉——可以通过平台投诉功能，对造成环境污染的企业、个人等进行投诉，平台会将处理结果及时反馈给用户。

(5) 用户个人信息的管理——包括头像、密码、投诉意见及反馈等的管理。

(注：查询信息的数据来源：中国天气网)

读者扫描二维码，可观看本视频的详细设计文档及源代码等。

项目案例

参 考 文 献

[1] 汪杭军. Android应用程序开发[M]. 北京：机械工业出版社，2014.

[2] 孙更新. 吕婕，等. Java毕业设计指南与项目实践[M]. 北京：科学出版社，2007.

[3] 杨丰盛. Android应用开发揭秘[M]. 北京：机械工业出版社，2010.

[4] 王家林. 大话企业级Android应用开发实践[M]. 北京：电子工业出版社，2011.

[5] 吴亚峰. Android应用案例开发大全[M]. 北京：人民邮电出版社，2012.

[6] 韩迪. Android创意实例详解[M]. 北京：北京邮电大学出版社，2012.

[7] 李刚. 疯狂Android讲义[M]. 北京：电子工业出版社，2015.

图 书 资 源 支 持

感谢您一直以来对清华版图书的支持和爱护。为了配合本书的使用，本书提供配套的资源，有需求的读者请扫描下方的“书圈”微信公众号二维码，在图书专区下载，也可以拨打电话或发送电子邮件咨询。

如果您在使用本书的过程中遇到了什么问题，或者有相关图书出版计划，也请您发邮件告诉我们，以便我们更好地为您服务。

我们的联系方式：

地　　址：北京海淀区双清路学研大厦 A 座 707

邮　　编：100084

电　　话：010－62770175－4604

资源下载：http://www.tup.com.cn

电子邮件：weijj@tup.tsinghua.edu.cn

QQ：883604（请写明您的单位和姓名）

书圈

用微信扫一扫右边的二维码，即可关注清华大学出版社公众号“书圈”。